U0617055

高等学校电子与电气工程及自动化专业系列教材

电气工程导论

主编　贾文超

参编　卢秀和　杨晓红

西安电子科技大学出版社

内 容 简 介

本书简述了电气工程及其自动化专业的发展历史及未来趋势；介绍了国内外部分大学的专业设置及培养模式；分析了本专业的课程体系、专业特点、人才培养目标、学科结构等相关内容；阐述了电力电子与电力传动、电机电器及其控制、电力系统自动化、电工理论与新技术和高电压与绝缘技术等学科的研究内容和应用领域；列举了电气工程技术在一些重要行业的应用案例。

本书作为电气工程及其自动化专业学生的入门教材，在不涉及过多理论知识的前提下，使学生对本专业的概貌有一个全面、系统的了解，对进一步学习专业知识起到"导航"作用。

本书可作为电气工程及其自动化专业或电气工程与自动化专业开设相关课程的教材或教学参考书，也可供电气工程技术方面的工作人员参考。

★本书配有电子教案，需要者可登录出版社网站，免费下载。

图书在版编目(CIP)数据

电气工程导论 / 贾文超主编. —西安：西安电子科技大学出版社，2007.10(2024.8 重印)
ISBN 978 - 7 - 5606 - 1923 - 1

Ⅰ. 电… Ⅱ. 贾… Ⅲ. 电气工程—高等学校—教材 Ⅳ. TM

中国版本图书馆 CIP 数据核字(2007)第 144336 号

责任编辑 王瑛 明政珠
出版发行 西安电子科技大学出版社(西安市太白南路 2 号)
电　　话 (029)88202421 88201467　　邮　　编 710071
网　　址 www.xduph.com　　　　电子邮箱 xdupfxb001@163.com
经　　销 新华书店
印刷单位 西安创维印务有限公司
版　　次 2007 年 10 月第 1 版　　2024 年 8 月第 20 次印刷
开　　本 787 毫米×1092 毫米　1/16 印张 13.25
字　　数 304 千字
定　　价 38.00 元
ISBN 978 - 7 - 5606 - 1923 - 1
XDUP 2215001-20
如有印装问题可调换

高 等 学 校

自动化、电气工程及其自动化、机械设计制造及自动化专业
系列教材编审专家委员会名单

主　任：张永康

副主任：姜周曙　刘喜梅　柴光远

自动化组

组　长：刘喜梅（兼）

成　员：（成员按姓氏笔画排列）

韦　力　王建中　巨永锋　孙　强　陈在平　李正明

吴　斌　杨马英　张九根　周玉国　党宏社　高　嵩

秦付军　席爱民　穆向阳

电气工程组

组　长：姜周曙（兼）

成　员：（成员按姓氏笔画排列）

闫苏莉　李荣正　余健明

段晨东　郝润科　谭博学

机械设计制造组

组　长：柴光远（兼）

成　员：（成员按姓氏笔画排列）

刘战锋　刘晓婷　朱建公　朱若燕　何法江　李鹏飞

麦云飞　汪传生　张功学　张永康　胡小平　赵玉刚

柴国钟　原思聪　黄惟公　赫东锋　谭继文

项目策划：马乐惠

策　　划：毛红兵　马武装　马晓娟

前　言

随着我国高等教育改革的不断深入，电气工程及其自动化专业口径大大拓宽，为了使学生提前对本专业有一个全面、系统的了解，一些学校开设了"电气工程专业概论"或"学科概论"等相关课程。为了满足教学需求，作者结合多年的教学实践，编写了本书。

本书作为电气工程及其自动化专业学生的入门教材，在不涉及过多理论知识的前提下，使学生对本专业的概貌有一个全面、系统的了解，对进一步学习专业知识起到"导航"作用。

全书共分4章。第1章为绪论，首先介绍了电气工程及其自动化专业的发展历史、地位和任务、特点及发展前景；其次，介绍了国内外大学电气工程专业的设置情况；第三，介绍了电气工程专业的课程体系、专业人才培养目标。第2章首先介绍了我国电气工程学科的状况；其次，介绍了我国本科生和研究生专业分类情况；第三，介绍了电气工程的知识体系与内涵；第四，介绍了电气工程的主要研究领域和未来研究热点；第五，介绍了国内大学电气工程领域研究生培养情况。第3章详细介绍了电气工程一级学科所属五个二级学科的主要研究内容。本章首先介绍了电力电子与电力传动学科，主要包括电力电子与电力传动发展概述、电力电子与电力传动的主要研究内容、电力电子技术的主要应用领域、电力传动控制系统的主要类型、电力传动控制技术的发展趋势及典型应用技术举例；其次，介绍了电机电器及控制学科，主要包括电机的工作原理及作用、电机的发展概述、电机的类型及主要应用领域、电机运行方式及控制技术、电机控制系统的主要类型、电机控制技术的发展趋势、电器的发展概述、常用低压电器及应用领域；第三，介绍了电力系统自动化学科，主要包括电力工业的发展概况、电力系统的组成与特点、发电厂和变电所的类型及特点、电力系统的接线方式和电压等级、电力系统的电能质量及负荷曲线、电力系统中性点的运行方式、电力系统自动化技术、典型应用技术举例；第四，介绍了电工理论与新技术学科，主要包括电工理论发展概述、电工新技术的主要研究内容、电工理论与新技术在电气工程领域的地位和作用、我国电工科学的现状与发展；第五，介绍了高电压与绝缘技术学科，主要包括高电压与绝缘技术领域的发展现状、高电压与绝缘技术学科方向的主要研究内容、高电压与绝缘技术的发展趋势。第 4 章列举了电气工程技术在一些重要行业的应用案例，主要包括雷达伺服控制技术、数控机床电气控制技术、轧钢及冶炼电气控制系统、电气工程技术在化工行业中的应用以及电气技术与相关技术的融合情况。

本书第 1 章、第 3 章的 3.3 节和 3.4 节由贾文超编写，第 2 章、第 3 章的 3.1 节和 3.2 节由卢秀和编写，第 3 章的 3.5 节和第 4 章由杨晓红编写，全书由贾文超统稿。在编写过程中，长春工业大学电气自动化教研室的许多老师提出了不少改进意见，在此表示感谢。

由于作者水平有限，加之电气工程领域知识面广，本书的结构体系和内容取舍不见得完全合理，同时，书中也难免有不妥之处，恳请读者批评指正。

作者的通讯地址：长春工业大学67号信箱，邮编130012。

作者电子邮件地址：jiawenchao@mail.ccut.edu.cn。

编　者
2007 年 7 月
于长春工业大学

目　　录

第1章 绪 论

1.1 电气工程及其自动化专业概述

工科专业的主体是机械、电气、土木、化工、材料等几大学科，其中机械、电气两大学科最具基础性。随着科学技术的发展，学科之间的交叉与融合日益密切。电气工程学科与其他学科之间的交叉表现在其他学科的发展需要越来越多的电气专业的相关知识。在我国，工科专业中普遍开设电工学课程，用以在其他工科专业中普及电气工程基础知识。电气工程及其自动化专业是工科中历史最悠久的专业，其他工科电类专业多数是从电气工程专业中派生出来的。

国外发达国家虽保留了"电气工程系"的名称，但"电气工程系"中主要研究的是电子、通信等方面的内容，传统"电气工程"的内容已很少。许多著名大学已找不到真正研究"电气工程"的学者。目前发达国家的发电机装机容量、输电走廊已趋饱和，所需电气工程类人才数量减少，而所需电气工程领域的优秀人才多来自其他国家。

我国与发达国家所处的历史阶段不同，电气工程专业在我国至今仍保持着强大的生命力。随着我国工业化进程的不断前进，电气工程专业发展迅速，多数工科院校将电气工程及其自动化专业作为支柱专业，并且现阶段我国电气工程领域人才需求旺盛。

1.1.1 电气工程及其自动化专业的发展历史

1. 电气工程的发展简史

现阶段，从工程技术领域看，电是一种优质的能源形式和重要的信息载体。其显著特点在于易于变换、传输和控制。

1820 年，安培(A.M.Ampere)发现了电磁效应。1831 年，法拉第(M.Faraday)发现一块磁铁穿过一个闭合线路时，线路内就会有电流产生，这个效应就是电磁感应。法拉第的电磁感应定律是他最伟大的贡献，揭示了电磁感应原理，奠定了电磁学基础。正像法拉第用他发明的第一台发电机(法拉第盘，见图 1-1)所演示的那样，电磁感应可以用来产生连续电流。虽然给城镇和工厂供电的现代发电机比法拉第发明的发电机要复杂得多，但是它们同样都是根据电磁感应原理设计的。

图 1-1　法拉第盘

19 世纪 60 年代,麦克斯韦(J.C.Maxwell)建立了统一的经典电磁场理论和光的电磁理论,预言了电磁波的存在。而这种理论上的预见后来得到了充分的实验证实。1873 年,麦克斯韦完成了他的巨著——《电磁学通论》,这是一部可以同牛顿的《自然哲学的数学原理》相媲美的著作,具有划时代的意义,奠定了广泛应用电磁技术的理论基础。

1834 年,德籍俄国物理学家雅可比(Jacobi)发明了被世界公认的第一台功率为 15 W 的棒状铁芯实用电动机,如图 1-2 所示。

(a)　　　　　　　　　　(b)

图 1-2　雅可比电动机模型和实用电动机

(a) 电动机模型;　(b) 实用电动机

1885 年,意大利物理学家加利莱奥·费拉里斯提出了旋转磁场原理,并研制出了二相异步电动机模型。1886 年,美国的尼古拉·特斯拉也独立地研制出了二相异步电动机,见图 1-3。其工作过程是把几个线圈按辐射状排成一圈,接通交流电,交流电的频率相同,但电压和电流存在相移,于是,在线圈之间的空间就形成了旋转磁场,磁场带动金属使之产生旋转运动。据此,成功研制出二相异步电动机。俄国工程师多里沃·多勃罗沃尔斯基于 1889 年成功研制出第一台实用的三相交流单鼠笼异步电动机,并发明了第一台双鼠笼三相异步电动机。交流电机的研制和发展,特别是三相交流电机的研制成

图 1-3　特斯拉发明的二相异步电动机

功为远距离输电创造了条件，同时把电工技术提高到了一个新的阶段。

19 世纪后期，在资本主义迅速发展、商品竞争日益加剧的形势下，新技术的采用往往成为维持生计、藉以发展和出奇制胜的法宝，此时电动机的使用已经相当普遍。电锯、车床、起重机、压缩机、岩石钻等都已由电动机带动，甚至电磨、牙医电钻、家用吸尘器等也都用上了电动机。

电机制造技术的进步和电能应用范围的扩展以及工业生产对电能需要的迅速增长，大大促进了发电厂和发电站的建设。这些发电厂、发电站最初都是从直流发电开始的，1875 年，法国巴黎火车站建成了世界上最早的一座火力发电厂。1882 年，"爱迪生电气照明公司"建成了商业化电厂和直流电力网，能发电 660 kW。1882 年，美国兴建第一座水力发电站，之后水力发电逐步发展起来。1898 年，纽约又建立了容量为 30 000 kW 的火力发电站，用 87 台锅炉推动 12 台大型蒸汽机为发电机提供动力。由于当时直流发电厂的供电范围有限，仅能对一栋房子或一条街道供电，此后建立的中心电厂也仅能供几平方千米内用户用电，而再扩大供电范围，直流电厂已不能胜任，于是代之而起的是交流发电站的建立。

1885 年，英国工程师菲尔安基设计的第一座交流单相发电站建成发电，这座发电站建在距伦敦 12 km 的捷伯特弗尔得，发电机功率为 1000 kW，电压高达 2500 V，经变压后升高到 10 kV 向伦敦输送，经过几次变压后，用户的供电电压为 100 V。1888 年，由费朗蒂 (1864—1930 年)设计，建设在泰晤士河畔的伦敦大型交流发电站开始输电，其输出电压高达 10 kV，经两级变压输送到用户。1892 年，法国建成了第一座三相交流发电站，把交流发电站的发展向前推进了一步。随后，美国于 1893 年建成了第一座三相交流发电站，并于 1895 年建成了尼亚加拉 3675 kW 的交流水电站。1894 年，俄罗斯建成了当时世界上最大的单相交流发电站，其功率为 800 kW，由四台蒸汽机提供动力发电。

电这种新能源刚刚被人们使用的时候，它的主要作用是作为照明的光源。电被发出来之后，再把它输送给用户，输送的距离越远，经济价值就越大。在远距离输电方面，人们首先尝试了直流电输电方式。第一条直流输电线路于 1873 年建成，长度仅有 2 km。世界上第一条远距离直流输电实验线路是由法国人建立的。1882 年，法国物理学家和电气工程师德普勒(1843—1918 年)由德国葛依吉工厂资助在慕尼黑国际博览会上展出了一条实验高压直流输电线路，把米斯巴赫一台容量为 2.2 kW 的水轮发电机发出的电能输送到相距 57 km 的慕尼黑，驱动博览会上的一台水泵形成了一个人工喷泉。这一成功演示，展示出了电力的巨大潜力，证明了远距离输电的可能性。在这次实验中，线路始端电压为 1343 V，末端降至 850 V，输送功率不到 200 W，线路损耗达 78%，说明效率较低。在直流输电的发展过程中，经过技术改进曾一度达到甚为可观的水平。直流电机能发出电压高达 57.6 kV，功率为 4650 kW 的电能，输送距离达到 180 km。但这种势头很快达到了技术上的极限，难以再取得新的进展。由焦耳-楞次定律可知，输送相同容量的电能，电压越高，热损耗就越小。要加长输电距离、增大输电容量，又要减少输电损失，最为有效的办法就是提高输电电压。由于当时的直流输电只能靠发电机的电压把电力输送给用户，因此，若使直流电大幅度地升压或降压在当时是难以想象的。而用户的电压一般要求在 250 V 以下，直接使用高压既不安全也不经济。在这种情况下，交流输电显示了其优越性，从而促进了交流高压输电方式的发展。交流输电技术最早获得成功的是俄国的亚布洛契可夫，他在 1876~1878 年成功试验了单相交流输电技术。1880 年前后,英国的费朗蒂改进了交流发电机,并力主采用交流高压输电方式。1882 年,英国的高登制造了大型二相交流发电机。1882 年,法国人高兰德(1850—1888 年)和英国人约翰•吉布斯获得了"照明和动力用电分配办法"的专利,并成功研制了第一台具有实用价值的变压器。可以说,它是交流输配电系统中的主要设备或心脏部分。变压器的基本结构是铁芯和绕组,以及油箱和绝缘套管等部件,它所依据的工作原理是法拉第在 1831 年发现的互感现象,即由于一个电路中电流变化,而在邻近另一电路中引起感生电动势的现象。在同一铁芯上绕上原线圈和副线圈,如在原线圈中通入交变电流,由于电流的不断变化,而使其产生的磁场也随之不断变化,在副线圈中也就感应出电动势来。变压器靠这一工作原理,把发电机输出的电压升高,而在用户那里又把电压降低。有了变压器可以说就具备了高压交流输电的基本条件。1884 年,英国人埃德瓦德、霍普金生(1859—1922 年)又发明了具有封闭磁路的变压器。1885 年,威斯汀豪斯(1846—1914 年)对高兰德和吉布斯变压器的结构又进行了改进,使之成为一台具有现代性能的变压器。1891 年,布洛在瑞士制造出高压油浸变压器,后又研制出巨型高压变压器。由于变压器的不断改进,因此远距离高压交流输电取得了长足的进步。

在采用直流输电还是交流输电的问题上曾产生过一场争论。当时在美国电气界最负盛名的大发明家爱迪生和对电气化作出了重要贡献的著名英国物理学家威廉•汤姆生(即开尔文勋爵)以及罗克斯•克隆普顿(1845—1940 年)等人都极力反对采用交流输电,主张发展直流输电方式;而英国的费朗蒂、高登等人和美国的威斯汀豪斯、特斯拉(1857—1943 年)、斯普拉戈(1857—1934 年)等人则力主采用交流输电。随着输电技术的发展,交流电很快取代了直流电。这场关于交、直流输电方式的争论,最终以力主交流输电派的取胜而告结束。

远距离输电问题的根本解决是三相交流理论的形成与技术发明的结果。1887—1891 年德国电机制造公司取得了三相交流技术的成功。其主要发明者是在德国、瑞士工作的俄国电工学家多里沃-多勃罗沃尔斯基。他在 1889 年制成最早的一台功率为 100 W 的三相交流异步发电机。1891 年又制成了 75 kW 的三相交流异步电动机(见图 1-4 和图 1-5)和 150 kW 的三相变压器(见图 1-6)。正是他的发明,人们在电能应用中广泛采用了三相制。1891 年,多里沃-多勃罗沃尔斯基在德国法兰克福的电气技术博览会上,成功地进行了远距离三相交流输电实验。他将 180 km 外三相交流发电机发出的电能用 8500 V 的高压输送,输电效率达到 75%,在当时的条件下,如此高的传输效率是直流输电所不能办到的。从此,高压交流输电的有效性和优越性得到了公认。由于交流输电的发展和成功,美国当时正在准备建设的尼亚加拉水电站最终决定采用三相交流输电系统。威斯汀豪斯为其公司争得了这座水电站的承建合同,从 1891 年开始建设,1895 年建成,1896 年投入运行。这座发电站的总容量近 100 kW。它将发出的 5000 V 电压的电用变压器升至 11 000 V,输送到距离 40 km 的布法罗市。电力的作用已不仅仅是用于照明,而开始成为新兴工业的动力和能源。电力的应用和输电技术的发展,促使一大批新的工业部门相继产生。首先是与电力生产有关的行业,如电机、变压器、绝缘材料、线路器材等电力设备的制造、安装、维修和运行等生产部门;其次是以电作为动力和能源的行业,如照明、电镀、电解、电车、电梯等工业交通部门;另外还有各种与生产、生活有关的新的电器生产部门也相继出现了。这种发展的结果,又反过来促进了发电和高压输电技术的提高。到 1903 年输电电压达到 60 kV;第一次世界大战前夕,输电电压达到 150 kV。

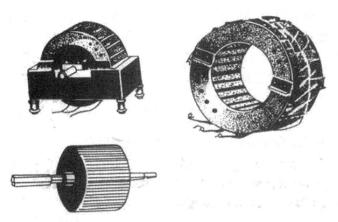

图 1-4　多里沃-多勃罗沃尔斯基三相电动机部件

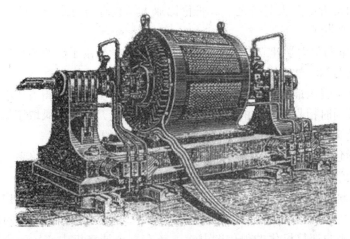

图 1-5　多里沃-多勃罗沃尔斯基三相电动机外观

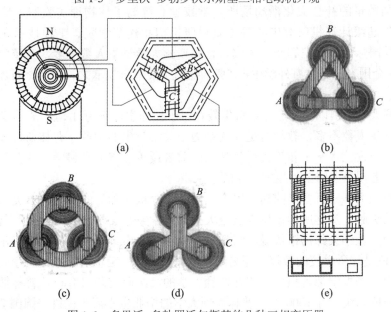

图 1-6　多里沃-多勃罗沃尔斯基的几种三相变压器

20 世纪初，发电、输电、配电形成了以交流发电机为核心，以汽轮机(涡轮机)、水轮机等为动力，以变压器等组成的输配电系统为动脉的变压输电网，使电力的生产、应用达到较高的水平，并具有相当的规模。从此，电力取代了蒸气，使人类历史迈进了电气化时代。电的应用，很快渗透到人类社会生产、生活的各个领域，它不仅创造了极大的生产力，而且促进了人类文明的巨大进步，并导致了第二次动力革命，使 20 世纪成为"电气化世纪"。

2. 国外大学电气工程专业发展过程及其教育状况简介

国外电气工程专业设置较早，各个国家的专业特色也不一样。这里首先简要介绍美国一些著名大学电气工程专业的设置时间，其次介绍美国几所高等学校电气工程专业情况。

1) 美国著名大学电气工程专业的设置时间

(1) 哥伦比亚大学于 1882 年建立电气工程系。哥伦比亚大学位于纽约市中心，于 1754 年成立，属美国常青藤八大盟校之一。哥伦比亚大学设有一百余个学科专业，大部分可以授予硕士、博士学位。

(2) 1883 年康乃尔大学建立电气工程系。康乃尔大学坐落于纽约州伊萨卡市，1865 年由商人埃兹拉·康乃尔和学者安德鲁·迪克森·怀特创建。

康乃尔大学是美国最有名的大学之一，共有 29 位诺贝尔奖获得者曾在这里就读。它是美国东部第一所同时招收男女生的主要学校。1872 年康乃尔大学录取了第一位女大学生。康乃尔大学还是第一所教授美国历史和拥有自己出版社的大学。

康乃尔大学包括七个本科生学院和七个硕士生学院、三个跨学院系、继续教育学院、夏校和康乃尔大学图书馆。

(3) 普林斯顿大学于 1889 年建立电气工程系。普林斯顿大学始建于 1746 年。作为一所著名的综合性大学，普林斯顿拥有著名的教授学者、排位美国前 5 名的校友捐赠金额、藏书 450 多万册的计算机化的现代图书馆，还有一个计算机中心、一个艺术博物馆、一座教堂和相当数量的社会文化活动场所。学校建有等离子体物理实验室、地球物理实验室、约翰诺曼超级计算机研究中心等主要科研机构和建筑学院、工程技术和应用学院、威尔逊公共及国际事务学院等研究生院。普林斯顿大学学生人数不多，在校学生来自全美 50 个州和 55 个国家，其中海外学生占 5%，他们主要来自加拿大、中国、新加坡、英国和德国。

普林斯顿大学最引以自豪的是本科生教育，学校师生比例为 1：6，在全美的大学里很少见。由于学生人数不多，教师有足够的精力来关心学生的学业。普林斯顿大学本科生可以攻读两种学位：艺术学士和工程科学学士。前者授予主修人文科学、社会科学和自然科学的学生；后者授予主修工程技术专业的学生。

在普林斯顿大学二百多年的建校史上，出过不少星光灿烂的人物，对美国的社会文明做出过很大的贡献，从这所学校里走出过大批的科学家、文学家和政治家。著名的相对论大师爱因斯坦、数学大师冯诺依曼·阿廷等都在这里从事过研究。历届诺贝尔物理奖得主中，有 20 多位是这所学校的教授。著名的科学家华罗庚、姜伯驹、中国科学院外籍院士陈省声、李政道、杨振宁都曾担任过普林斯顿大学的高级研究院研究员。普林斯顿大学还为美国培养了两位总统，有 1000 多名普林斯顿大学的毕业生先后担任过美国国会参议员、众议员、联邦政府的高级官员，以及州长和州政府的高级官员。由此，普林斯顿大学赢得了"美国政治家摇篮"的誉称。

(4) 1895 年德州大学建立电气工程系。美国德州大学奥斯汀分校(University of Texas at Austin)成立于 1883 年，是德州大学系统中的主校区，也是德州境内最顶尖的高等学府之一。在各类学术表现及评鉴排名中，该校在全美大学中名列前茅。现有学生人数 48 000 名(2007 年统计资料)，为全美单一校园中第三大的大学。此校拥有全美顶尖的学术及专业学系，包括工学院、电子计算机学院、商学院、法学院及公共行政部门等，在全美大学及研究机构中，常年表现杰出。除奥斯汀主校区外，还有位于奥斯汀北部的 Pickle 研究校区(J. J. Pickle Research Campus)，该校天文系也负责位于德州西部戴维斯山区的麦当劳天文台。

(5) 1902 年麻省理工学院建立电气工程系。该校是培养高级科技人才和管理人才的高等院校，是美国从事科学和技术方面教学和研究的中心之一。该校 1861 年创办于波士顿，1916 年迁到剑桥。原是一所纯粹技术性质的专科学校，后来增设了人文社会科学系科。学院主要是培养工程师和技术员，也开设普通教育课程，为一般公众举办晚间演讲。其办学方向是把理论科学和应用科学的教学和研究结合起来。它的成立使 19 世纪后期美国兴起的技术专科学校定型化，对美国 19 世纪末开展的技术运动起了很大的推动作用。学院现在招收本科生和研究生，有建筑和城市规划、工程、人文学科和社会科学、管理、理科等 5 个分院，分设 24 个系，即航空学和航天学、建筑、生物学、化学工程、化学、土木工程、地学和行星科学、经济学、电气工程和计算机科学、外国文学和语言学、人文学科、管理、数学、机械工程、材料科学与工程、气象学、核工程、营养和食品科学、海洋工程、哲学、物理学、政治科学、心理学、城市研究与规划。该校在注重教学的同时，也很注重基础研究和应用研究，本科生和研究生都参加协作的研究工作。麻省理工学院在科学研究的许多领域，如电子学、核科学、航空学和航天学、计算机技术、光谱学、太阳能、生物学、食品工艺学、核工程、造船学、伺服机构、高压电工程、化学工程等方面，都曾取得重大的成就，特别是对通信、计算机技术、惯性制导系统方面的研究成果，对美国军事设施有极大作用。该校的教学和科研致力于广泛的研究领域，如地学、生命科学、通信、材料、航空学和航天学、核科学及工程等。在这些领域，来自许多学科领域的科技工作者，打破传统的专业界线，进行跨学科的协作。该校科学技术设施齐备，有 70 多个专门实验室。

2) 美国大学电气工程教学情况简介

对应于我国大学的电气工程学院和电子与信息工程学院，美国大学一般将其称为电气工程与计算机科学系(简称 EECS 系)或电气工程与计算机工程系(简称 ECE 系)。他们的一个系对应我们的两个学院。为了更有针对性，这里着重介绍美国 EECS 系或 ECE 系中主修电气工程专业的教学和改革情况。

(1) 美国 125 所大学对电气工程学士(BSEE)学位的总学分要求和一、二年级电气工程(EE)课程设置：1992 年 3 月全美电气工程系系主任协会对大约 280 位系主任发出征询函，调查美国 EE 系对 BSEE 学位总学分的要求，主要是对毕业生必须完成的总学分和一、二年级 EE 课程及实验课程的开设情况进行征询。结果有 125 位系主任做了回答，情况如表 1-1 所示。

表 1-1　征询回答概要

序号	问　　题	回　　答	
		平均	标准偏差
1	对 BSEE 所要求的总学分	133.5	8
2	对 BSEE 所要求的 EE 课程学分	52.9	
3	一年级 EE 课程要求的门数	0.6	1.1
	EE 课学分总数	1.3	2.2
	实验课周学时	0.6	1.2
4	二年级 EE 课程要求的门数	3.2	1.6
	EE 课学分总数	9.3	4.2
	实验课周学时	3.5	2.5

注：表中所有的学分均已折算为半学年学分。

在 125 个做出回答的系中，大约有 65%的系一年级不开设 EE 课程，20%的系要求开设 1 门 EE 课程，9%的系要求开设 2 门，6%的系要求开设 3 门 EE 课程。更详细的统计说明如下。

① 在 44 个要求开设 1 门或更多门数的 EE 课程的系中，有 43%要求 3 学分，约 23%要求 6～10 学分。

② 在做出回答的 125 个系中，有 80%不要求开设第一学年的 EE 实验课，其余的 20%的系中有 72%要求每周 3 个学时的实验课。

③ 在做出回答的系中有大约 65%要求开设二年级 EE 课，门数在 2～4 之间，大约 18%要求开设 5～8 门。

④ 在 125 个回答征询的系中，有 64%要求开设 4～12 学分的二年级的 EE 课程，另有 24%的系要求开设 13～18 学分的此类课程。

⑤ 在 125 个系中，大约有 14 个系没有第二学年的 EE 实验课程，约 44.5%的系要求有每周 3 学时的 EE 实验课程。

(2) 美国 25 个 EE 系所要求的 EE 课程分析：选出 25 个系的教学计划，就 11 门 EE 课程进行学分统计分析，包括电路、通信系统、计算机/汇编语言、计算(计算机编程)、控制、离散或非线性系统、能量转换、电子学(线性、数字、逻辑设计)、电磁场、线性系统或信号与系统、电力系统等课程。

统计表明，在 25 个系的教学计划中：

① 所有教学计划都有电路课程，其学分最少是 3 学分，最多是 11 学分，平均为 6.6 学分(25 个系总平均，下同)。

② 有 10 个系(占 40%)开设通信系统课程，最多的学分是 6 学分，平均为 1.3 学分。

③ 有 17 个系开设计算机/汇编语言课程，最高的一个要求 8 学分，平均为 2.8 学分。

④ 有 19 个系开设计算机编程课程，最高的一个要求 7 学分，平均为 2.4 学分。

⑤ 有 13 个系开设控制课程，最高的一个要求 4 学分，平均为 1.6 学分。

⑥ 有 4 个系开设离散或非线性系统课程，有 2 个系要求 3 学分，平均为 0.4 学分。

⑦ 有 18 个系开设能量转换课程，有 3 个系要求 5 学分，平均为 2.3 学分。

⑧ 对电子学课程所要求的学分最少是 8 学分，最多要求 15 学分，平均为 11.2 学分。

⑨ 所有系都开设电磁场课程，学分至少是 3 学分，最多是 10 学分，平均为 5.1 学分。

⑩ 有 19 个系开设线性系统或信号与系统课程，半数以上要求 3 学分，平均为 2.7 学分。

⑪ 仅有 1 个系开设电力系统课程，其他都不开设此课程。

国外的电气工程教育也是在不断改革中发展的。在 20 世纪初，曾以电力工程为主；到了 20 世纪 50 年代以后，逐渐改变为以电子工程、通信工程、计算机工程为主。今后电气工程教育究竟会变成什么样子，现在还没有人能说得清楚，但数字信息处理技术无疑将占据重要位置。

美国的 EE 教育和我国的 EE 教育之间有相似的方面，也有不同的方面。两国的 EE 教育都在改革，但起点和国情相差显著。因此，我们在学习美国 EE 教育时，应当有选择、有分析地加以借鉴。他们注重电气工程与计算机工程的基本知识和技能的培养，而不过多、过细地讲授专业技术知识和工艺；B.S.学位必修的学时数较少；选修课比较新颖、多样；教学效率较高；比较重视设计环节和实验教学；很重视计算机的使用；很重视发展新的教学手段等。

3. 国内大学电气工程专业发展概述

(1) 1908 年南洋大学堂(上海交通大学)设立了电机专科。这是我国最早的电机专业。该校电气工程系历史悠久，其源头可追溯到清光绪 34 年(1908 年)，唐文治担任监督(即校长)，增设电机专科，预科一年，专科三年。在国内各大学中，上海交通大学最早创设电机工程专科。在建国前 41 年间，共培养毕业生 1305 人，他们服务于国内电气工程领域的各部门，且成绩卓越，人才辈出。

该校电气工程系的发展历史，基本体现了我国电气工程教育的发展史。下面详细介绍。

上海交通大学于 1908 年设立电机专科，1912 年按教育部规划，改名为电气机械科；1918 年改专科三年制为本科四年制；1921 年交大北京学校邮电班调整至沪校，复称电机工程科，分电力工程、有线电信、无线电信三个专业；1924 年有线电信与无线电信两个专业合并为电信专业；1928 年 4 月份按交通部训令改称电机工程学院；1937 年按教育部建制改为电机工程系，隶属于工学院；1940 年重庆小龙坎分校招生；1943 年重庆小龙坎总校创设电信研究所，招收大学电信专业毕业生，研读两年后授予硕士学位；1945 年重新回到上海，1951年改电力、电信两专业为建造、电力、电信三个专业；1952 年交通大学、同济大学、大同大学、复旦大学四校电机系及沪江大学物理系电讯组，交通大学电信科、上海工业专科学校电力科等校电机科系合并组成交通大学电机系，分设电工器材制造、电力工程、电信工程 3 个系，当年起连续两届本科三年级提前毕业，并加设专修科，学制两年；1954 年本科生教育由四年制改为五年制；1956 年电工器材制造与电力工程两系决定招收研究生(时称副博士研究生)，计划学制四年；1957 年电工器材制造与电力工程两系分设上海、西安两地，留上海部分与新建的上海造船学院船舶电气系，以及筹建中的南洋工学院电机系合并；1958 年上海部分电工器材制造与电力工程两系合并，名称仍沿用电机工程系；1970 年电机系连同有关基础及技术基础课教师组成船舶电工(第三)大队，下设 3 个车间；1972 年恢复原电机系建制，次年改称电力电机系，招收工农兵大学生，学制三年；1974 年招收工农兵研究生一届，学制两年；1977 年恢复全国统一入学考试，本科学制四年；1978 年再次恢复招收研究生，学制两年半；电机系与自动控制系、计算机系合并，组成电工及计算机科学系，之后电机工程系自主扩充成系，各系再下设专业；其后，电类各系合而为院，电力工程系(不久仍改称电机工程系)设电机、电力系统及其自动化、高电压技术及设备 3 个专业，隶属于电子电工学院；1987 年成立电力学院，设 4 个系(电力工程系、电机工程系、信息与控制工程系、能源工程系)和 1 个电力科学技术研究所，内含 8 个专业，电力学院实行系为实体的体制；1988 年电力学院实体化运作；1999 年能源工程系并入动力学院，电机工程系与电力工程系组成电气工程系，电力学院下设电气工程系和信息与控制工程系；2002 年电力学院与电子信息学院合并成为电子信息与电气工程学院，电力学院变成现在的电气工程系。

(2) 1912 年，同济医工学堂(同济大学)设立电机科，现在发展为同济大学电子与信息工程学院的一个系。同济大学电气工程系由上海交通大学原机车车辆工程系电力机车专业发展而来，长期从事电气工程及自动化、电力牵引领域的研究，并紧密配合国民经济的发展，坚持理论研究与生产实践的结合。在铁道牵引、城市轨道交通、电动汽车和磁悬浮列车等技术领域内及电力电子、传动控制、检测与仿真技术等方面的研究一直处于国内领先水平。

电气工程系现设有电机与电器、电力电子与电力传动、电力系统及其自动化 3 个硕士点和电气工程及其自动化本科专业，并具有电气工程及其自动化方向工程硕士招生与学位授予权。

电气工程系设有电力传动与自动化、计算机仿真与控制、电力电子、交流传动等 6 个研究(实验室)。近年来，年科研项目经费均达 500 万元以上，有多项科研成果获省部级奖励，并与美、英、日、德等国进行了广泛的学术联系和交往。

(3) 1920 年浙江大学(公立工业专门学校)设立电机科。浙江大学是国家教育部直属，学科门类齐全的综合性重点大学。电气工程学院(简称电气学院)由原浙江大学电机工程学系发展而来。该系历史悠久，始建于 1920 年，是我国创建最早的电机系之一。

电气工程学院位于浙江大学玉泉校区，设置有电气工程学、系统科学与工程学、应用电子学 3 个系和电工电子基础教学中心，3 个系下属有电气工程及其自动化、自动化、电子信息工程、系统科学与工程 4 个本科专业。

学院所属专业学科均属现代高新技术的主要领域，涉及电气工程、控制科学与工程、系统科学、电子科学与技术 4 个一级学科。学院设有"电气工程"、"控制科学与工程(共享)"、"电子科学与技术(共享)" 3 个学科博士后科研流动站，具有"电气工程"一级学科博士学位授予权，拥有 10 个二级学科，其中 9 个博士点、8 个硕士点。"电力系统及其自动化"、"电力电子与电力传动"以及"控制理论与控制工程(共享)" 3 个学科是全国重点学科，"电机与电器"、"系统分析与集成" 2 个学科为省重点建设学科，"电工理论与新技术"确定为浙江省重点扶植学科。

(4) 1923 年东南大学(后改为中央大学)设立电机工程系，现已发展成电气工程学院。从中央大学、南京工学院到今天的东南大学都一直设有电气工程相关学科和专业。曾经有大批国内外学术界知名的专家、学者在这里工作，如吴玉麟、陈章、吴大榕、程式、杨简初、严一士、闵华、周鹗、陈珩等。

电气工程学院现设有电气工程一级学科博士学位授权点，含电机与电器、电力系统及其自动化、电力电子与电力传动、高电压与绝缘技术、电工理论与新技术、应用电子与运动控制、电气信息技术和新能源技术等二级学科，其中，电机与电器、电力系统及其自动化 2 个二级学科为江苏省重点学科。该学院设有电气工程博士后流动站和电气工程及其自动化本科专业。电气工程学院是国家"211 工程"及"985 工程"一期、二期的重点建设单位，是教育部电气工程及其自动化专业教学指导分委员副主任单位。电气工程及其自动化本科专业是江苏省高等学校品牌专业，2006 年 6 月又成为首个通过教育部工程教育试点认证的专业。

(5) 1932 年清华大学设立电机系，现为电机工程与应用电子技术系。大批基础扎实、知识面宽、适应能力强的毕业生已成为我国各条战线上科技和管理方面的栋梁。随着科学技术的发展，本系早已突破了传统的学科范围，在电气工程的基础上，扩展到计算机、电子技术、自动控制、系统工程、信息科学与生物医学工程等新科技领域，开拓了许多新的研究方向。

该系本科生专业为电气工程及其自动化，研究生一级学科为电气工程，每年招收本科生约 130 人，硕士生约 80 名，博士生约 45 名。研究生二级学科包括电力系统及其自动化、高电压及绝缘技术、电机与电器、电工理论与新技术以及电力电子与电力传动，其中前 4 个为全国重点学科。1996 年 6 月起，电气工程学科被国务院学位委员会批准为首批试行按一级学科学位授权单位。教学成果"面向国民经济建设主战场，培养高质量电工学科高层次人才"荣获 1997 年全国惟一的国家级特等奖。此外，该系还招收电气工程领域工程硕士，直接为大、中型企业培养人才。

(6) 1933 年北洋大学(天津大学)设立电机工程系，现已发展成为天津大学电气与自动化工程学院。学院现设 2 个系、5 个中心、2 个研究所。学院 2 个一级学科电气工程和控制科学与工程均具有博士学位授予权并设有博士后流动站。学院 8 个二级学科(电力系统及其自动化、电机与电器、高电压与绝缘技术、电力电子与电力传动、电工理论与新技术、控制理论与控制工程、检测技术与自动化装置和模式识别与智能系统)均具有博士和硕士学位授予权，其中电力系统及其自动化和检测技术与自动化装置为国家重点建设学科。学院设有电气工程及其自动化、自动化 2 个宽口径的本科生专业和 1 个高等职业技术教育专业楼宇自动化技术。

1952 年，我国进行大规模的院系调整，出现了一批以工科为主的多科性大学，也出现了一批机电学院。1966 年，文革开始，大学正常招生暂停。1977 年，恢复高考制度，之后大部分学校的"电机工程系"改为"电气工程系"，90 年代之后，又陆续改称"电气工程学院"。1998 年，我国高校进行了大规模专业目录调整，将电工类专业和电子与信息类专业合并为"电气信息类"专业，专业数大大减少，专业口径大大拓宽。表 1-2 是 50 多年来我国大学本科专业目录的调整情况。表 1-3 是全国设置电气工程专业大学数量的变化情况。

表 1-2 50 年来我国大学本科专业目录的调整

序号	年份	门数	类数	专业数	备 注
1	1954		40	257	我国首次定专业目录
2	1963			510	宽窄并存，以宽为主
3	1980 1985 1986			1037 823 651	"文革"期间十分混乱，越来越多、窄、细 适当进行了整合
4	1993	10	71	504	适当拓宽，去掉重复
5	1998	11	71	249	新增管理学，工科引导性专业(9 个)

表 1-3　全国设置电气工程专业大学数量的变化

年　份	1994	1999	2001	2003	2006
大学数量	90	123	163	197	276

我国高等教育发展迅速，对电气工程人才需求旺盛。设置电气工程专业的学校越来越多，电气工程不属于新兴学科，仍属于传统学科的范畴，但该专业的学生有较强的适应性。电气工程专业不仅给我国培养了一大批电气工程师，也曾经给我国培养了一大批国家领导人。

20 世纪 50 年代，在我国流传着一句列宁的名言："共产主义就是苏维埃加电气化"。这句话当然是 20 世纪 20 年代列宁对电气化的认识，但它影响了几代中国人。电气化被认为是 20 世纪科学技术最伟大的成就之一。

以工科为主的大学在我国占有半壁江山，从传统意义上说，工科专业的主体是机械、电气、土木、化工、材料几大类，其中机械、电气两大类最具基础性。我国以工科为主的大学几乎都把电气工程专业作为本校的支柱性专业。近年来，我国设置电气工程专业的大学数呈持续上升趋势，已有 200 多所，近几年内，这一势头将持续下去。

目前，我国大学电气工程专业毕业生的就业情况较好。这一方面得益于我国电力行业的飞速发展，另一方面也得益于该专业毕业生有较强的适应性。目前，我国大学电气工程专业有较好的生源，2003 年该专业新生为 22 303 人。至今，电气工程专业招生人数一直保持旺盛的增长势头。

1.1.2　电气工程及其自动化专业的地位和任务

发达国家仍保留了"电气工程系"的名称，"电气工程系"中主要学习近代电子、通信等内容，传统"电气工程"的内容已很少。许多著名大学研究"电气工程"的学者已经很少。我国工业发展阶段与发达国家不同，随着我国加工工业的迅猛发展，发电机装机容量不断扩充，输电走廊不断建设，对电气工程人才需求旺盛。

从应用领域看，电气工程和能源科学密切相关。能源是人类永恒的话题，从现在和未来看，电力能源是最优质的能源。从学科基础看，电气工程与电子信息科学基础相同。电子信息科学是从电气工程中脱胎而出的。

1. 电气工程学科的具体内容及其内在联系

从电气工程内部各学科的关系看，电气工程主要包含三个领域：电工理论——电工理论与新技术、电路理论(含电网络理论)、电磁理论；电工制造——电机与电器、绝缘技术、电力电子技术；电力系统——电力系统及其自动化(运行)、高电压技术、电力传动。三者相互联系、相互渗透，不能截然分开。

(1) 电工理论是电工制造业和电力系统的理论基础。电工理论的不断发展对电工制造业和电力系统起到了巨大的推动作用，同时，电工新技术更是涵盖了当今诸多高新技术领域。在我国，电工理论课程是理工科电类学生的主干课、必修课，也是每个从事电力、电气、通信、计算机和自动控制专业人士的业务根基。国外学者的说法是"电工理论是电气工程师的黄油和面包"。电工理论是学习、解决电气工程领域问题的理论基础，其重要性是不言而喻的。

(2) 电工制造业为电能的生产和消费系统提供物质装备。电工制造业为电力生产和电力输送部门提供了必要的物质装备，同时又为采用电能作为能源的各领域提供了必要的电气装备。现今，人均拥有电机的数量已经成为衡量一个国家和地区现代化水平的一项重要指标。

随着各国对电能需求的不断增加，为满足建设大型电站的需要，通过改进发电机的冷却技术，采用新型绝缘材料、铁磁材料，改进结构设计，使发电机的单机功率增大，效率提高，成本降低。最大火力发电机组的功率 1926 年为 160 MW，到 20 世纪 60 年代已成批生产 500～600 MW 火电机组，1973 年第一台 1300 MW 火电机组投入运行。此后，由于受到材料性能以及大型机组在设计制造上的缺陷等因素的限制，投运后事故较多，可用率降低，使大型火电机组的发展趋势减缓。20 世纪 80 年代，大约有 3/4 的火电设备单机功率稳定在 300～700 MW。水力发电机组的最大功率由 1942 年的 108 MW 提高到 1961 年的 230 MW，1978 年 700 MW 机组投入运行。核电机组的功率由 1954 年的 5 MW(第一台工业用试验性机组)提高到 20 世纪 80 年代的 1300～1500 MW。

随着大型电站以及跨地区、跨国际大电网的建设，要求提供超高压、大容量的输变电设备。继 1952 年制造第一套 380 kV 交流输变电成套设备后，1965 年制成了 735 kV 交流输变电成套设备。20 世纪 70 年代以来，又先后制成 1000～1500 kV 交流输变电设备。20 世纪 50 年代最大变压器容量为 500 MV·A，1975 年已达 1800 MV·A。断路器的制造经历了多油式、少油式、压缩空气式和六氟化硫(SF_6)气体绝缘等不同发展阶段，近 10 多年又发展了 SF_6 组合式电器，缩小了占地面积(750 kV 级约为原占地面积的 1/75)和空间，并提高了运行可靠性。到 20 世纪 80 年代，高压断路器的额定开断电流已达 80～100 kA，全开断时间已从 20 世纪 50 年代的 3 周波缩短至 2 周波和 1 周波，为提高电力系统的稳定性创造了条件。

在用电设备中，约有 70%的负荷为电动机，大的如轧钢电动机(单机功率达 12 785 kW)和高炉鼓风电动机(单机功率达 36 000 kW)，小的有千百种用途各异的微特电机。工厂中电动机分散传动代替了过去的皮带传动，改善了工厂的环境，提高了机床的效率和精度。电力机车同柴油机车一道代替了蒸汽机车。在家用电器中，出现了洗衣机、吸尘器、电风扇、空调器、电灶、微波炉等，使家庭生活更省力、更舒适。为满足冶金和机械工业的需要，各类电炉正向大容量、大功率、低能耗方向发展。1971 年已有 360 吨电弧炉投产。进入 20 世纪 80 年代又开发了 800 吨电弧炉。采用超大功率电弧炉一般可将熔炼时间缩短 2/3，电耗降低 23%。电力电子技术的出现不仅使直流输电技术得以稳步发展，而且使交、直流传动技术和各种电源转换技术都得到革新。它将微机控制与功率执行紧密结合，统一完成逻辑、控制、监视、保护、诊断等综合功能，有力地推动着机电一体化技术的发展。20 世纪 80 年代，在电动机上采用功率因数控制器后，一般单相电动机可节能 20%～50%，三相电动机可节能 5%～10%。通过设备性能改进，产品容量增大，电压等级提高，电网互联运行等，发电设备容量的利用率得到了合理的提高，输配电设备每千伏安的造价大幅度降低。发达国家电力系统的损耗，从 20 世纪 30 年代约占电能生产总量的 18%减少至 80 年代的 7%，预计还将会进一步降低。在此期间，电价降低了约 65%。

努力探寻新的发电方式是 20 世纪后半叶电工发展的重要方面。自 20 世纪 50 年代首次实现核能发电以来，核电很快成为继火电、水电之后的第三大发电方式。在一些煤炭、石油、水力等一次能源缺乏的发达国家，如法国，核电甚至成为主要发电方式，在其总发电构成中占 70%。磁流体发电在 20 世纪 50 年代末崭露头角，形成电工领域内的新兴工程技术分支。1959 年第一台 10 kW 磁流体发电机研制成功。到 1985 年已建成了 5×10^5 kW 工业性磁流体——蒸气联合热电站。实现受控核聚变反应是人类社会解决能源问题的最终途径之一。到 20 世纪 80 年代末已经成功地使等离子体约束到每立方厘米 1013 个粒子，温度达到 108 K，维持时间达到秒级。现代科学技术的进步，将有可能使人类打开通向核聚变发电的大门。其他如太阳能、风能、地热能、海洋能、生物质能等新型发电装置等也有重大发展。20 世纪 80 年代已经有功率为 10 MW 的太阳能塔式发电系统。单晶硅太阳能电池已进入商品化生产。随着多晶硅、非晶硅等新材料的出现，为太阳能电池的广泛应用创造了条件。

电子技术、航天技术等新兴工程技术领域迫切要求可靠的独立供电的电源，使化学能电源的研究又获得新的活力，燃料电池的研制成为一项重要课题。燃料电池的转换效率可达 60%以上，远远超过热机。目前磷酸型燃料电池已经成熟，40 kW 的电池和 48 MW 的发电系统正在试运行。熔融碳酸盐型和高温固体电解质型燃料电池均在积极研制。容量达到 1 kW 的动力蓄电池已顺利运行，并且正继续研制 10 kW 和更大容量等级。燃料电池和动力蓄电池可以分散建设，不需长距离输电，它的公害轻、应用范围广，在解决目前存在的一些技术、设备问题后，将有可能为电能供需系统开创全新的境界。

材料科学的新成果不断提高电工制造的水平，如超耐热铝合金导线大大提高了输电线路的传输能力。非燃性合成液体、高介电常数合成液体改善了电工设备的介电性能。以合成高分子化合物为基础的新型电机绝缘材料降低了电机绝缘厚度，并可提高电机温度。各种合成绝缘结构已部分代替陶瓷。六氟化硫气体绝缘材料、合成纸复合绝缘材料等正加速传统绝缘材料的更新换代。低损耗、高磁导率的冷轧硅钢片使铁损降低到 0.4 W/kg 以下。采用非晶态合金制造变压器和电动机，使铁损减少 70%~80%。高磁能积的钕铁硼等稀土永磁材料正取代铝镍钴材料，为永磁电机的发展提供了良好的条件。

超导材料研究的进展将会给电工行业带来重大变革。利用超导体可以获得稳态高强磁场而只需消耗极少的电能，在电工领域具有广泛的应用前景。使用超导电机驱动潜艇和水面舰只，可以消除传动噪声，改善灵活性与隐蔽性。超导磁悬浮列车速度可达 500 km/h，已经通过载人试验。超导已应用于高能加速器等大型电物理装置，以及磁流体发电、可控核聚变实验装置等所需要的强磁场和大电流线圈等设施。超导核磁共振在医疗诊断和组织代谢过程等研究中引进了新的手段。随着高温超导材料研究的进展，实现工业规模的超导应用在技术经济上已有了可能。这一切展现出超导电工时代诱人的前景。

由此可见，由于对电能需求的快速增长，拉动了电工制造业的迅猛发展和电工理论的不断创新。电气工程的三个领域电工理论、电工制造和电力系统相互依存，只有三个领域的协调发展，才能使电气工程不断推陈出新。

2. 电气工程与其他学科的关系

其他专业普遍需要电气工程知识，例如建筑工程领域涉及的电气内容主要包括供电电源及电压的选择、电力负荷的计算、短路电流计算、高压接线、低压配电线路设计、电气设备选择、继电控制与保护、电力管理、变配电所设计、电梯、照明系统、安全用电等电气知识。

多电飞机系统的电气装备，包含了电气领域的诸多技术，如电力系统技术、电力电子技术、电力传动技术和电气装置自动控制技术等。多电飞机用电磁悬浮轴承取代发动机机械轴承，用电磁执行器代替液压和气动执行器，其所需的电气装置如图 1-7 所示。

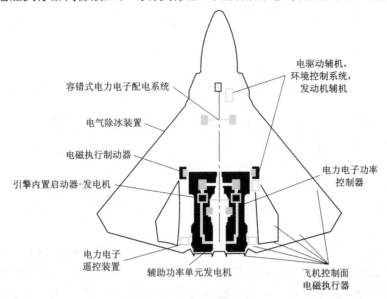

图 1-7　多电飞机系统的电气设备构成

国外已经研制出电驱动战车，由发电机和蓄电池组组成混合驱动系统。所需的电气装置如图 1-8 所示。

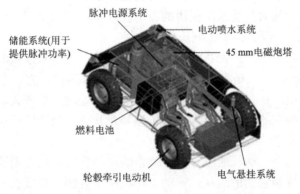

图 1-8　电驱动战车电气装备

此类应用不胜枚举，由此看来，电气工程已经渗透到现代社会的各个领域。电气工程、土木工程、机械工程、化学工程和管理工程并称为现代五大工程，电力系统是地球上最大的人造系统，电气工程是电力和电工制造所依靠的技术科学。同时，电气工程又是能源、电信、交通、铁路、冶金、化工、机械等基本工业的技术基础。

3．机电系统中的电气技术

机电一体化系统设计涉及的主要内容包括机电系统机械设计技术、控制系统设计技术、伺服系统设计技术和检测技术。机电一体化是在新技术浪潮中，电子技术、信息技术向机械工业渗透并与机械技术相互融合的产物。

机电一体化的应用领域不同，它所涉及到的单元技术也略有差别。图 1-9 为一般机电一体化系统所涉及到的各单元技术及其相互联系。

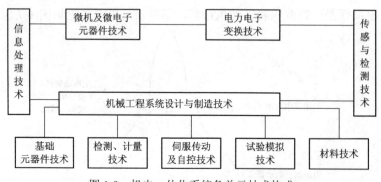

图 1-9　机电一体化系统各单元技术构成

机电一体化的关键技术主要包括机械技术、计算机与信息处理技术、系统技术、自动控制技术、传感与检测技术、伺服传动技术等。下面仅对与电气工程密切相关的几项技术作简单介绍。

自动控制技术范围很广，主要包括：基本控制理论；在此理论指导下，对具体控制装置或控制系统的设计；设计后的系统仿真，现场调试；最后使研制的系统能可靠地投入运行。由于控制对象种类繁多，因此控制技术的内容极其丰富，例如高精度定位控制、速度控制、自适应控制、自诊断、校正、补偿、再现、检索等。由于微型机的广泛应用，自动控制技术越来越多地与计算机控制技术联系在一起，成为机电一体化中十分重要的关键技术。

在控制指令的指挥下，控制驱动元件，使机械运动部件按照指令的要求进行运动，并具有良好的动态性能。伺服传动系统采用的驱动技术与使用的执行元件有关。按照执行元件的不同分为电气伺服、液压伺服、气压伺服。

传感与检测技术是机电一体化系统的感觉器官，即从待测对象获取信号并送到信息处理部分。其主要内容包括：一是将物理量(位移、速度、加速度、力、力矩、温度等)转换成一定的与其成比例的电量；二是对转换的电信号的加工处理，如放大、补偿、标定。检测传感装置是实现自动控制的重要环节，要求传感器及其放大处理电路快速、精确地获取信息，并能够抗干扰，可靠性高。

伺服传动包括电动、气动、液压等各种类型的传动装置，由微型计算机通过接口与这些传动装置相连接，控制它们的运动，带动工作机械做旋转、直线以及其他各种复杂的运动。伺服传动技术是直接执行操作的技术，伺服系统是实现电信号到机械动作的转换装置与部件，对系统的动态性能、控制质量和功能具有决定性的影响。常见的伺服驱动有电液马达、脉冲油缸、步进电机、直流伺服电机和交流伺服电机。由于变频技术的进步，交流伺服驱动技术取得了突破性进展，为机电一体化系统提供了高质量的伺服驱动单元，极大地促进了机电一体化技术的发展。

由此可见，电气工程是机电系统设计的基础。现代复杂大系统设计需要越来越多的电气控制和电气执行机构，电气部件的性能在很大程度上决定了机电系统的精度。

1.1.3　电气工程及其自动化专业的特点

电气工程及其自动化专业是为各行业培养能够从事电气工程及其自动化、计算机技术应用、经济管理等领域工作的宽口径、复合型的高级工程技术人才。

该专业的特色体现在：强电与弱电相结合，电工技术与电子技术相结合，软件与硬件相结合，元件与系统相结合，使学生获得电气控制、电力系统自动化、电气自动化装置及计算机应用技术等领域的基本技能，具有分析和解决电气工程技术领域技术问题的能力。

1.1.4　电气工程及其自动化专业的发展前景

我国目前高等学校的专业数大约有 249 个，还有进一步减少的趋势。教学改革的方向必然是进一步加强基础，拓宽专业口径。电气工程专业也必然与时俱进，与信息科学、自动化科学、计算机科学、电子科学、能源科学、材料科学等其他学科进行交叉和融合，以求自身发展。

2005 年中国人均拥有的装机容量只有 0.25 W，人均用电只有 1064 kW·h，平均不到世界人均水平的一半，仅为发达国家的 1/6～1/12，远不能适应我国经济的发展和人民生活水平提高的需要。相比世界电力工业大发展时期，中国电力工业正处于持续高速发展时期，未来十几年，输配电及控制设备制造产业将迎来一个前景广阔的市场发展时期。

在 2010 年至 2020 年期间，我国将初步形成除新疆、西藏、台湾地区之外的全国统一联合电网。这一电网的形成将实现我国水电"西电东送"和煤电"北电南送"的合理能源流动格局。未来 15 年，我国年均用电增长 $1.6×10^{11}$ kW·h，而资源分布的不均衡性需要发展特高压电网。预计 2020 年，我国全社会用电量将达到 $4.6×10^{12}$ kW·h 左右，需要装机容量约 10^9 kW。这意味着未来 15 年间，我国年均新增装机超过 $3.3×10^7$ kW，年均用电增长达到 $1.6×10^{11}$ kW·h。

美国能源部信息管理局发布的《国际能源展望 2006》报告预计，至 2020 年，中国用电量将达 $5.6×10^{12}$ kW·h，发电总装机容量预计达到 $1.186×10^9$ kW，届时中国的用电量和发电总装机容量将超过美国，跃居世界第一位。报告称，到 2030 年，全世界的用电量将是 2003 年的两倍，其中发达国家将占全世界总增长量的 29%，发展中国家占 71%。至 2030 年，发展中国家用电量的年均增长将达到 3.9%，发达国家为 1.5%。从 2003 年至 2030 年，中国和美国的用电量将分别增加 $4.3×10^{12}$ kW·h 和 $1.95×10^{12}$ kW·h。

未来 20 年，我国电力工业和电工制造业将持续高速度发展。受此拉动，我国设置电气工程专业的高等学校也将持续高速度发展。正像我国正在成为世界制造业的中心，成为世界工厂一样，我国也必将成为世界电气工程高等教育、科学研究和技术开发的中心。2020年，我国发电机装机容量将稳居世界第一。未来 20 年，中国将是全球电力工业和电工制造业的最大市场。我国电气工程领域集中了一批最优秀的人才。我国将成为世界电气工程高等教育的中心。我国也将成为世界电气工程科学研究和技术开发的中心。

1.2　国内外大学电气工程专业设置

1.2.1　国外大学电气工程专业设置情况

世界各大学的学科分类、专业设置及院系构成都具有各自的特色，国外大学在专业设置上拥有较大的自主权。下面以剑桥大学、悉尼大学、墨尔本大学、麻省理工学院、普林斯顿大学、普渡大学为例，介绍各校与电气工程相关的专业的设置及学位授予情况。

1. 英国剑桥大学

英国剑桥大学设置工学院，授予学位的专业有电气与通信科学、制造工程。剑桥大学电气工程学科主要研究方向包括电子装置和材料、纳米科学、光子科学研究、电力与能量转换、科学影像等。剑桥大学工学院一、二年级学生不分专业，一年级必须完成的课程有数学、物理、电、磁和电子技术在电气设备、电路、控制和机械等方面的应用，材料的强度与特性、传热动力学、制图等，二年级必须完成 8 门核心课程，即机械、结构、材料、热流体机械、电气工程、信息工程、数学、商务经济。三年级开始学习专业课，可从下列工程领域任选其一作为专业方向，包括土木、建筑与环境工程、机械工程、能源与环境、航空航天和气动热工程、电气与电子工程、通信和计算机工程、电气和通信科学、仪器与控制。四年级进行深入的专业学习，由资深专家与有较高理论水平与实践经验的研究生开设 70 门课程，学生从中选择 8 门课程。另外，还要完成毕业设计。

2. 澳大利亚悉尼大学

悉尼大学电气与信息工程学院下设 5 个专业，授予学位的专业有电气工程、软件工程、计算机工程、电子商务、无线电通信工程、混合学位(5 年制，除电子商务以外的所有专业可与商务、理学、药学、艺术构成混合学位)。悉尼大学电气工程学科主要研究方向包括通信、纤维光学和电子、计算机工程、等离子体工程等。悉尼大学电气与信息工程学院一年级不分专业，学习相同的课程。二年级选择专业，但课程大体相同。三年级才有明显的课程区别，每个专业有各自的核心课程和选课范围。四年级以实习、毕业设计为主，设很少的选修课。

3. 澳大利亚墨尔本大学

墨尔本大学设置电气与计算机科学系，授予学位的专业有电气工程、计算机科学、软件工程。墨尔本大学电气工程学科研究方向包括无线电通信、信号与系统。墨尔本大学电气与计算机科学的三个专业一年级的课程完全相同，二年级的课程有 75%相同，三年级有42.5%课程相同。选修课中有一定的跨专业和非技术类课程的学分要求。

4. 美国麻省理工学院

麻省理工学院设置电气工程与计算机科学系，授予学位的专业有电气科学与工程、计算机科学与工程、电气工程与计算机科学(5 年制，可同时获得学士学位和硕士学位)。麻省理工学院电气工程学科研究方向包括耳的听觉电系统模型、数字与模拟电路设计、图像处理、电力系统工程、高电压技术、数据及计算机音频和视频通信网络、芯片制造和设计技术、电气工程与生物医学应用的联系、控制电子装置的系统等。麻省理工学院一年级学习四类公共核心课程，包括数学、物理、化学和生物。三年级按要求选择专业和专业课程，每一个专业至少有三个模块，每个模块有 1 至 2 门必修课和若干门选修课，面很宽。另外，还有很多的工程设计及试验的学分要求。

5. 美国普林斯顿大学

普林斯顿大学设置电气工程系，授予学位的专业有通信工程、计算机科学、固体电子学、光工程。普林斯顿大学电气工程专业研究方向包括通信科学与系统、计算机工程、光学与光电子、电子材料与装置等。普林斯顿大学理工科一年级的基础课程相同，由学校统一安排，主要是数学、物理、化学、计算机等入门课程。各院系的教学计划从二年级开始制定。二、三年级有一组基础课程，三、四年级学生可任选两个方向的专业核心课程。若选修课的先修课学分未得到，就不得选修该课程。

6．美国普渡大学

普渡大学设置电气与计算机工程系，授予学位的专业有电气工程与计算机工程。普渡大学电气工程学科主要研究方向包括自动控制、生物医学工程、通信与信号处理、计算机工程、能源与系统、场和光学、固态装置与材料、VLSI与电路设计等。普渡大学电气与计算机工程系一年级课程完全相同，主要学习数学、物理、化学和计算机入门等课程，二年级仍有 70%的课程相同，三年级除了学习本专业课程外，还有相当数量的学分限定在两专业交叉选课。

由此可以看出，国外著名大学以电气工程学院单一学科存在的院(系)已经很少，并且其内涵已经完全不同于国内的电气工程及其自动化专业，大多以弱电为主。电气工程与信息工程、计算机科学的结合很紧密。

国外著名大学电气工程的研究方向很宽，大多含有通信工程和计算机工程，院(系)含若干个学科，交叉学科的科学研究和人才培养得以方便进行。

1.2.2 国内大学电气工程专业设置情况

根据我国国情，目前人均用电量远远低于国外发达国家，电力工业仍在蓬勃发展阶段，需要大量的电气工程人才，因此专业设置不同于国外，具有自己的特色。

截至 2006 年,我国高等学校设置电气工程及其自动化本科专业的高等学校共计276 所。按地域分布华东地区 83 所、中南地区 58 所、华北地区 48、东北地区 34 所、西北地区 30所、西南地区 23 所，分布如图 1-10 所示。设置本专业的高等学校名单见附录 A，本节仅对几所高等学校的电气工程专业作简单介绍。

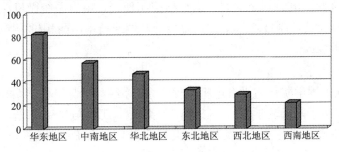

图 1-10　电气工程专业地域分布图

1．哈尔滨工业大学

哈尔滨工业大学设置的电气工程及自动化学院下设 2 个系，分别是自动化测试与控制系、电气工程系。自动化测试与控制系学科主要研究方向包括光电信息技术与仪器工程、测试计量技术及仪器，授予学位的专业为测控技术与仪器、光电信息工程。电气工程系学科主要研究方向包括电机与电器、电力电子与电力传动、电力系统及其自动化、电工理论与新技术、高电压与绝缘技术，授予学位的专业为电气工程及其自动化。

2．清华大学

清华大学设置的电机工程与应用电子技术系下设 2 个专业，即电气工程及其自动化专业、生物医学工程专业。电气工程及其自动化专业分 6 个方向，即电力系统及其自动化、高电压技术及其信息处理、电机及其控制、电路系统与电磁工程、电力电子、电气检测与诊断，授予学位的专业为电气工程及其自动化。生物医学工程专业的学科内容为 5 个方向，即生物医学电子仪器、微机应用、生物医学信号的检测与处理、图像处理技术、运动信息检测，授予学位的专业为生物医学工程。

3．上海交通大学

上海交通大学设置的电子信息与电气工程学院含自动化系、计算机科学与工程系、电子工程系、电气工程系、信息检测技术与仪器工程系 5 个系，拥有自动化、计算机科学与技术、信息工程、电气工程与自动化、电子科学与技术以及测控技术与仪器 6 个专业。自动化系包括两个国家重点学科，即控制理论与控制工程和模式识别与智能系统，授予学位的专业为自动化。计算机科学与工程系按学科建制，下设 6 个二级学科，即计算机软件和理论、计算机应用技术和计算机系统结构、智能信息处理、密码学与计算机安全和计算语言学。电子工程系拥有 2 个本科专业，即信息工程、电子科学与技术。电气工程系主要研究方向包括大电机及其运行控制技术，MW 级风力发电技术，船舶电气，电力安全，特高压输电技术，电力系统规划，电力市场，电能质量与电磁兼容，电力设备在线监测与状态检修，变电站综合自动化、配电自动化、继电保护，电力系统稳定性与可靠性、BCU、VSA、PMU 等，FACTS 技术及设备、定质电力，电力系统过电压、电磁暂态与稳态，高压试验与数字化测量与计量，电机及其控制，大功率电力电子技术等。信息检测技术与仪器工程系研究方向包括测控技术与仪器、精密工程和微机电系统、惯性技术与控制、智能结构系统与仪器等。

4．天津大学

天津大学电气与自动化工程学院设有电气工程及其自动化、自动化 2 个宽口径的本科专业。研究方向包括：电力系统规划、运行与控制理论，电力系统微机保护与变电站综合自动化，新型电机及其控制技术，交、直流传动及调速技术，两相/多相电流检测技术，计算机工业控制技术等。

5．浙江大学

浙江大学电气工程学院目前设有电机工程学系、系统科学与工程学系和应用电子学系等 3 个系及 1 个电工电子基础教学中心，按学院大类(电气工程与自动化)统一招生和培养。学院分 4 个专业出口方向：电气工程及其自动化、自动化、系统科学与工程、电子信息工程。

6．同济大学

同济大学电子与信息工程学院下设计算机科学与技术系、控制科学与工程系、信息与通信工程系、电气工程系、电子科学与技术系。现设有计算机科学与技术、自动化、电子信息工程、通信工程、电气工程及其自动化、电子科学与技术和信息安全等 7 个本科专业。

7．长春工业大学

长春工业大学电气与电子工程学院下设 4 个本科专业，分别是自动化专业、电气工程及其自动化专业、测控技术与仪器专业和生物医学工程专业。自动化专业分 2 个专业方向：

运动控制专业方向和过程控制专业方向。电气工程及其自动化专业分 2 个专业方向：电力电子与电力传动专业方向和电力系统自动化专业方向。

我国电气工程及其自动化专业建设从 1908 年上海交通大学(南洋大学堂)设立了电机专科开始，经过近百年的建设大多发展为多学科并存的院(系)。

1.3 电气工程专业的课程体系与知识结构

1.3.1 电气工程专业的课程体系

电气工程及其自动化本科专业，是根据教育部颁布的最新专业目录，为拓宽专业口径，增强人才的适应性而设立的，体现了强电与弱电结合、电力与电子技术结合、元件与系统结合、计算机软件与硬件结合的特点，优化学生的知识结构，增强学生的实践能力和创新能力，致力于培养具有坚实的数学、物理学和电工理论基础，系统的专业理论，广泛的技术知识，良好的实际动手能力和计算机应用能力，较高的外语水平和管理能力的复合型人才。

低年级学生所学的主干课程有电路分析、电子技术、电机学、信号与系统、自动控制理论、信息技术、计算机科学与工程、电力系统基础等。高年级学生所学的学科方向课程有电力电子技术、网络技术、电力系统计算机分析、电力系统保护与控制、微机测控技术、微机原理及应用、电力传动、微特电机及其控制系统等。

大多数学校的课程体系由以下几大模块组成：人文社科必修课、公共基础必修课、学科基础必修课、专业方向必修课、专业方向限(任)选课、全校性公共选修课、实践教学环节等。

由于本专业知识面宽，因此各校设置的课程结构有所不同，侧重点不一样。

1.3.2 电气工程专业的知识结构

1. 基础理论方面

掌握马克思主义、毛泽东思想、邓小平理论的基本原理；熟练掌握高等数学、工程数学和大学物理的基本知识；比较熟练地掌握一门外语，能够比较熟练地阅读本专业的外文书刊，并具备一定的听、说、读、写能力。

2. 专业基础理论方面

掌握电气工程学科的基础知识，掌握电路理论、电磁场理论、电子技术、电机理论、电器理论、数字信号处理方法，掌握常用电气、电子仪表的测量原理和使用方法，具有计算机网络与通信的基本知识。

3. 专门知识方面

熟练掌握电气工程领域 1 或 2 个专业方向的专业知识，具有从事科学研究或独立担负专门技术工作的能力，有较强的工作适应能力。

4．学科前沿方面

了解电气工程学科的发展趋势，在相应的专业方向上基本了解该方向的发展现状和热点问题。

5．学科交叉知识方面

了解与本学科有关的电子信息、计算机、自动控制、仪器仪表及测试技术等学科的基本知识。

附录 C 给出了长春工业大学电气工程及其自动化专业(2006 级)培养计划。

1.4 影响电气工程发展的主要因素

近 10 多年来，科技的发展与创新已成为推动国家走向繁荣昌盛的主要因素之一，电气工程技术飞速发展，并取得了许多先进、实用的科研成果，有力地促进了各个行业的发展与进步。今后若干年内对电气工程发展影响较大的主要因素包括：

(1) 信息技术的快速发展。信息技术广泛的定义为包括计算机、世界范围高速宽带计算机网络及通信系统，以及用来传感、处理、存储和显示各种信息等相关支持技术的综合。信息技术对电气工程的发展具有特别大的支配性影响。信息技术持续以指数速度增长在很大程度上取决于电气工程中众多学科领域的持续技术创新。反过来，信息技术的进步又为电气工程领域的技术创新提供了更新更先进的工具基础。

(2) 与物理科学的相互交叉面拓宽。由于三极管的发明和大规模集成电路制造技术的发展，固体电子学在 20 世纪的后 50 年对电气工程的成长起到了巨大的推动作用。电气工程与物理科学间的紧密联系与交叉仍然是今后电气工程学科的关键，并且将拓宽到生物系统、光子学、微机电系统(MEMS)。21 世纪中的某些最重要的新装置、新系统和新技术将来自上述领域。

(3) 相关技术与方法的快速变化。技术的飞速进步和分析方法、设计方法的日新月异，使得我们必须每隔几年对工程问题过去的解决方案重新进行全面思考或审查。这对电气工程领域的科技工作者而言，必须不断学习新的设计方法和新的技术手段。

(4) 电力电子技术的快速发展。电力电子技术是利用电力电子器件对电能进行控制和转换的学科。它包括电力电子器件、变流电路和控制电路三个部分，是电力、电子、控制三大电气工程技术领域之间的交叉学科。随着科学技术的发展，电力电子技术和现代控制理论、材料科学、电机工程、微电子技术等许多领域密切相关，已逐步发展成为一门多学科相互渗透的综合性技术学科。

1.5 电气工程专业人才培养目标

1．业务培养目标

本专业培养能够从事与电气工程有关的系统运行、自动控制、电力电子技术、信息处理、试验分析、研制开发、经济管理以及电子与计算机应用等领域工作的宽口径复合型高级工程技术人才。毕业生可从事电力电子与电力传动、电力系统自动化和电气控制自动化装置等方面的技术工作。

2．业务培养要求

本专业学生主要学习电工技术、电子技术、信息控制、电力传动、电力系统自动化和计算机应用技术等方面的较宽广的工程技术基础和一定的专业知识。本专业的主要特点是强、弱电结合，电工技术与电子技术相结合，软件与硬件相结合，元件与系统相结合。学生受到电工电子、信息控制及计算机应用技术方面的基本训练，具有解决电气工程技术分析与控制技术问题的基本能力。

毕业生应获得以下几个方面的知识和能力：

(1) 掌握较扎实的数学、物理等自然科学的基础知识，具有较好的人文、社会科学和管理科学基础知识和外语综合能力；

(2) 系统掌握本专业领域必需的较宽的技术基础理论知识，主要包括电工理论、电子技术、信息处理、控制理论、计算机软硬件原理及应用、电力传动、电力系统自动化等；

(3) 获得较好的工程实践训练，具有熟练的计算机应用能力；

(4) 具有本专业领域内 1 或 2 个专业方向的专业知识与技能，了解本专业学科前沿和发展趋势；

(5) 具有较强的工作适应能力，具有一定的科学研究、科技开发和组织管理能力。

电气工程及其自动化专业毕业的学生适应面宽，可在电气工程领域的各类部门(研究机构、高等院校、公司)以及计算机和自动化公司从事科研、教学、开发、工程设计和管理等工作。

习　题

1-1　简述电气工程发展史。

1-2　简述电气工程学科内容及内在联系。

1-3　简述电气工程及其自动化专业发展前景。

1-4　简述电气工程及其自动化专业的知识结构。

1-5　简述影响电气工程学科发展的主要因素。

1-6　简述电气工程及其自动化专业人才培养目标。

第2章 电气工程学科概述

2.1 电气工程学科简介

2.1.1 电气工程学科的发展过程

电气工程学科是一门历史悠久的学科，从世界范围来看，早在第二次工业革命时期，英、法、美等许多国家就已经开设了这一学科；对于我国来说，电气工程学科也已经有了近百年的历史。同时，电气工程学科是一门涉及范围很广，与其他学科联系较为密切的学科，其中电子信息、通信工程等许多学科都是由电气工程学科派生出来的。

电气工程是研究电磁领域的客观规律及其应用的科学技术，是以电工科学中的理论和方法为基础而形成的工程技术。

人类从古代就注意到电和磁的现象。经过不断地探索和创造，直到19世纪60年代，麦克斯韦才首先以严格的数学形式对电磁场及其运动作了科学的概括，使之形成了完整的宏观电磁场理论，至此才正式建立了电工科学完整的科学基础。

1832年，法国科学家匹克斯发明了世界上第一台直流发电机。1866年，德国科学家西门子制成了第一台自励式发电机。1885年，意大利物理学家加利莱奥·费拉里斯提出了旋转磁场原理，并研制出了二相异步电动机。1888年，俄国工程师多利沃-多勃罗沃利斯基研制成功第一台实用的三相交流异步电动机，并逐渐得到普遍的应用。电工理论的发展也促成了大量实用性的发明，如电弧灯、电报、电话等，使电能的应用走入了人类的日常生活中。

19世纪末期，由于电机制造技术的发展和实用变压器的出现，发电和输电事业得到了迅猛的发展。1883年在美国纽约建成了商业化的电厂、直流电力网系统和中心发电厂、水力发电站和火力发电站。1892年法国建成了第一座三相交流发电站，特别是随着斯坦迈等科学家提出和建立交流电路理论与符号法，为远距离交流输电奠定了成功的理论基础。

随着电力的应用和发电、输电、配电技术的发展，不但有力地促进了电机、电器、照明、电力电子技术、电车等行业的发展，同时反过来又促进了电气工程学科研究内容的丰富。电气工程学科与其他学科相互交叉，相互融合，相互促进，现已形成了相对独立的电机与电器、电力系统及其自动化、高电压与绝缘技术、电力电子与电力传动、电工理论与新技术5门分学科。

电气工程正进一步从广度和深度上向前发展，客观世界也在不断提出新的挑战。例如：到处存在的工频电磁场对人体机能影响的研究；太阳活动周期所引起的地磁暴对电力设施的破坏作用；新型柔性输电技术和电动汽车技术所提出的多学科协同研究的新需要；人类从总体上对能源和环境的宏观评估，向更有效地利用太阳能、风能、水能等可再生能源方向发展而提出的新技术要求；CDM项目、电力驱动、电气节能和储能技术的新发展等。此外，电磁兼容技术、电工环境技术可能发展为新的共性分学科，信息管理自动化技术也在迅速发展。

2.1.2 电气工程学科的战略地位和特点

电气工程是与电能生产和应用相关的技术，同时它也是工程教育体系中的一个学科。电力工业是国民经济中重要的基础产业之一，电能是最清洁的能源，电是能量转换的枢纽和信息的载体，也是最便于远距离传输、分配和控制，最易于实现与其他能量相互转换，最便于进行能量时空分布变换的一种能量。所以电能已经成为人类现代社会最主要的能源形式。当代高新技术都与电能密切相关，并依赖于电能。电能是计算机、机器人的能源；电能为先进的工农业生产过程和大范围的金融流通提供了保证；电能使当代先进的通信技术成为现实；电能使现代化运输手段得以实现。

在现代人类生产、生活和科研活动中一刻也离不开电。许多情况是先将初始能量转换成电能，然后再转换成所需要的其他能量形式，电已经成为能量转换的枢纽。不仅如此，信息的处理和传输也要依靠电，计算机、通信网和无线电等无不以电作为信息的载体。现代高科技的发展也离不开电，从探索物质粒子的加速度到发射宇宙飞船和卫星，从研究微型电机、机器人到可作为未来能源技术的受控核聚变装置，都需要电气科学与技术的支撑。电气工程是21世纪社会生活、经济发展、国防安全、科学技术创新的重要支撑学科领域。

近几十年来，电气学科与生命学科、物理学、化学、军事科学等学科的许多领域存在广泛的交叉，形成了许多新的学科生长点。可以认为，学科交叉和相互渗透是电气科学之所以能保持长期生命力的重要因素。例如，新型电磁材料的开发、电机的控制、电力系统的稳定性分析、电力电子系统与装置、新能源的利用等几乎所有的电气新技术都势必涉及到大量的电子技术、计算机及其网络通信技术、自动控制技术的一些相关知识。可以说，当今的电气工程是一个现代高科技综合应用的、多学科交叉的前沿学科专业，具有广阔的应用前景。它既是国民经济的一些基本工业(能源、电力、交通、电工制造)所依靠的技术科学；又是另一些基础工业(汽车、电信、冶金、化工、石油、材料、机械等)必不可少的支持技术；也是一些高新技术的重要科技组成部分。同时，在与生物、环保、自动化、光学、半导体等民用和军工技术的交叉发展中，电气工程又是能形成尖端技术和新技术分支的促进因素，在一些综合性高科技成果(如雷达、制导、卫星、核弹、空间站、航天飞机等)中，也必须有电气工程的新技术和新产品。总之，在国防力量和工农业的发展和人民生活水平的提高过程中，电气工程的进步具有广泛的影响和巨大的作用。

2.1.3 电气工程专业在我国高等教育中的地位

在我国高等学校的本科专业目录中，电气工程对应的专业是电气工程及其自动化或电气工程与自动化；在研究生学科专业目录中，包含电机与电器、电力系统及其自动化、高压电与绝缘技术、电力电子与电力传动、电工理论与新技术等 5 个二级学科。

电气工程专业是一门历史悠久的专业。早在 1908 年，上海交通大学最先设置了电机专科，随之 1912 年同济大学、1920 年浙江大学、1923 年东南大学、1932 年清华大学、1933 年天津大学等都相继设立了电机科和电机工程系。经过近一个世纪的发展壮大，电气工程专业在我国高等教育中，特别是在高等工程教育中，一直占据着十分重要的地位，为我国培养了大批的电气工程技术人才。

1952 年，我国在大学中学习前苏联经验，进行了院系调整。此后，在我国形成了一大批以工科为主的大专院校，其中还有相当大一部分院校以机电专业为主。这些学校数量多、影响大，在我国高等教育中占据着大半壁江山。迄今为止，在我国工科实力较强的大学，如清华大学、西安交通大学、浙江大学、华中理工大学、上海交通大学、哈尔滨工业大学、天津大学等，无不把电气工程专业作为学校的支柱性专业。

根据 1994 年 6 月国家教育委员会高等教育司编辑出版的《中国普通高等学校本科专业设置大全》统计，在电工类 5 个专业中，设置"电机电器及其控制"、"电力系统及其自动化"、"高电压与绝缘技术"、"工业自动化"和"电气技术"专业的大学分别有 20 所、37 所、6 所、157 所和 55 所。其中清华大学设置的"电气工程及其自动化"专业大体覆盖了上述"电机电器及其控制"、"电力系统及其自动化"以及"高电压与绝缘技术" 3 个专业。

在 1998 年颁布的"普通高等学校本科专业目录"中，将原"电机电器及其控制"、"电力系统及其自动化"、"高电压与绝缘技术"、"电气技术"专业(部分)合并为"电气工程及其自动化"专业，将原"工业自动化"专业、"自动控制"专业、"电气技术"专业(部分)等合并为"自动化"专业。在同时颁布的"工科本科引导性专业目录"中，又把"电气工程及其自动化"专业和"自动化"专业(主要指"工业自动化"专业部分)合并为"电气工程与自动化"专业。按照 1999 年中华人民共和国教育部高等教育司编的《中国普通高等学校本科专业设置大全》的统计，在 1999 年，我国设有"电气工程及其自动化"的大学共有 109 所；设置工科引导性目录专业"电气工程与自动化"专业的大学共有 14 所。根据 2001 年《中国普通高等学校本科专业设置大全》的统计，在 2001 年，我国设有"电气工程及其自动化"专业的大学达到 149 所，连同设置"电气工程与自动化"专业的 14 所学校，设置"电气工程"专业的大学已增加到 163 所。而到 2003 年，设置"电气工程及其自动化"和"电气工程与自动化"专业的高等学校已达到 197 所，2005 年增到 276 所。可以看出，十余年来，我国设置电气工程专业的大学迅速增加，这一方面说明了我国对电气工程专业人才的需求相当旺盛，另一方面说明了电气工程专业在我国高等教育中占据着十分重要的地位。

2.1.4 我国电气工程高等教育改革的趋势

在 1993 年国家教育部颁布的专业目录中，工学门类中与电有关的专业被分为"电工类"

和"电子信息类"两个分支，其中电工类包含 5 个专业，电子信息类包含 14 个专业。二者共计 19 个专业。1998 年专业目录调整时，除把上述 19 个专业合并调整为 7 个专业外，还把"电工类"和"电子信息类"合并为"电气信息类"。电气信息类专业如表 2-1 所示。

表 2-1　电气信息类专业

学科门类	学科代码	一级学科名称	一级学科代码	二级学科专业名称	二级学科专业代码
工学	08	电气信息类	0806	电气工程及其自动化	080601
				自动化	080602
				电子信息工程	080603
				通信工程	080604
				计算机科学与技术	080605
				电子科学与技术	080606
				生物医学工程	080607

2001 年教育部在设立新的教学指导委员会时，为"电气信息类"中的"计算机科学与技术"专业单独成立一个教学指导委员会，而把其他专业与理学门类中的"电子信息科学类"的有关专业合并成立了"电子信息与电气学科教学指导委员会"，下设"电气工程及其自动化专业教学指导分委员会"等 5 个分委员会。应该说，这些分类的变化在一定程度上反映了电气工程高等教育的发展趋势。

在很长一段时期内，习惯上把电类专业分为强电和弱电两大分支，强电专业即前述"电工类"，弱电专业即前述"电子信息类"。我国高等学校电类专业的历史已将近百年，在最初的几十年里，只有强电专业，后来才从强电专业相继派生出通信、无线电、电子、计算机、信息等专业。可以说，强电专业是所有电类专业的母体。在 1993 年的专业目录中，虽然把电类专业分为"电工类"和"电子信息类"，但二者已很难截然分开。例如，工业自动化专业已很难完全归入强电专业的范畴，而是一个典型的强弱结合的专业。目前，在国外发达国家的大学本科教育中，已很难找到完全意义上的强电专业，有关强电的教学内容只是电类专业教学内容的一部分。可以说，电类专业在分化为强电和弱电两个分支后，目前又在经历一个相互融合的过程。

从专业目录演变过程中可以看出，在我国高等工程教育的电类专业中，弱电专业是由强电专业逐步派生出来的，但强电部分所占比重越来越少，而弱电部分所占比重越来越大。弱电领域中新兴技术、新兴学科蓬勃发展，强电专业中需要的弱电知识越来越多。

从国外大多数高等院校，尤其是从发达国家的高等院校来看，目前的专业口径比我国新的专业目录口径还要宽，我国目前高等学校的专业数是 249 个，还有进一步减少的趋势。随着我国电力工业和电工制造业的持续高速度发展，西电东送、南北互供和全国电网互联工程等正逐步展开，我国电气工程高等学校也将持续高速度发展，必将成为世界电气工程高等教育、科学研究和技术开发的中心。

2.2 专业分类情况

2.2.1 学科和专业的区别与联系

学科一般有两种含义。

学科的第一个含义，是指学术的分类，即一定科学领域或一门科学的专业分支，如自然科学中的数学、物理学、生物学等。

学科是与知识相联系的一个学术概念，是自然科学、社会科学、人文科学三大知识系统中知识子系统的集合概念，是分化的科学领域。

据统计，到 20 世纪 80 年代，自然科学学科种类已发展出约 5500 门学科，其中非交叉学科为 2969 门，交叉科学学科总量达 2581 门，占全部学科总数的 46.58%。

学科的第二个含义，是指高校教学、科研等的功能单位，是对高校人才培养、教师教学、科研业务隶属范围的相对界定。学科是高校的细胞组织。世界上不存在没有学科的高校，高校的各种功能活动都是在学科中展开的，离开了学科，不可能有人才培养，不可能有科学研究，也不可能有社会服务。

我国目前普通高校的研究生教育和本科教育的学科划分均为哲学、经济学、法学、教育学、文学、历史学、理学、工学、农学、医学、管理学等 11 大门类。

专业一般指高校或中等专业学校根据社会分工需要而划分的学业门类，如自动化专业、电气工程及其自动化专业、测控技术与仪器专业等。我国高校现设有的专业是社会分工、学科知识和教育结构三位一体的组织形态，其中，社会分工是专业存在的基础，学科知识是专业的内核，教育结构是专业的表现形式。三者缺一不可，共同构成高校人才培养的基本单位。

学科和专业二者既具有内在的统一性，又是不同范畴的概念。

学科是科学知识体系的分类，不同的学科就是不同的科学知识体系。构成一门独立学科的基本要素主要有三：一是研究的对象或研究的领域，即独特的、不可替代的研究对象；二是理论体系，即特有的概念、原理、命题、规律等所构成的严密的逻辑化的知识系统；三是方法论，即学科知识的生产方式。学科发展的目标是知识的发现和创新。

专业是在一定学科知识体系的基础上构成的，离开了学科知识体系，专业也就丧失了其存在的合理性依据。在一个学科，可以组成若干专业；在不同学科之间也可以组成跨学科专业。专业的构成要素主要包括：专业培养目标、课程体系和专业人员。专业的目标是为社会培养各级各类专门人才。

2.2.2 本科专业分类

国家教育部依据《关于进行普通高等学校本科专业目录修订工作的通知》(教高[1997]13号)确定的指导思想及总体部署，按照科学、规范、拓宽的工作原则，在 1993 年原国家教委颁布的《普通高等学校本科专业目录》及原设目录外专业的基础上，经过高等教育面向 21世纪教学内容和课程体系改革计划立项研究、分科类进行专家调查论证、总体优化配置、反复征求意见，并经普通高等学校本科专业目录专家审定会审议，于 1998 年颁布了《普通高等学校本科专业目录》。该专业目录是高等教育工作的一项基本的指导性文件，目录规定专业划分、名称及所属门类，反映培养人才的业务规格和工作方向，是设置、调整专业，实施人才培养，授予学位，安排招生，指导毕业生就业，进行教育统计、信息处理和人才需求预测等工作的重要依据。该目录分设了 11 个学科门类，71 个二级学科和 249 个专业，其中电气信息类二级学科下设了"电气工程及其自动化(学科代码 080601)"、"自动化(学科代码 080602)"、"电子信息工程(学科代码 080603)"、"通信工程(学科代码 080604)"、"计算机科学与技术(学科代码 080605)"、"电子科学与技术(学科代码 080606)"、"生物医学工程(学科代码 080607)" 7 种本科专业。1997 年国家教育委员会颁布的本科专业门类和专业数如表 2-2 所示。

表 2-2 1997 年国家教育委员会颁布的本科专业门类和专业数

学科门类	学科门类代码	二级学科名称	二级学科代码	专业数
哲学	01	哲学类	0101	3
经济学	02	经济学类	0201	4
法学	03	法学类等 5 个	0301—0305	12
教育学	04	教育学类等 2 个	0401—0402	9
文学	05	中国语言文学类等 4 个	0501—0504	66
历史学	06	历史学类	0601	5
理学	07	数学类等 16 个	0701—0716	30
工学	08	地矿类等 21 个	0801—0821	70
农学	09	植物生产类等 7 个	0901—0907	16
医学	10	基础医学类等 8 个	1001—1008	16
管理学	11	管理科学与工程类等 5 个	1101—1105	18

2.2.3 研究生专业分类

国家教育部在 1990 年 10 月国务院学位委员会和原国家教育委员会联合下发的《授予博士、硕士学位和培养研究生的学科、专业目录》的基础上，本着逐步规范和理顺一级学科，拓宽和调整二级学科的原则，经过多次征求意见、反复论证修订，于 1997 年颁布了《授予博士、硕士学位和培养研究生的学科、专业目录》，该目录是国务院学位委员会学科评议组审核授予学位的学科、专业范围划分的依据。同时，学位授予单位按该目录中各学科、专业所归属的学科门类，授予相应的学位。培养研究生的高等学校和科研机构以及各有关主管部门，可以参照该目录制订培养研究生的规划，进行招生和培养工作。

该目录设立了 12 个授予学位的学科门类；一级学科由原来的 72 个增加到 88 个，二级学科(学科、专业)由原来的 654 种调整为 382 种。其中电气工程一级学科下设了"电机与电器(学科代码 080801)"、"电力系统及其自动化(学科代码 080802)"、"高电压与绝缘技术(学科代码 080803)"、"电力电子与电力传动(学科代码 080804)"、"电工理论与新技术(学科代码080805)"5个培养研究生的学科专业。1997年国家教育委员会颁布的授予博士、硕士学位和培养研究生的学科与专业数如表2-3所示。

表2-3　1997年国家教育委员会颁布的授予博士、硕士学位和
培养研究生的学科与专业数

学科门类	学科代码	一级学科数	二级学科专业数
哲学	01	1	8
经济学	02	2	16
法学	03	4	27
教育学	04	3	17
文学	05	4	29
历史学	06	1	8
理学	07	12	50
工学	08	32	113
农学	09	8	27
医学	10	8	54
军事学	11	8	19
管理学	12	5	14

2.3　电气工程学科的知识体系与内涵

2.3.1　电气工程学科的知识体系

电气工程学科除具有各分支学科的专业理论外，还具有本学科的共性基础理论(电路理论、电磁场理论、电磁测量理论等)，它与基础科学(物理、数学等)中的相应分支具有密切的关系，但又具有明显的差别。因为基础科学的主要任务是认识客观世界的本质及其内在规律，而技术科学的目的则在于改造客观世界以达到人们的预定要求。所以，电气工程的基础理论所研究的对象是经过人类加工改造后出现的新现象，而不是自然界固有存在的现象；另外，不能只限于对现象的分析，还应包括实现所需现象的综合技术以及为此所付出的代价，从而使方法和途径也占有重要的地位。例如：近年来电磁场理论中提出的广义能量、伴随场方法等，对场的分析、边值计算等大有益处，从而对产品优化设计产生了重要作用；在电路理论中应用了状态空间、拓扑图论、混沌理论之后，对系统分析、网络计算、现象判断等起了重要作用。

电气测量技术在电气工程各分支学科的技术发展中具有"耳目"和"神经"的作用，它是定量研究电气工程技术问题的手段，且随着各分支学科的发展而迅速发展。电气测量技术及其仪器的自动化、智能化、多功能化等发展趋势，已深深渗透到电气工程各分支学科。新原理、新技术和新仪器日新月异，例如测量、监视、控制等多功能新型装置以及现

场测试或实时监测技术对整体系统精确度的改进等，都对电气工程分支学科的发展起了重要作用。

电气工程学科专业主要研究电能的产生、传输、转换、控制、储存和利用。电磁理论是电气工程的理论基础，而电磁理论是从物理学中的电学和磁学逐步发展而成的。人类社会发展到任何时候也离不开能源，能源是人类永恒的研究对象，电能是利用最为方便的能源形式。其中电信息的检测、处理、控制等技术在电能从产生到利用的各个环节中都起着越来越重要的作用。

按照电气工程及其自动化专业教学指导分委会的专业规范，电气工程及其自动化专业的专业范围主要包括电工基础理论、电气装备制造和应用、电力系统运行和控制 3 个部分。电工理论是电气工程的基础，主要包括电路理论和电磁场理论。这些理论是物理学中电学和磁学的发展和延伸。而电子技术、计算机硬件技术等可以看成是由电工理论的不断发展而诞生的，电工理论是它们的重要基础。电气装备制造主要包括发电机、电动机、变压器等电机设备的制造，也包括开关、用电设备等电器与电气设备的制造，还包括电力电子设备的制造、各种电气控制装置、电子控制装置的制造以及电工材料、电气绝缘等内容。电气装备的应用则是指上述设备和装置的应用。电力系统主要指电力网的运行和控制、电气自动化等内容。

在专业内容和知识结构上，以电路理论、模拟电子技术、数字电子技术、微机原理与应用、计算机语言与程序设计、信号分析与处理、自动控制原理课程作为专业基础，以电气工程导论、电机学、电力电子技术、电力系统基础作为专业课，以电力系统分析、电力系统继电保护、电机设计、电机控制、电器学、高电压工程、电气绝缘、电力拖动作为专业方向课程，达到掌握电机学理论、电力电子技术和电力系统基础相关知识，掌握电工技术、电子技术、计算机与网络、控制原理、信号分析与处理等专业类的基础理论与技术，掌握电机理论、电力电子技术和电力系统基础专业知识与相关理论，掌握电力系统及其自动化、电机电器及其控制、高电压与绝缘技术、电力电子与电力传动专业方向之一的相关知识内容与理论。

2.3.2 电气工程学科的内涵

电气工程学科包含电能科学与技术、电磁场与物质相互作用等两个知识领域，它们相互依存、相互渗透和相互支撑，共同的理论基础是电网络理论、电磁场理论、电磁测量技术。

电能科学与技术领域主要研究：电能与机械能、热能、声能、光能、化学能、风能、磁能等其他形式的能量直接和间接转化的原理、方法及其与信息控制组成的一体化系统的过程建模、行为控制和结果仿真，电磁能量储存的新原理、新介质、新器件及其控制技术，大型电力系统及特种电力系统的建模与仿真，安全稳定控制和灾变性事故的防治，以及考虑经济、环保、能源布局、市场机制等多种因素的电力系统最优规划、建设及运行的理论和方法；电力电子新材料和新器件的基础理论和基础技术，电力电子变流、控制、应用的理论、方法和技术；电磁能量在时间和空间上压缩形成功率脉冲的原理、器件、方法和技术。

电磁场与物质相互作用领域主要研究：电介质材料的宏观特性与微观结构的相互关系，

微观带电粒子的输运、极化与松弛、老化与破坏、空间电荷效应，电介质微观结构设计与改性的原理和方法；高电压的产生、测量和控制原理及方法，高压绝缘结构中气、液、固不同介质分界面、介质组合体放电击穿及老化的特性和机理，雷电及过电压的防护理论和方法，绝缘检测及故障诊断的原理和方法；气体放电的理论模型与仿真，特种条件下的放电规律，特种放电形式与放电等离子体的产生方法及控制技术，放电等离子体与物质相互作用的现象、机理及应用技术；脉冲功率作用下物质的电磁特性及其对功率脉冲生成的影响，脉冲功率作用下的新现象及其在高技术领域中应用的理论和方法；超导强磁体的制造及其在高科技领域中应用的理论和方法，超导电机、超导储能、超导输电、超导故障限流技术及其在电力系统中应用的理论和方法；生命活动中电磁现象的规律、产生机理、测量方法及其应用电磁场和电网络理论进行分析和建模，电磁场对生物体作用的现象、规律、机理及其在医学诊断与治疗中的应用；电磁污染的产生、危害、评估方法及防护技术，利用电磁场效应或放电等离子体处理废水、废气、废渣等环境污染的原理、方法和技术；电磁干扰产生的原因、传输及耦合机理，设备在共同的电磁环境中能一起执行各自功能而不产生降低功能的相互影响的预测方法、评估手段及防护技术。

共同基础主要研究：电磁场在介质域内及边界上的变化规律，电磁力和能量特性，以及相关问题分析与综合的解析计算和数值计算方法；电路元件特性及基于基尔霍夫定律和特勒根定理、基于电路拓扑理论和其他相关现代数学理论的复杂电网分析、综合及故障诊断的方法；材料、元件、设备及系统电磁参数及电磁特性测量的原理、方法及其信息化结合技术。

电气工程学科专业是一个基础性强、派生能力活的专业。电气工程和生命科学的交叉已经产生了生物医学工程专业，对生命中电磁现象的研究产生了一门生物电磁学。电气工程和材料科学的交叉形成了超导电工技术和纳米电工技术。电气工程和电子科学以及控制科学的交叉产生了电力电子技术。电力电子技术不但给电气工程的发展带来了极大的活力，同时电力电子技术也成为电气工程的重要分支。

2.4 电气工程学科的主要研究领域和未来研究热点

2.4.1 电气工程学科的主要研究领域

传统的电气工程定义为用于创造产生电气与电子系统的有关学科的总和。但随着科学技术的飞速发展，今天的电气工程涵盖了几乎所有与电子、光子有关的工程行为，是现代科技领域中的核心学科之一，更是当今高新技术领域中不可或缺的关键学科。例如，正是电子技术的巨大进步才推动了以计算机网络为基础的信息时代的到来，并将改变人类的生活工作模式等。

按照国家教委 1997 年颁布的《授予博士、硕士学位和培养研究生的学科、专业目录》，电气工程学科下设了"电机与电器"、"电力系统及其自动化"、"高电压与绝缘技术"、"电力电子与电力传动"和"电工理论与新技术" 5 个学科专业。

1. 电机与电器学科

本学科专业主要从事有关电机理论、运行、设计及其控制方面的研究工作和技术开发。电机是实现机电能量转换和控制的关键设备,除大容量发电设备外,工业自动化、机器人和家用电器等现代科技需要各种微特电机以及电机的调速和控制系统。由于引入电力电子、微机控制、计算机技术、信号监测等新技术手段,开辟了新的研究方向。

(1) 电机在线运行监测、参数辨识;
(2) 电机中各种物理场的研究;
(3) 新型电机及其控制系统;
(4) 大型电机的设计运行理论和关键技术;
(5) 可再生能源转换中的关键技术;
(6) 电动汽车驱动系统;
(7) 电机的节能与智能控制技术;
(8) 新型机电一体化能量转换装置与系统;
(9) 新电磁材料的开发应用研究;
(10) 大容量超高、低转速电机设计和制造技术。

2. 电力系统及其自动化学科

电力系统及其自动化学科主要研究电力系统规划设计、特性分析、电网品质校正、运行管理、控制保护等理论和方法。随着电力系统的发展、电压等级的提高,电网容量越来越大,自动控制和微波通信等先进技术的应用,电力系统对大气过电压防护的可靠性要求越来越高。研究电力系统仿真计算、运行特性分析、接地参数的测量和计算、控制和保护的新理论和新方法,研究和运用各种新型的输配电技术和分布式发电技术,研究区域稳定控制系统、电网能源管理、调度自动化,开发太阳能、风能、生物质能等清洁能源也是电力系统及其自动化学科的研究方向。现阶段,该学科主要有如下几个研究方向:

(1) 电力系统分析和仿真;
(2) 电力系统调度自动化;
(3) 电力系统运筹学与电力市场;
(4) 电力系统稳定监测与控制;
(5) 电厂自动化;
(6) 电力系统规划;
(7) 电力系统继电保护;
(8) 新型输配电技术与分布式发电;
(9) 电力系统节能与储能技术;
(10) 新型能源开发和可再生能源综合利用技术。

3. 高电压与绝缘技术学科

高电压是针对强电应力条件下电磁现象的一种相对物理概念,在电压数值上没有确定的界限;绝缘的作用是分隔不同电位的导体,使其能保持不同的电位。高电压的产生、测量与控制技术,高电压设备技术、电介质放电与绝缘击穿理论、过电压及其防护技术、绝缘监测与诊断技术等构成了高电压与绝缘学科的学科体系。

高电压的产生、测量与控制是研究绝缘材料和结构在各种形式高电压下物理现象的手段。目前，传统的高电压测量技术正面临新的发展契机，基于瞬态电磁测量、光电测量、非接触测量以及数字化测量等高电压测试新理论和新技术正成为重要的研究方向。

高电压设备技术是研究变压器和高电压电器等高电压设备的绝缘理论与技术。随着超、特高压输电等级的相继出现，尤其是特高设备技术方面，国际上还没有成熟的经验可借鉴，急需解决相应设备的绝缘理论和关键技术问题，因而对高电压与绝缘学科的基础研究更具有实际的紧迫性。

电介质放电与绝缘击穿包括气体、液体、固体介质和复合绝缘介质的放电、界面放电和局部放电等，其物理现象不仅与电极的电场结构和介质本身的特性有关，而且还与外加电压的种类、参数以及环境状态和条件等密切相关。随着超、特高压输电系统、超导技术的发展和太空探索的需要，极端环境(如强辐射和低温)下的绝缘技术也是本学科面临的新问题。

研究雷电过电压、内部过电压的产生、传播及其防护，对电力行业和国民经济其他行业的安全运行与防灾都具有重要的意义。随着大规模交直流互联网络的形成，其过电压的产生和传播机理将更加复杂，需要研究基于全波过程的电力系统电磁暂态过程理论和分析方法。

绝缘监测与诊断是本学科近十几年来的研究热点，目的是通过在线监测获得运行中的高电压设备绝缘的状态信息，提取其特征参量并诊断绝缘状态，以便及时发现绝缘的缺陷及其发展趋势，实现状态评估，以提高设备及系统运行的安全性和经济性。

研究的重点是：新型传感技术、监测装置及系统的准确性和可靠性，强电磁环境中的信号处理与智能化故障诊断技术、监控装置及系统的抗干扰能力和故障诊断的准确性、大型高电压设备绝缘状态评估模型等，为实施高电压设备状态维修体制提供理论依据。

总之，本学科一直围绕国家建设和学科发展的需要，围绕发、输、配电中的重大技术难题，形成了很多新的研究领域方向。例如：

(1) 高电压测试技术；

(2) 电力设备诊断及状态监测技术；

(3) 新型绝缘材料与绝缘结构；

(4) 电力系统过电压与绝缘技术；

(5) 高压电器及其智能化；

(6) 气体放电及高电压大功率脉冲技术及其应用；

(7) 电磁环境技术；

(8) 电磁生物学；

(9) 接地技术；

(10) 电介质材料及其应用；

(11) 配电自动化技术。

4. 电力电子与电力传动学科

电力电子与电力传动学科是一门集电力、电子与控制于一身，综合了电能变换、电磁学、自动控制、微电子及电子信息、计算机等技术的新成就而迅速发展起来的交叉学科。该学科涉及各种大功率的能量变换和控制、最新的自动控制技术、电子信息科学中的检测技术、信息处理技术、计算机控制技术和电力电子与电力传动工业应用新技术等。

该学科主要研究新型电力电子器件、电能的变换与控制、功率源、电力传动及其自动化等理论技术和应用，稀土永磁电机设计及控制、新型电力电子装置及控制、电力传动及自动化、检测技术与仪表，新型节能电机制造理论、技术及调速控制技术，开关电源技术、电能质量管理、电力电子系统集成等。它对电气工程学科的发展和社会进步具有广泛的影响和巨大的作用。其主要研究方向有：

(1) 电力电子元器件及功率集成电路；
(2) 全数字化开关变流理论和控制技术；
(3) 电力电子系统集成与仿真；
(4) 高效电力电子电源和装置；
(5) 高性能电力传动与控制系统；
(6) 电力系统无功补偿和滤波技术；
(7) 电力电子与传动系统模型与仿真；
(8) 电力电子系统的电磁兼容技术；
(9) 电力驱动系统及控制技术；
(10) 新型能源开发及节能技术；
(11) 电气储能技术及高效储能系统。

5．电工理论与新技术学科

本学科主要研究电磁场理论及其应用、电路理论及其应用、电磁测量技术及仪器等。研究领域包含生物电磁场、生命科学仪器、超导磁体技术、超导磁悬浮与磁屏蔽、脉冲功率技术、电力系统电磁干扰与电磁兼容、电力系统通信、大型电力设备的电磁暂态与故障分析、电力设备的辅助设计、非线性电路与系统的稳定及控制、混沌信号处理、供电系统的谐波检测与治理、无功补偿技术、电磁场数值计算、智能控制与仿真、智能计算、微机化仪器等。随着电气工程新原理、新技术与新材料的发展，出现了一些包括超导电工技术、受控核聚变技术、可再生能源发电技术、磁悬浮技术、磁液体发电技术、磁液体推进技术等的新兴电工高新技术领域。

2.4.2　电气工程学科的未来研究热点

以应用性基础研究为主的电气工程学科，随着支撑技术的迅猛发展，将在与信息科学、材料科学、生命科学以及环境科学等学科的交叉和融合中获得进一步发展。超导材料、半导体材料与永磁材料的最新发展对于电气工程领域有着特别重大的意义。

21 世纪电气工程学科的发展趋势是：电气工程学科将与工程和近代数学、物理学、化学、生命科学、材料科学以及系统科学、信息科学的前沿技术相融合，加强从整体上对大型复杂系统的研究，加深对微观现象及过程规律性的认识，同时利用信息科学的成就提升本学科并开创新的研究方向。

电气工程学科将在电能高效安全转换传输及集约利用、工程电介质与高电压技术、脉冲功率与放电等离子体、电磁场理论与生物电磁学等几个优先技术领域，重点在以下几个方面开展更进一步的研究工作。

(1) 电力大系统、电力传动及电力电子变流系统中的非线性、复杂性问题；

(2) 生物、医学与健康领域中的电磁方法与新技术；

(3) 气体放电及多相混合体放电问题；

(4) 基于新材料、新原理开拓新应用领域的电机、电器；

(5) 反映各类电气设备电气或绝缘性能演变的多因子规律及其观察和测量技术；

(6) 电能质量的理论及其测量、控制；

(7) 可再生能源发电、电能存储和电力变换技术；

(8) 现代测量原理及传感技术；

(9) 脉冲功率技术与低温等离子体应用基础；

(10) 电力电磁兼容问题以及复杂电力系统的经济安全运行、控制理论及其应用等。

2.5 国内大学电气工程领域研究生培养情况

2.5.1 国内大学电气工程研究生专业设置情况

随着我国研究生教育的迅猛发展，以及对电气工程领域高级技术人才的大量需求，我国电气工程领域的研究生教育得到了快速发展，研究生培养单位数量不断增加，招生规模不断扩大。

截至 2006 年，在我国高等学校中，具有电气工程一级学科博士、硕士学位授予权的学校有 40 余所，具体如下(其中，带*为博士点)：

北京航空航天大学	北京交通大学*	东北电力大学	东南大学*
福州大学	广东工业大学	广西大学	哈尔滨工程大学
哈尔滨工业大学*	哈尔滨理工大学*	海军工程大学*	合肥工业大学*
河北工业大学*	河海大学	湖南大学*	华北电力大学*
华南理工大学*	华中科技大学*	江苏大学	兰州理工大学
南昌大学	南京航空航天大学*	南京理工大学	清华大学*
山东大学*	上海交通大学*	沈阳工业大学*	四川大学
太原理工大学	天津大学*	同济大学	武汉大学*
西安交通大学*	西南交通大学*	燕山大学	浙江大学*
郑州大学	中国农业大学	中南大学	重庆大学*
华东交通大学			

在电气工程所属的 5 个二级学科中，具有电机与电器学科博士、硕士学位授予权的学校有 50 余所，具有电力系统自动化学科博士、硕士学位授予权的学校近 70 所，具有高电压与绝缘技术学科博士、硕士学位授予权的学校有 40 余所，具有电力电子与电力传动学科博士、硕士学位授予权的学校近 100 所，具有电工理论与新技术学科博士、硕士学位授予权的学校有 50 余所。电气工程所属二级学科博士、硕士点设置情况见附录 B。

2.5.2 国内大学电气工程研究生培养情况

电气工程领域涵盖面广，涉及的技术领域繁多，加之各校服务领域各异，因此，仅能对一些培养的共性问题作简单介绍。

1. 电气工程研究生培养目标

学位获得者必须具有坚实的电气工程方面的基础知识，全面了解国内外本学科的研究现状和发展方向，熟练掌握本学科的专业知识和基本技能，能创造性地独立解决与本学科有关的理论和实践问题，熟练地掌握一门外语。

2. 几所大学电气工程领域研究生培养情况

1) 上海交通大学

上海交通大学具有电气工程一级学科博士学位授予权。全日制博士研究生学制为三年；总学分大于等于 17 学分。半脱产博士研究生经过申请批准其学习年限可延长一至两年，全日制硕士研究生学制为两年半；总学分大于等于 32 学分，其中学位课学分大于等于 19 学分。

(1) 上海交通大学博士研究生的主要研究方向：

① 电力系统及其自动化，主要研究电力市场、电力系统运行与控制、电力系统稳定与控制、人工智能技术在电力系统中的应用、电力系统优化、配电自动化系统；

② 电机与电器，主要研究大型发电机设计与新型冷却技术，大型电机的理论、运行、监测与诊断，电机及其智能控制系统，电机内部物理场的理论分析与数值计算；

③ 电力电子与电力传动，主要研究电能质量改善及功率信号处理技术、特种电源的研究、电力系统的信号检测及电力装置的电子保护、智能控制系统、电力传动及控制技术、电力电子与电力传动中的控制理论及应用、大型机电设备在线监测；

④ 高电压和绝缘技术，主要研究高电压数字测量与计量、电气设备在线检测与故障诊断、电力系统过电压与绝缘配合、工程电介质与特种绝缘技术、高电压技术在非电力系统中的应用、电力系统电磁兼容；

⑤ 电工理论与新技术，主要研究电路分析与优化设计、电磁场生态环境效应、神经网络与遗传算法、网络智能应用、新型传感器、多媒体数据库理论及应用。

(2) 上海交通大学硕士研究生的主要研究方向：

① 电机与电器，主要研究特种电机及其驱动控制系统、运动控制系统、电机物理场的分析计算、大型电机的理论、运行和监测、电力电子技术应用、电机的 CAD 和 CAM、电机运行的动态仿真；

② 电力系统及其自动化，主要研究电力系统分析与仿真、电力系统规划、电力市场、综合自动化与继电保护、新理论与新技术在电力系统中的应用等；

③ 高电压与绝缘技术，主要研究高电压试验技术和试验设备开发、高电压绝缘、过电压与绝缘配合、电气设备在线检测与状态维修、高电压技术在非电力系统中的应用、雷电与防雷保护、电力系统电磁兼容、电力电子应用与电气设备自动化；

④ 电力电子与电力传动，主要研究电能质量改善及功率信号处理技术、特种电源的研究、电力系统的信号检测及电力装置的电子保护、智能控制系统、电力传动及控制技术、电力电子与电力传动中的控制理论及应用、大型机电设备在线监测；

⑤ 电工理论与新技术，主要研究电路分析与优化设计、电磁场的生态与环境效应、智能交通网络研究与应用、新型传感器研究与应用、多媒体数据库理论及应用、神经网络及遗传算法。

2) 东南大学

东南大学具有电气工程一级学科博士学位授予权，学制三年(在职博士生可延长一年)。博士生课程设置实行学分制，根据各学科、专业要求，总学分至少须修满18～20学分。课程分学位课和非学位课(其中学位课为11～13学分)。硕士研究生的学习年限为两年半，硕士研究生必须根据培养计划通过考试或考查，完成30学分的课程学习。学位课程通过考试方可取得相应的学分。学位课程理工类规定为5～6门，学分一般为17～20学分。其余为非学位课程。

(1) 东南大学博士研究生主要研究方向：微特电机及其伺服控制系统、微机电系统及其控制技术与应用、电力传动及测控系统、电力电子变流技术、电力系统稳定分析及控制、电力市场动态分析、电力电子与电机集成系统、电动车电气驱动与控制、新能源发电技术、电机节能理论与技术、电力系统数字保护、智能设备与诊断、分布式发电技术与保护、智能化电器设计仿真与控制、稀土永磁电机设计与驱动、电机电器物理场分析、磁悬浮与磁发射技术、生物电磁学。

(2) 东南大学硕士研究生主要研究方向：微特电机及测控系统、电气设备监测、控制与管理、电机驱动与伺服控制、电力系统规划、运行与控制、数字技术在电力系统保护与控制中的应用、电力市场理论与实践、电力电子在电力系统中的应用、电力电子变流技术、先进制造系统的信息集成、电子化制造、电机电器物理场分析、可再生能源与分布式发电技术、微驱动技术及应用、磁浮技术及应用、节能理论与技术。

3) 浙江大学

浙江大学具有电气工程一级学科博士学位授予权。硕士生在读期间应修至少26学分，其中公共学位课5学分，专业学位课10学分，选修课9学分，读书报告2学分，实行以两年制为基础，二至三年的弹性学制。博士生在读期间应修至少14学分，其中公共学位课4学分，专业学位课和选修课8学分，读书报告2学分，学制三或四年。

浙江大学研究生主要研究方向：

(1) 电机与电器，主要研究电机控制与节能及机电一体化、微特电机及其噪声控制、大电机设计及电机的计算机辅助设计、电气控制与人工智能应用、电气装备检测与故障诊断；

(2) 电力系统及其自动化，主要研究电力系统运行和控制理论、电力系统智能控制、电力经济和电力市场、直流输电与交流灵活输电、微机继电保护、电力系统计算机监控、配电网自动化、电力系统电力电子技术、电力系统规划；

(3) 电力电子与电力传动，主要研究功率变换技术及应用，电力电子系统技术，电力电子器件、组件、模块及其应用相关技术；

(4) 电工理论与新技术，主要研究电磁装置中综合物理场效应与电磁参数研究的计算机仿真技术、电动车技术的应用研究、电磁兼容技术、电气控制技术、强磁场和磁悬浮技术的应用研究、电磁测量技术、生物电磁场仿真研究；

(5) 高电压与绝缘技术，主要研究电力系统过电压与绝缘配合、电力系统电磁暂态数字仿真技术、直流输电中的高电压技术、信息系统的防雷保护、电介质理论及其应用、电气功能材料和绝缘测试技术。

4) 哈尔滨工业大学

哈尔滨工业大学具有电气工程一级学科博士学位授予权。硕士研究生的培养年限一般为两年。原则上用 0.75～1 学年时间完成课程学习，用 1～1.25 学年完成硕士学位论文。硕士研究生在攻读学位期间，所修学分的总和应不少于 30 学分，其中学位课为 19 学分，选修课不少于 7 学分，课程学习阶段应完成 26 学分。博士生培养年限一般为 3～4 年，硕博、本博连读研究生培养年限一般为 5 年。特殊情况下，经有关程序批准，一般博士生的培养年限最长可延至 5 年，硕博、本博连读研究生的培养年限最长可延至 6 年。

哈尔滨工业大学研究生主要研究方向：

(1) 电工理论与新技术，主要研究工程电磁场理论和电磁场的数值分析，特种电机与电器电磁场或磁路的分析与设计，电磁波的传播与散射，电磁兼容，多效应耦合场的分析与设计，大规模电路分析与设计理论，人工神经网络及其应用，交直流混合电力网络分析，非线性动力网络(包括混沌)，数据网络，继电器可靠性寿命预测理论与技术，电磁继电器可靠性容差设计理论与技术，电器可靠性试验与测试技术，电器抗振性设计理论与技术，大功率混合式电器技术，电力变换器的负面效应及其对策，新型低污染、高效电能变换理论与应用技术等；

(2) 电机与电器，主要研究无刷直流电机、步进电机、感应同步器、电动车、电机驱动系统的结构与控制策略、变频电源谐波抑制技术、电磁兼容、高环境电器可靠性理论与技术、航天电器的理论与技术、卫星姿控用飞轮的可靠性设计、特种电机及其控制、磁性流体密封、旋转轴的在线动平衡、电磁成型技术等；

(3) 电力系统自动化，主要研究电力系统自动化、市场化与信息化、电力系统光学测量与保护、数字化电力系统、电力电子技术在电力系统中的应用、电能质量分析与控制、电力系统模式分析、电力系统潮流控制与柔性化技术、电力系统优化调度与运营、电力系统信息技术、电力系统态势分析、电网安全评估；

(4) 电力电子与电力传动，主要研究电机驱动新理论及统一电能品质控制技术、电力电子技术在电力系统中的应用、电力传动控制系统的理论及应用、电能变换技术和特种开关电源、信号处理和电磁兼容技术。

习　题

2-1　简述电气工程学科发展过程。
2-2　简述电气工程学科的战略地位和特点。
2-3　简述电气工程专业在我国高等教育中的地位。
2-4　简述电气工程学科的知识结构。
2-5　简述电气工程学科的几个主要研究领域。

第 3 章　电气工程领域的主要学科方向

电气工程学科是一门历史悠久的学科：从世界范围来看，早在第二次工业革命时期，英、法、美等许多国家就已经开设了这一学科；对于我国来说，电气工程学科也已经有了近百年的历史。同时，电气工程学科是一门涉及范围很广，与其他学科联系较为密切的学科。其中电子信息、通信工程等许多学科都是由电气工程学科派生出来的。可以说："凡是用电的地方都能用到这一学科"。

加拿大和美国大停电的事故证明了培养高素质电气工程人才的重要性和紧迫性。我国的电气工程学科人才较为匮乏，而我国的经济发展现状要求电力规模的扩大，电力规模的扩大又需要大批的电气工程专门人才。本章介绍电气工程领域的几个主要学科方向。

3.1　电力电子与电力传动学科简介

电力电子与电力传动学科是一门集电力、电子与控制于一体的新兴交叉学科，也是电气工程领域的核心学科。

电力电子学的诞生标志是 1956 年美国贝尔实验室第一只晶闸管的出现，在这 50 多年里，电力电子技术得到迅猛发展，应用范围极其广泛，在工业、农业、航天、军事、交通运输、电力系统、通信系统、计算机系统、新能源系统以及家电产品等国民经济和人民生活的各个领域都有重要的应用。大到航天飞行器中的特种电源、远程超高压电力传输系统，小到家用的空调、冰箱和计算机电源，电力电子与电力传动技术可以说是无处不在。可以毫不夸张地说，只要是需要电能的地方，就需要电力电子与电力传动技术。

电力电子与电力传动学科是一门发展迅速的学科。目前在该学科方向处于领先地位的是美国等西方发达国家。国内电力电子与电力传动学科几乎与国外同时起步，而该学科获得真正的发展还是在改革开放以后。近 30 年来，中国电力电子与电力传动学科已经全面达到了国际水平，在交直流传动系统、开关电源技术、电能质量管理、电力电子系统集成等方面已经取得了国际领先地位。

3.1.1　电力电子与电力传动发展概述

现代电力电子技术是应用电力电子半导体器件，综合自动控制、计算机(微处理器)技术和电磁技术的多学科边缘交叉技术，在各种高质量、高效、高可靠性的电源中起关键作用，是现代电力电子技术的具体应用。

当前，电力电子作为节能、节材、自动化、智能化、机电一体化的基础，正朝着应用技术高频化、硬件结构模块化、产品性能绿色化的方向发展。在不远的将来，电力电子技术将使电源技术更加成熟、经济、实用，实现高效率和高品质用电相结合。

1. 电力电子技术的发展

现代电力电子技术的发展方向从以低频技术处理问题为主的传统电力电子学向以高频技术处理问题为主的现代电力电子学方向转变。电力电子技术起始于 20 世纪 50 年代末 60 年代初的硅整流器件，其发展先后经历了整流器时代、逆变器时代和变频器时代，并促进了电力电子技术在许多新领域的应用。20 世纪 80 年代末期和 90 年代初期发展起来的，以功率 MOSFET 和 IGBT 为代表的，集高频、高压和大电流于一体的功率半导体复合器件，表明传统电力电子技术已经进入现代电力电子时代。

1) 整流器时代

大功率的工业用电由工频(50 Hz)交流发电机提供，但是大约 20%的电能是以直流形式消费的，其中最典型的是电解(有色金属和化工原料需要直流电解)、牵引(电气机车、电传动的内燃机车、地铁机车、城市无轨电车等)和直流传动(轧钢、造纸等)三大领域。大功率硅整流器能够高效率地把工频交流电转变为直流电。因此，在 20 世纪 60 年代和 70 年代，大功率硅整流管和晶闸管的开发与应用得以很大发展。当时国内曾经掀起了一股各地大办硅整流器厂的热潮，目前全国大大小小的制造硅整流器的半导体厂家就是那个时代的产物。

2) 逆变器时代

20 世纪 70 年代出现了世界范围内的能源危机，交流电机变频调速因节能效果显著而迅速发展。变频调速的关键技术是将直流电逆变为 0~100 Hz 的交流电。20 世纪 70 年代到 80 年代，随着变频调速装置的普及，大功率逆变用的晶闸管、巨型功率晶体管(GTR)和门极可关断晶闸管(GTO)成为当时电力电子器件的主角。类似的应用还包括高压直流输出、静止式无功功率动态补偿等。这时的电力电子技术已经能够实现整流和逆变，但工作频率较低，仅局限在中低频范围内。

3) 变频器时代

进入 20 世纪 80 年代，大规模和超大规模集成电路技术的迅猛发展，为现代电力电子技术的发展奠定了基础。将集成电路技术的精细加工技术和高压大电流技术有机结合，出现了一批全新的全控型功率器件，首先是功率 MOSFET 的问世，促使了中小功率电源向高频化发展，而后绝缘门极双极晶体管(IGBT)的出现，又为大中型功率电源向高频发展带来了机遇。

MOSFET 和 IGBT 的相继问世，是传统的电力电子向现代电力电子转化的标志。据统计，到 1995 年年底，功率 MOSFET 和 GTR 在功率半导体器件市场上已达到平分秋色的地步，而用 IGBT 代替 GTR 在电力电子领域已成定论。新型器件的发展不但为交流电机变频调速提供了较高的频率，使其性能更加完善可靠，而且使现代电子技术不断向高频化发展，为用电设备的高效节材节能，实现小型轻量化、机电一体化和智能化提供了重要的技术基础。

2. 现代电力电子技术的应用领域

1) 计算机高效率绿色电源

高速发展的计算机技术带领人类进入了信息社会，同时也促进了电源技术的迅速发展。20 世纪 80 年代，计算机全面采用了开关电源，率先完成计算机电源换代。接着开关电源技术相继进入了电子、电器设备领域。

计算机技术的发展，提出了绿色电脑和绿色电源。绿色电脑泛指对环境无害的个人电脑和相关产品；绿色电源系指与绿色电脑相关的高效省电电源。根据美国环境保护署 1992 年 6 月 17 日"能源之星"计划规定，桌上型个人电脑或相关的外围设备，在睡眠状态下的耗电量若小于 30 W，就符合绿色电脑的要求。提高电源效率是降低电源消耗的根本途径。就目前效率为 75%的 200 W 开关电源而言，电源自身要消耗 50 W 的能源。

2) 通信用高频开关电源

通信业的迅速发展极大地推动了通信电源的发展。高频小型化的开关电源及其技术已成为现代通信供电系统的主流。在通信领域中，通常将整流器称为一次电源，而将直流/直流(DC/DC)变换器称为二次电源。一次电源的作用是将单相或三相交流电网变换成标称值为 48 V 的直流电源。目前在程控交换机用的一次电源中，传统的相控式稳压电源已被高频开关电源取代，高频开关电源(也称为开关型整流器 SMR)通过 MOSFET 或 IGBT 的高频工作，开关频率一般控制在 50～100 kHz 范围内，实现了高效率和小型化。近几年来，开关整流器的功率容量不断扩大，单机容量已从 48 V/12.5 A、48 V/20 A 扩大到 48 V/200 A、48 V/400 A。

因通信设备中所用集成电路的种类繁多，其电源电压也各不相同，在通信供电系统中采用高功率密度的高频 DC/DC 隔离电源模块，从中间母线电压(一般为 48 V 直流)变换成所需的各种直流电压，这样可大大减小损耗、方便维护，且安装、增加非常方便。一般都可直接装在标准控制板上，对二次电源的要求是高功率密度。因通信容量的不断增加，通信电源容量也将不断增加。

3) 直流/直流(DC/DC)变换器

DC/DC 变换器将一个固定的直流电压变换为可变的直流电压，这种技术被广泛应用于无轨电车、地铁列车、电动车的无级变速和控制，同时使上述控制获得加速平稳、快速响应的性能，并同时收到节约电能的效果。用直流斩波器代替变阻器可节约电能 20%～30%。直流斩波器不仅能起调压的作用(开关电源)，同时还能起到有效地抑制电网侧谐波电流噪声的作用。

通信电源的二次电源 DC/DC 变换器已商品化，模块采用高频 PWM 技术，开关频率在 500 kHz 左右，功率密度为 5～20 W/m^3。随着大规模集成电路的发展，要求电源模块实现小型化，因此，就要不断提高开关频率和采用新的电路拓扑结构，目前已有一些公司研制生产了采用零电流开关和零电压开关技术的二次电源模块，功率密度有较大幅度的提高。

4) 不间断电源

不间断电源(UPS)是计算机、通信系统以及要求提供不能中断电源的场合所必需的一种高可靠、高性能的电源。交流市电输入经整流器变成直流，一部分能量给蓄电池组充电，另一部分能量经逆变器变成交流，经转换开关送到负载。为了在逆变器故障时仍能向负载提供能量，另一路备用电源通过电源转换开关来实现。

现代 UPS 普遍采用了脉宽调制技术和功率 MOSFET、IGBT 等现代电力电子器件，电源的噪声得以降低，而效率和可靠性得以提高。微处理器软、硬件技术的引入，可以实现对 UPS 的智能化管理，进行远程维护和远程诊断。目前在线式 UPS 的最大容量已可做到 600 kV·A。超小型 UPS 发展也很迅速，已经有 0.5 kV·A、1 kV·A、2 kV·A、3 kV·A 等多种规格的产品。

5) 变频器电源

变频器电源主要用于交流电机的变频调速，其在电气传动系统中占据的地位日趋重要，已获得巨大的节能效果。变频器电源主电路均采用交流—直流—交流方案。工频电源通过整流器变成固定的直流电压，然后由大功率晶体管或 IGBT 组成的 PWM 高频变换器将直流电压逆变成电压、频率可变的交流输出，电源输出波形近似于正弦波，用于驱动交流异步电动机实现无级调速。

国际上 400 kV·A 以下的变频器电源系列产品已经问世。20 世纪 80 年代初期，日本东芝公司最先将交流变频调速技术应用于空调器中，至 1997 年，其占有率已达到日本家用空调的 70% 以上。变频空调具有舒适、节能等优点。国内于 20 世纪 90 年代初期开始研究变频空调，1996 年引进生产线生产变频空调器，逐渐形成变频空调开发生产热点。变频空调除了变频电源外，还要求有适合于变频调速的压缩机电机。优化控制策略，精选功能组件，是空调变频电源研制的进一步发展方向。

6) 高频逆变式整流焊机电源

高频逆变式整流焊机电源是一种高性能、高效、省材的新型焊机电源，它代表了当今焊机电源的发展方向。由于 IGBT 大容量模块的商品化，这种电源更有着广阔的应用前景。

逆变焊机电源大都采用交流—直流—交流—直流(AC-DC-AC-DC)变换的方法。50 Hz 交流电经全桥整流变成直流，IGBT 组成的 PWM 高频变换部分将直流电逆变成 20 kHz 的高频矩形波，经高频变压器耦合，整流滤波后成为稳定的直流，供电弧使用。

由于焊机电源的工作条件恶劣，频繁地处于短路、燃弧、开路交替变化之中，因此高频逆变式整流焊机电源的工作可靠性问题成为最关键的问题，也是用户最关心的问题。采用微处理器作为脉冲宽度调制(PWM)的相关控制器，通过对多参数、多信息的提取与分析，达到预知系统各种工作状态的目的，进而提前对系统作出调整和处理，解决了目前大功率 IGBT 逆变电源可靠性问题。国外逆变焊机已可作到额定焊接电流 300 A，负载持续率 60%，全载电压 60~75 V，电流调节范围 5~300 A，重量 29 kg。

7) 大功率开关型高压直流电源

大功率开关型高压直流电源广泛应用于静电除尘、水质改良、医用 X 光机和 CT 机等大型设备，电压高达 50~159 kV，电流达到 0.5 A 以上，功率可达 100 kW。

自 20 世纪 70 年代开始，日本的一些公司开始采用逆变技术，将市电整流后逆变为 3 kHz 左右的中频，然后升压。进入 20 世纪 80 年代，高频开关电源技术迅速发展。德国西门子公司采用功率晶体管作为主开关元件，将电源的开关频率提高到 20 kHz 以上，并将干式变压器技术成功地应用于高频高压电源，取消了高压变压器油箱，使变压器系统的体积进一步减小。

国内对静电除尘高压直流电源进行了研制，市电经整流变为直流，采用全桥零电流开关串联谐振逆变电路将直流电压逆变为高频电压，然后由高频变压器升压，最后整流为直流高压。在电阻负载条件下，输出直流电压达到 55 kV，电流达到 15 mA，工作频率为 25.6 kHz。

8) 电力有源滤波器

传统的交流/直流(AC/DC)变换器在投运时，将向电网注入大量的谐波电流，引起谐波损耗和干扰，同时还出现装置网侧功率因数恶化的现象，即所谓的"电力公害"。例如，不可控整流加电容滤波时，网侧三次谐波含量可达 70%～80%，网侧功率因数仅有 0.5～0.6。

电力有源滤波器是一种能够动态抑制谐波的新型电力电子装置，能克服传统 LC 滤波器的不足，是一种很有发展前途的谐波抑制手段。滤波器由桥式开关功率变换器和具体控制电路构成。与传统开关电源的区别如下：

(1) 不仅反馈输出电压，还反馈输入平均电流；

(2) 电流环基准信号为电压环误差信号与全波整流电压取样信号之乘积。

9) 分布式开关电源供电系统

分布式开关电源供电系统采用小功率模块和大规模控制集成电路作基本部件，利用最新理论和技术成果，组成积木式、智能化的大功率供电电源，从而使强电与弱电紧密结合，降低了大功率元器件、大功率装置(集中式)的研制压力，提高了生产效率。

20 世纪 80 年代初期，对分布式高频开关电源系统的研究基本集中在变换器并联技术的研究上。80 年代中后期，随着高频功率变换技术的迅速发展，各种变换器拓扑结构相继出现，大规模集成电路和功率元器件技术的结合，使中小功率装置的集成成为可能，从而迅速地推动了分布式高频开关电源系统研究的展开。自 80 年代后期开始，这一方向已成为国际电力电子学界的研究热点，论文数量逐年增加，应用领域不断扩大。

分布供电方式具有节能、可靠、高效、经济和维护方便等优点，已被大型计算机、通信设备、航空航天、工业控制等系统逐渐采纳，也是超高速型集成电路的低电压电源(3.3V)的最为理想的供电方式。在大功率场合，如电镀、电解电源、电力机车牵引电源、中频感应加热电源、电动机驱动电源等领域也有广阔的应用前景。

3. 高频开关电源的发展趋势

在电力电子技术的应用及各种电源系统中，开关电源技术均处于核心地位。对于大型电解电镀电源，传统的电路非常庞大而笨重，如果采用高频开关电源技术，其体积和重量都会大幅度下降，而且可极大地提高电源利用效率、节省材料、降低成本。在电动汽车和变频传动中，更是离不开开关电源技术，通过开关电源改变用电频率，从而达到近于理想的负载匹配和驱动控制。高频开关电源技术是各种大功率开关电源(逆变焊机、通信电源、高频加热电源、激光器电源、电力操作电源等)的核心技术。

(1) 高频化。理论分析和实践经验表明，电气产品的变压器、电感和电容的体积重量与供电频率的平方根成反比。所以，当我们把频率从工频 50 Hz 提高到 20 kHz(即提高 400 倍)时，用电设备的体积重量大体下降至工频设计的 5%～10%。无论是逆变式整流焊机，还是通信电源用的开关式整流器，都是基于这一原理的。同样，传统"整流行业"的电镀、电解、电加工、充电、浮充电、电力合闸用等各种直流电源也可以根据这一原理进行改造，成为"开关变换类电源"，其主要材料可以节约 90% 或更高，还可节电 30% 或更多。功率电子器件工作频率上限的逐步提高，促使许多原来采用电子管的传统高频设备固态化，带来了节能、节水、节约材料的经济效益，更体现出技术含量的价值。

(2) 模块化。模块化有两方面的含义，其一是指功率器件的模块化，其二是指电源单元的模块化。我们常见的器件模块，含有一单元、两单元、六单元直至七单元，包括开关器件和与之反并联的续流二极管，实质上都属于"标准"功率模块(SPM)。近些年，有些公司把开关器件的驱动保护电路也装到功率模块中去，构成了"智能化"功率模块(IPM)，不但缩小了整机的体积，更方便了整机的设计制造。实际上，由于频率的不断提高，致使引线寄生电感、寄生电容的影响愈加严重，对器件造成更大的电应力(表现为过电压、过电流毛刺)。为了提高系统的可靠性，有些制造商开发了"用户专用"功率模块(ASPM)，它把一台整机的几乎所有硬件都以芯片的形式安装到一个模块中，使元器件之间不再有传统的引线连接，这样的模块经过严格、合理的热、电、机械方面的设计，可达到优化完美的境地。它类似于微电子中的用户专用集成电路(ASIC)。只要把控制软件写入该模块中的微处理器芯片，再把整个模块固定在相应的散热器上，就可构成一台新型的开关电源装置。由此可见，模块化的目的不仅在于使用方便、整机体积缩小，更重要的是取消传统连线，把寄生参数降到最小，从而把器件承受的电应力降至最低，以提高系统的可靠性。另外，大功率的开关电源，由于器件容量的限制和增加冗余提高可靠性方面的考虑，一般采用多个独立的模块单元并联工作，采用均流技术，所有模块共同分担负载电流，一旦其中某个模块失效，其他模块再平均分担负载电流。这样，不但提高了功率容量，在有限的器件容量的情况下满足了大电流输出的要求，而且通过增加相对整个系统来说功率很小的冗余电源模块，极大地提高了系统可靠性。即使万一出现单模块故障，也不会影响系统的正常工作，而且为修复提供了充分的时间。

(3) 数字化。在传统功率电子技术中，控制部分是按模拟信号来设计和工作的。在二十世纪六七十年代，电力电子技术完全是建立在模拟电路基础上的。但是，现在数字式信号、数字电路显得越来越重要，数字信号处理技术日趋完善成熟，显示出越来越多的优点：便于计算机处理控制，避免模拟信号的畸变失真，减小杂散信号的干扰(提高抗干扰能力)，便于软件包调试和遥感、遥测、遥调，也便于自诊断、容错等技术的植入。所以，在二十世纪八九十年代，对于各类电路和系统的设计来说，模拟技术还是有用的，特别是诸如印制版的布图、电磁兼容(EMC)问题以及功率因数修正(PFC)等问题的解决，离不开模拟技术的知识，但是对于智能化的开关电源，需要用计算机控制时，数字化技术就离不开了。

(4) 绿色化。电源系统的绿色化有两层含义：首先是显著节电，这意味着发电容量的节约，而发电是造成环境污染的重要原因，所以节电就可以减少对环境的污染；其次这些电源不能(或少)对电网产生污染，国际电工委员会(IEC)对此制定了一系列标准，如 IEC555、IEC917、IEC1000 等。事实上，许多功率电子节电设备往往会变成对电网的污染源，向电网注入严重的高次谐波电流，使总功率因数下降，使电网电压耦合许多毛刺尖峰，甚至出现缺角和畸变。20 世纪末，各种有源滤波器和有源补偿器的方案诞生，有了多种修正功率因数的方法。以上这些为 21 世纪批量生产各种绿色开关电源产品奠定了基础。

现代电力电子技术是开关电源技术发展的基础。随着新型电力电子器件和适于更高开关频率的电路拓扑的不断出现，现代电源技术将在实际需要的推动下快速发展。在传统的应用技术下，由于功率器件性能的限制而使开关电源的性能受到影响。为了极大发挥各种功率器件的特性，使器件性能对开关电源性能的影响减至最小，新型的电源电路拓扑和新型的控制技术，可使功率开关工作在零电压或零电流状态，从而可大大地提高工作频率，提高开关电源工作效率，设计出性能优良的开关电源。

总而言之，电力电子及开关电源技术因应用需求不断向前发展，新技术的出现又会使许多应用产品更新换代，还会开拓更多更新的应用领域。开关电源高频化、模块化、数字化、绿色化等的实现，标志着这些技术的成熟，将实现高效率用电和高品质用电相互结合。近几年来，随着通信行业的发展，以开关电源技术为核心的通信用开关电源仅国内就有 20 多亿人民币的市场需求，吸引了国内外一大批科技人员对其进行开发研究。开关电源代替线性电源和相控电源是大势所趋，因此，同样具有几十亿产值需求的电力操作电源系统的国内市场正在启动，并将很快发展起来。还有其他许多以开关电源技术为核心的专用电源、工业电源正有待着人们去开发。

3.1.2　电力电子与电力传动的主要研究内容

1．国内研究简况

电力电子与电力传动学科主要从事有关电力电子与电力传动系统的理论、分析、控制的研究和开发工作，例如，研究新型电力电子器件、电能的变换与控制、电力电子电源、电力传动及其自动化等理论和应用技术。涉及交直流传动系统的新结构、新电路及新型控制策略；交流电机模型在线辨识及故障诊断的新方法；电力电子设备及其系统在线监测、故障诊断；电力电子与电力传动中的控制理论及应用；无功补偿技术；现代电源技术等方面。截止 2002 年，相继有中国矿业大学等 5 所院校的"电力电子与电力传动"学科专业被国家评为重点学科。国内主要大学设置电力电子与电力传动学科专业的情况如表 3-1 所示。

表 3-1　国内主要大学设置电力电子与电力传动学科专业的情况

一级学科代码	一级学科	二级学科代码	二级学科专业	重点学科单位
0808	电气工程	080804	电力电子与电力传动	中国矿业大学 浙江大学 合肥工业大学 清华大学 重庆大学

(1) 浙江大学电力电子与电力传动学科是我国首批设立的重点学科，设有首批博士学位和硕士学位授予点和电工一级学科博士后流动站，建有电力电子技术国家专业实验室和电力电子应用技术国家工程研究中心，被列为国家"211"工程浙江大学重点建设学科群及浙江省重点学科。该学科技术力量雄厚，有多位教授在 IEEE、IEE、EPE、全国石化工业电气委员会、中国电工技术学会、电力电子学会、中国电源学会等国内外著名学术团体任职，特别在大功率中、高频谐振变换器、高频开关电源拓扑和软开关技术、谐波治理及电磁兼容方面的研究水平已接近或达到国际水平。现主要研究方向包括感应加热电源及其应用、电源技术、电力电子系统技术、电力电子器件应用技术、高精度交流伺服系统和交直流电力传动与控制、现代控制理论在电力电子和电力传动中的应用、信号处理、识别与智能化电磁测量技术。

(2) 合肥工业大学电力电子与电力传动学科是教育部所属重点学科之一。该学科随着现代控制理论、计算机技术、电力电子器件及控制技术的不断进步而快速发展，其应用领域涉及工业生产和民用电器等各方面，如各类交-直流电源、变频电源、脉冲电源、高频电子镇流、高频逆变电焊、高压直流输变电、交直流传动、新能源发电等。其主要研究方向为：

① 太阳能电力技术：光伏独立供电系统、光伏并网系统、光伏建筑一体化研究、光伏系统优化设计、光伏系统性能测试研究、光伏系统监控管理研究、光伏系统建模仿真、光伏照明技术、光伏水泵技术、风光互补发电技术研究、大型风电并网技术研究、风力发电控制技术研究等。

② 运动控制系统中的电力电子技术：电动或混合动力汽车电机的驱动及控制、能源管理系统、汽车系统中各类驱动电源及数字控制网络系统、各型驱动电机的控制技术研究、各型储能管理控制技术研究。

③ 新型电力传动系统：先进的交直流电力传动系统控制研究、通用变频应用技术研究、高压变频系统研究与控制。

④ 特种电源系统：先进高效照明电子镇流技术研究、高效高频电源变换控制技术及拓扑结构研究、逆变电源的并联技术研究。

(3) 中国矿业大学电力电子与电力传动学科是国家级重点学科之一，是第一批具有博士学位与硕士学位授予权的学科。结合煤矿工业生产实际，在三电平逆变器、大功率同步机励磁系统的优化设计等方面的研究具有一定的影响。现主要研究方向有：

① 图像编码与传输；

② 现代电力电子技术；

③ 现代交流传动控制；

④ 电力电子与传动系统的数字控制；

⑤ 矿井电网综合自动化；

⑥ 低压电缆绝缘在线监测与诊断；

⑦ 电力电子技术在矿井供电中的应用。

(4) 重庆大学电力电子与电力传动学科是自1998年就具有博士学位授予权的重点学科。其主要研究方向有现代输变电系统电力电子装置及其智能控制技术、电力电子电路的拓扑变换与应用、电力电子装置与系统、电力系统谐波治理、电气传动与智能控制技术、交流传动及控制技术、电动汽车驱动控制技术等。

(5) 清华大学设有电力电子与电机系统研究所，涵盖电机与电器、电力电子与电力传动2个二级学科，同时具有"清华大学电力系统及发电设备控制和仿真"国家重点实验室的大电机与电气设备智能化、电力电子与电能变换分室。在1981年被批准为全国首批博士、硕士点，1986年设立全国第一批博士后流动工作站。研究所按照学科发展的需要，确立了交流电机系统分析、特种电机系统及其控制、电力电子与电机系统集成、电力电子功率变换系统、交流电力传动与控制和新型大容量功率电器装置等6个主要学科发展方向，主要研究交流电机系统的动态过程及其控制，特种电机及其系统的分析、设计与控制方法，高性能、大容量、全数字化交流电机控制系统的理论和应用研究，电力电子变流装置的拓扑结构、控制方法、驱动保护技术、电磁兼容、热损耗与效率、现代电力电子技术与电机及其控制的一体化技术等问题。

电力电子与电力传动学科是一门交叉型新学科，它以控制理论为基础，运用计算机、数字信号处理器和微电子技术，控制电力半导体器件开关来实现电能的变换，达到不同的使用目的。

电力电子与电力传动学科涉及各种大功率的能量变换和控制、最新的自动控制技术、电子信息科学中的检测技术、信息处理技术、计算机控制技术和电力电子与电力传动工业应用新技术等，它对改造国民经济中的传统产业、建立现代化的产业均具有十分重要的作用。

2. 电力电子器件发展回顾

自 20 世纪 50 年代末第一只晶闸管问世以来，电力电子技术开始登上了现代电气传动技术舞台，以此为基础开发的可控硅整流装置是电气传动领域的一次革命，它使电能的变换和控制从旋转变流机组和静止离子变流器进入由电力电子器件构成的变流器时代，这标志着电力电子的诞生。进入 20 世纪 70 年代，晶闸管开始形成由低电压小电流到高电压大电流的系列产品，普通晶闸管不能自关断的半控型器件被称为第一代电力电子器件。随着电力电子技术理论研究和制造工艺水平的不断提高，电力电子器件在容量和类型等方面得到了很大发展，这是电力电子技术的又一次飞跃，先后研制出 GTR、GTO、功率 MOSFET 等自关断全控型第二代电力电子器件。而以绝缘栅双极晶体管(IGBT)为代表的第三代电力电子器件，开始向大容量、高频率、响应快、低损耗方向发展。进入 20 世纪 90 年代，电力电子器件正朝着复合化、标准模块化、智能化、功率集成的方向发展，以此为基础形成一个以电力电子技术理论研究、器件开发研制、应用渗透性研究为主的新领域。在国际上，电力电子技术是竞争最激烈的高新技术领域之一。

整流管是电力电子器件中结构最简单、应用最广泛的一种器件，目前已形成普通型、快恢复型和肖特基型三大系列产品。电力整流管对改善各种电力电子电路的性能、降低电路损耗和提高电流使用效率等方面都具有非常重要的作用。自 1958 年美国通用电气(GE)公司研制出第一个工业用普通晶闸管开始，其结构的改进和工艺的改革为新器件开发研制奠定了基础，在以后的十年间开发研制出了双向、逆变、逆导、非对称晶闸管，至今晶闸管系列产品仍有较为广泛的市场。

从 1964 年美国第一次试制成功了 0.5 kV/0.01 kA 可关断的 GTO 至今，目前已达到 9 kV/0.25 kA/0.8 kHz 及 6 kV/6 kA/1 kHz 的水平。在当前各种自关断器件中，GTO 容量最大，在大功率电力牵引驱动中有明显的优势，但其工作频率最低。因此，它在中压、大容量领域中占有一席之地。20 世纪 70 年代研制出 GTR(又称为功率晶体三极管、巨型晶体管或功率 BJT)系列产品，其额定值已达 1.8 kV/0.8 kA/2 kHz、0.6 kV/0.003 kA/100 kHz，它具有组成的电路灵活成熟、开关损耗小、开关时间短等特点，在中等容量、中等频率的电路中应用广泛。作为高性能、大容量的第三代绝缘栅型双极性晶体管 IGBT，因其具有电压型控制，输入阻抗大、驱动功率小、开关损耗低及工作频率高等特点，有着广阔的发展前景。IGCT 是新近发展起来的新型器件，它是在 GTO 基础上发展起来的器件，称为集成门极换流晶闸管，也有人称之为发射极关断晶闸管，它的瞬时开关频率可达 20 kHz，关断时间为 1 μs，di/dt 为 4 kA/ms，du/dt 为 10～20 kV/ms，交流阻断电压为 6 kV，直流阻断电压为

3.9 kV，开关时间小于 2 μs，导通压降为 2.8 V，开关频率大于 1000 Hz。

3．电力电子器件发展趋势

20 世纪 90 年代，电力电子器件的研究和开发已进入高频化、标准模块化、集成化和智能化时代。从理论分析和实验证明，电气产品的体积与重量的缩小与供电频率的平方根成反比。也就是说，当我们将 50 Hz 的标准频率大幅度提高之后，使用这样工频的电气设备的体积与重量就能大大缩小，可节约制造电气设备的材料，运行时节电更加明显，设备的系统性能亦大为改善，尤其是对航天工业其意义是十分深远的。故电力电子器件的高频化是今后电力电子技术创新的主导方向，而电力电子器件硬件结构的标准模块化是其发展的必然趋势。当今先进的模块，已经包含了开关元件和与其反向并联的续流二极管及驱动保护电路等多个单元，模块在一致性与可靠性上达到极高的水平，并已生产出标准化的系列产品。目前世界上许多大公司已开发出 IPM 智能化功率模块，如日本三菱、东芝及美国的国际整流器公司已有成熟的产品推出。日本新电元公司的 IPM 智能化功率模块的主要特点是：

(1) 内部集成了功率芯片、检测电路及驱动电路，使主电路的结构最简化；

(2) 其功率芯片采用的是开关速度高、驱动电流小的 IGBT，且自带电流传感器，可以高效地检测出过电流和短路电流，给功率芯片以安全的保护；

(3) 在内部配线上将电源电路和驱动电路的配线长度控制到最短，从而很好地解决了浪涌电压、噪声干扰及误动作等问题；

(4) 自带可靠的安全保护措施，当故障发生时能及时关断功率器件并发出故障信号，对芯片实施双重保护，以保证其运行的可靠性。

4．电力电子技术创新

1998 年末，朱镕基总理明确指示，今后必须加快国家创新体系的建设，因此可以肯定地说，在 21 世纪初的国家发展中，技术创新将要变成企业工作的主导内容。发展与建立适合中国国情的电气工业的技术创新机制，通过电力电子技术长足进步推动新型电气工业不断升级和进步进而走向世界，也必将成为电气工业今后发展的一项主要任务。电力电子技术虽然与微电子技术具有许多的共同特征，如发展变化都非常迅速，渗透力和创新表现十分突出，生命力格外旺盛，处于阳光产业地位，并与其他学科相互融合和发展产生新的机遇，而电力电子技术还有其自身一些独具特色的地方，如高电压、大容量及控制功率范围大等。因此，技术的创新难度在于必须跨越高电压、大功率这一关卡，及其技术的综合难度，如材料工业和制造工艺，而电力电子器件工作的可靠性也是其极重要的一个技术指标。可见，电力电子技术的创新是与多种学科相互渗透并对各种工业领域有着极强渗透性的综合创新工作。同时，电力电子技术与国家的基础产业关系密切，与国家发展的各项方针及产业政策相配合的需求在 21 世纪将显得越来越强烈。电力电子技术又称为能流技术，能源的开发与有效利用是人类可持续发展的重要内容，因此电力电子技术的发展与创新是 21 世纪可持续发展战略纲领的重要组成部分。在 21 世纪初，加快现代电力电子技术转化的力度，必将形成一条朝阳的高科技产业链，推动我国工业领域的技术创新。

电力电子技术的创新与电力电子器件制造工艺，已成为世界各国工业自动化控制和机电一体化领域竞争最激烈的阵地，各发达国家均在这一领域投入极大的人力、物力和财力，使之进入高科技行业。就电力电子技术的理论研究而言，目前日本、美国、法国、荷兰、丹麦等西欧国家可以说是齐头并进，这些国家的各种先进的电力电子功率产品不断开发完善，促进电力电子技术向着高频化迈进，实现用电设备的高效节能，为真正实现工控设备的小型化、轻量化、智能化奠定了重要的技术基础，也为 21 世纪电力电子技术的不断拓展创新描绘了广阔的前景。我国开发研制电力电子器件的综合技术能力与国外发达国家相比，仍有较大的差距，要发展和创新我国电力电子技术，并形成产业化规模，就必须走有中国特色的产、学、研结合的创新之路，即牢牢坚持和掌握产、学、研相结合的方法走共同发展之路。从吸收国外先进技术，逐步走上自主创新，从交叉学科的相互渗透中创新，从器件开发选择及电路结构变换上创新，这对电力技术创新是尤其实用的。也要从器件制造工艺技术引导创新，从新材料科学的应用上创新，以此推动电力电子器件制造工艺的技术创新，提高器件的可靠性。由此形成基础累积型的创新之路。并要把技术创新与产品应用及市场推广有机结合，以加快科技创新的自我强化循环，促进和带动技术创新，使我国电力电子技术及器件制造工艺技术得以长足发展。

3.1.3　电力电子技术的主要应用领域

电力电子技术的应用几乎遍布了所用的行业领域：
(1) 一般工业：交直流电机、电化学工业、冶金工业。
(2) 交通运输：电气化铁道、电动汽车、航空、航海。
(3) 电力系统：高压直流输电、柔性交流输电、无功补偿。
(4) 电子装置电源：电能变换、稳压、滤波、调节、控制。
(5) 家用电器：节能灯、变频空调、音响、电视、计算机。
(6) 其他：不间断电源、航天飞行器、新能源、发电装置。
总之，电力电子技术的应用范围十分广泛，激发了一代又一代的学者和工程技术人员学习、研究电力电子技术并使其飞速发展。

电力电子装置提供给负载的是各种不同的直流电源、恒频交流电源和变频交流电源，因此也可以说，电力电子技术研究的也就是电源技术。

电力电子技术对节省电能有重要意义。特别是在大型风机、水泵采用变频调速和使用量十分庞大的照明电源等方面，电力电子技术的节能效果十分显著。因此，它也被称为节能技术。

电力电子与电力传动学科是一门集电力、电子与控制于一身的新兴交叉学科，是电气工程领域的核心学科。

3.1.4　电力传动控制系统的主要类型

现代电力传动控制系统的主要类型有：
(1) 新型交直流传动系统；
(2) 交流电机模型辨识及故障诊断；
(3) 功率变换技术及应用；
(4) 电力电子技术在电力系统中的应用；
(5) 电力传动系统中的自动化新技术。

3.1.5　电力传动控制技术的发展趋势

随着电力电子技术、计算机技术以及自动控制技术的迅速发展，电气传动技术正在向智能化迈进，上百年来研究电动机只是实现了自动化，现在再进入一个智能化，也就是一个系统优化的问题。优化的焦点是把微电子技术、电力电子技术、传感技术融入到电气传动的领域，这三者构成了"大电子体系"，也只有这样的大电子体系，才能带动、改造传动产业升级换代。这样的融入把物料流、能源流、信息流三者汇集在一起，形成当代的智能化传动系统。所以已经不能单纯从电动机的内部来解决传动的问题，应该把电机、调速装置和用电器看成是一个整体，通过调速把追求单机额定工况点的高效提高到系统的高效。这是我们现代电气传动的又一个特点。

基于新型电路变换器的不断出现、现代控制理论向电气传动领域的渗透，特别是微型计算机及大规模集成电路的发展，使交流电机变频调速从电压/频率比值恒定控制法、转差频率控制法发展到矢量控制法，使交流电机瞬时转向的控制已实现，它可完成加速度、速度和位置等各种控制。交流电机调速技术正向高频化、数字化和智能化方向发展。

电力传动控制技术的发展趋势大致包括下述几方面：

(1) 提高检测性能适用于高精度伺服控制系统。在矢量控制、转矩直接控制等基本理论的指导下，实施的技术方法和控制策略等向现代控制理论、智能控制理论方向发展，因而使系统的整体优势充分发挥出来。计算机软件的作用愈来愈大，软件的优劣和计算速度等都在控制效果中起着重要作用，故高速专用数字处理芯片广泛应用于交流调速系统中，32位的数字处理芯片已经在数控机床、机器人等商品化的产品中得到应用。过去由直流或步进电机完成的高精度伺服控制，现在已经可以用异步电动机代替，传统的闭环最优控制、PI 调节等设计理论和方法也在更新和改变。模糊控制、神经元网络理论、自适应控制等理论已在交流调速系统中得到应用，交流电机的控制已不再是简单的电压、频率等的控制，而是一系列运动状态的控制，包括参数、负载等影响在内的多变量控制，因而使电机的多项指标都能在最佳的状态下得到控制，其性能完全达到或超过直流电机或步进电机。

(2) 高度集成、高频和微型化。异步电机坚固和低惯量的优点，使其在各种场合都适用。在精密和智能控制系统中，装置需要本身体积小、重量轻及噪声小等的调速控制器，因而变频系统的体积和重量等也要减小，这就必须高度集成化、微型化。开关频率高频化是达到这个目标的有效手段。

(3) 新型开关电路及电路分析理论的应用。在现今大功率变频装置中，元件的开关都是在高电压、大电流条件下完成的，人们称之为"硬"开关过程。这一过程的特点是开关器件的电应力较大且产生较大的开关损耗，而这些往往使元件的使用定额下降且危险性也较大。谐振开关电路或零电压开关则是针对上述问题研究形成的开关电路，其特点就是实现了元件的"软"开关动作。在开关切换时让元件上的电压或电流为零，理论上可以做到无损耗开关，同时大大减小开关应力，使元件寿命和安全性提高。

(4) 控制策略的应用。随着电力电子电路良好的控制特性及现代微电子技术的不断进步，几乎所有新的控制理论、控制方法都在电力电子交流调速装置上得到了应用或尝试。从最简单的转速开环恒压频比控制，发展到基于动态模型按转子磁链定向的矢量控制和基于动态模型保持定子磁链恒定的直接转矩控制。近年来，电力电子装置的控制技术研究仍十分活跃。各种现代控制理论，如自适应控制和滑模变结构控制，以及智能控制(如专家系统、模糊控制、神经网络、遗传算法等)和无速度传感的高动态性能控制都是研究的热点。

(5) 微机(数字)控制。微机控制也称数字控制。其优点是：使硬件简化；柔性的控制算法使控制灵活、可靠；易实现复杂的控制规律；便于故障诊断和监视。控制系统的软件化对 CPU 芯片提出了更高的要求，为了实现高性能的交流调速要进行矢量的坐标变换、磁通矢量的在线计算和适应参数变化而修正磁通模型，以及内部的加速度、速度、位置的重叠外环控制的在线实时调节等，都需要存储多种数据和快速实时处理大量信息。为了满足对信息的快速实时处理的要求，可采用多处理器分担任务或采用微处理器加数字信号处理器共同处理。芯片容量和运算速度的加快可使传统的电气传动系统面貌一新。

(6) 控制系统硬件的集成化。利用不断发展的大规模集成电路工艺，把电气传动自动控制系统中某些控制电路相对固定的部分集成化为若干个专用 IC 芯片(ASIC)，使整个系统的构成快速、灵活、可靠、小型。集成化的另一个含义是，把控制、保护电力电子器件的相关电路集成在一个电力电子器件的芯片上，构成强弱电一体、主电流变换与控制合一的新型电力电子器件。例如，已商品化的 Smart Power 控制系统硬件的集成化将有可能把被控电机与其控制系统集成在一个电机机壳内，构成所谓的智能化电机。

(7) 向高频化大容量进军。提高开关频率是抑制谐波、提高系统性能和缩小电气传动自动化控制设备的体积、重量的关键之一。但开关频率提高，会增加开关管自身的开关损耗，影响逆变器的效率和工作可靠性，使调制频率受到限制。目前在高频变换器中采用较多的器件是 GTR、MOSFET 和 IGBT。充分利用新一代高频电力电子器件，如 VDMOS 管、MOSFET 管、静电感应晶体管(SIT)、静电感应晶闸管(SITH)以及功率 MOS 器件(MCT)，研究发展新一代高频的电机、电控装置是一个适宜的办法。

(8) 软开关技术。软开关技术是近年来发展较快的另一种方法。传统的变换器中的开关器件工作在硬件开关状态，硬开关的几个缺陷防碍了工作频率和变换器容量的提高。开关器件的开通和关断损耗随频率的提高而增加。容性开通问题：当开关器件在很高的电压下开通时，储存在开关器件结电容中的能量将全部耗散在开关器件内，引起过热损坏；感性关断时，感应电压加在开关器件两端，易造成电压击穿；二极管反向恢复期间，易造成瞬时短路。近年来，软开关技术被引进各类电力电子变换器中，并逐渐推向实用。采用软开关技术可以克服以上几个缺陷，从而省掉缓冲吸收电路，减小散热器体积，并为工作频率和容量的进一步提高做好准备。

(9) 绿色电力电子变换器。电力电子功率变换器的输出电压和电流，除基波分量外，还含有一系列的谐波分量。这些谐波会使电机产生转矩脉冲，增加电机的附加损耗和电磁噪声，也会使转矩出现周期性的波动，从而影响电机平稳运行和调速范围。随着电力电子变换器的日益普及，谐波和无功电流给电网带来的"电力公害"越来越值得重视。解决这个问题的方案有两个：

① 有源滤波和无功补偿装置；

② 绿色电力电子变换器，要求功率因数可控、各次谐波分量小，符合国际和国家标准允许的限度。

显然，采用绿色变换器是治本的方法。目前已经开发的绿色变换器有中压多电平变换器、多个逆变单元串联的变换器、2 电平或 3 电平的双 PWM 交-直-交变换器、交-交矩阵式变换器等。矩阵式变换器的机理与双 PWM 变换器相似，具有输出电压 PWM 控制和输入电流 PWM 控制，而能量传递方式是可逆的，矩阵式变换器还可以省掉体积庞大的直流环节电容器。

　　目前，电力电子技术已经广泛应用于工业生产中，如各类高效率、高质量、高性能的供电电源，电机传动调速系统和电力系统有源滤波谐波治理等领域。

　　现代化大工业生产的本质是信息流控制能量流，带动生产机械，造就物料流的运动控制过程。电力电子与电力传动系统处于"三流"交汇的"接口"地位，决定了电力电子与电力传动学科以控制理论为基础，以计算机技术为先进手段，强弱电紧密结合，实现运动控制领域中电力传动自动控制和过程控制自动化的信息融合、工业控制网络化、电能传输"绿色"化，以及对以上控制过程进行单体和系统优化等理论和应用研究体系。

　　电力电子与电力传动学科是综合了电能变换、电磁学、自动控制、微电子及电子信息、计算机等技术的新成就而迅速发展起来的交叉学科，对电气工程学科的发展和社会进步具有广泛的影响和巨大的作用。电力电子与电力传动学科还出现了一些新的研究方向，比如，稀土永磁电机设计及控制、新型电力电子装置及控制、电力传动及自动化、检测技术与仪表。稀土永磁电机设计及控制方向，主要是研究新型节能电机制造理论、技术及控制技术。第三代稀土材料钕铁硼是目前磁性能最好的永磁材料，从 1992 年开始进行钕铁硼永磁单相同步电动机的运行原理分析、产品设计方法以及控制等方面的研究工作，其研究成果的某些方面走在世界的前列。

3.1.6　典型应用技术举例

1. 交直流调速系统

　　当前全球经济发展过程中，有两条显著的相互交织的主线：能源和环境。能源的紧张不仅制约了相当多发展中国家的经济增长，也为许多发达国家带来了相当大的问题。能源集中的地方也往往成为全世界所关注的热点地区。而能源的开发与利用又对环境的保护有着重大影响。全球变暖、酸雨等一系列环境灾难都与能源的开发与利用有关。

　　能源工业作为国民经济的基础，对于社会、经济的发展和人民生活水平的提高都极为重要。在高速增长的经济环境下，中国能源工业面临经济增长与环境保护的双重压力。有资料表明，受资金、技术、能源价格的影响，中国能源利用效率比发达国家低很多。20 世纪 90 年代中国高耗能产品的耗能量一般比发达国家高 12%～55%左右，90%以上的能源在开采、加工转换、储运和终端利用过程中损失和浪费。如果对各国进行单位国民生产总值(GNP)能耗比较，中国分别是瑞士、意大利、日本、法国、德国、英国、美国、加拿大的 14.4 倍、11.3 倍、10.6 倍、8.8 倍、8.3 倍、7.2 倍、4.6 倍和 4.2 倍。2000 年，中国火电厂煤耗为 412 克标准煤/千瓦时，是国际先进水平的 1.27 倍。

　　由此可见，对能源的有效利用在我国已经非常迫切。作为能源消耗大户之一的电机在节能方面是大有潜力可挖的。我国电机的总装机容量已达 4×10^8 kW，年耗电量达 6×10^{11}

kW·h，约占工业耗电量的 80%。我国各类应用的电机中，80%以上为 0.55～220 kW 以下的中小型异步电动机。我国应用电机拖动系统的总体装备水平仅相当于发达国家 20 世纪 50 年代的水平。因此，在国家十五计划中，电机系统节能方面的投入高达 500 亿元左右，变频调速系统在我国有非常巨大的市场需求。

变频调速技术在国民经济和日常生活中有着重要的地位：

(1) 应用面广，是工业企业和日常生活中普遍需要的新技术；

(2) 是节约能源的高新技术；

(3) 是国际上技术更新换代最快的领域；

(4) 是高科技领域的综合性技术；

(5) 是替代进口、节约投资的最大领域之一。

1) 变频调速系统的发展现状

(1) 全数字化控制系统。随着计算机技术的发展，无论是生产还是生活当中，人们对数字化信息的依赖程度越来越高。如果说计算机是大脑，网络是神经，那么电机传动系统就是骨骼和肌肉。它们之间的完美结合才是现代产业发展方向。为了使交流调速系统与信息系统紧密结合，同时也为了提高交流调速系统自身的性能，必须使交流调速系统实现全数字化控制。

随着交流电机控制理论的不断发展，控制策略和控制算法也日益复杂。扩展卡尔曼滤波、FFT、状态观测器、自适应控制、人工神经网络等均应用到了各种交流电机的矢量控制或直接转矩控制当中。DSP 芯片在全数字化的高性能交流调速系统中找到了施展身手的舞台。如 TI 公司的 MCS320F240 等 DSP 芯片，以其较高的性能价格比成为了全数字化交流调速系统的首选。

在交流调速的全数字化的过程当中，各种总线也扮演了相当重要的角色。STD 总线、工业 PC 总线、现场总线以及 CAN 总线等在交流调速系统的自动化应用领域起到了重要的作用。

(2) PWM 技术。PWM 控制是交流调速系统的控制核心，任何控制算法的最终实现几乎都是以各种 PWM 控制方式完成的。目前已经提出并得到实际应用的 PWM 控制方案不下十几种，关于 PWM 控制技术的文章在很多著名的电力电子国际会议，如 PESC、IECON、EPE 年会上已形成专题。尤其是微处理器应用于 PWM 技术并使之数字化以后，花样不断翻新，从最初追求电压波形的正弦，到电流波形的正弦，再到磁通的正弦；从效率最优，到转矩脉动最少，再到消除噪音等，PWM 控制技术的发展经历了一个不断创新和不断完善的过程。到目前为止，还有新的方案不断提出，进一步证明这项技术的研究方兴未艾。其中，空间矢量 PWM 技术以其电压利用率高、控制算法简单、电流谐波小等特点在交流调速系统中得到了越来越多的应用。

(3) 高压大容量交流调速系统。在小功率交流调速方面，由于国外产品的规模效应，使得国内厂家在价格上、工艺上和技术上均无法与之抗衡。而在高压大功率方面，国外公司又为我们留下了赶超的空间。首先，国外的电网电压等级一般为 3000 V，而我国的电网电压等级为 6000 V 和 10 000 V；其次，高压大功率交流调速系统无法进行大规模的批量生产。目前，研究较多的大功率逆变电路有：

① 多电平电压型逆变器。日本长冈科技大学的 A.Nabae 等人于 1980 年在 IAS 年会上首次提出了三电平逆变器，又称中点箝位式逆变器。它的出现为高压大容量电压型逆变器的研制开辟了一条新思路。

多电平电压型逆变器与普通双电平逆变器相比具有以下优点：更适合大容量、高电压的场合；可产生 M 层梯形输出电压，对阶梯波再调制可以得到很容易近似的正弦波，理论上提高电平数可接近纯正弦波型、谐波含量很小；电磁干扰(EMI)问题大大减轻，因为开关元件一次动作的 dv/dt 通常只有传统双电平的 1/(M −1)；效率高，消除同样谐波，多电平逆变器可用较低频率进行开关动作，损耗小，效率提高。

② 变压器耦合的多脉冲逆变器。变压器耦合的多脉冲逆变器的三电平电路中，要获得更多电平只需将每相所串联的单元逆变桥数目同等增加即可。其优点为：不存在电压均衡问题；模块化程度好，维修方便；对相同电平数而言，所需器件数目最少；无箝位二极管或电容的限制，可实现更多电平，上更高电压，实现更低谐波；控制方法相对简单，可分别对每一级进行 PWM 控制，然后进行波形重组。当然，这种结构的不足之处在于需要很多隔离的直流电源，应用受到一定限制。

③ 交-交变频器。交-交变频器采用晶闸管作为主功率器件，在轧机和矿井卷扬机传动方面有很大的需求。晶闸管的最大优点就是开关功率大(可达 5000 V/5000 A)，适合于大容量交流电机调速系统。同时，大功率晶闸管的生产和技术已经相当成熟，通过与现代交流电机控制理论的数字化结合，将具有较强的竞争力。但是交-交变频器也存在一些固有缺点：调速范围小，当电源为 50 Hz 时，最大输出频率不超过 20 Hz；另一方面，功率因数低、谐波污染大，因此需要同时进行无功补偿和谐波治理。

④ 双馈交流变频调速系统。双馈交流变频调速系统的变频器功率小、功率因数可调、系统可靠性较高，因此近年来受到了许多研究人员的重视。由于变频器的功率只占电机容量的 25%，因此可以大大降低系统的成本。但是，双馈交流变频调速系统中的电机需要专门设计，不能使用普通的异步电机；而且受变频器容量和调速范围的限制，不具备软启动的能力。

(4) 高性能交流调速系统。V/F 恒定、速度开环控制的通用变频调速系统和滑差频率速度闭环控制系统，基本上解决了异步电机平滑调速的问题。然而，当生产机械对调速系统的动静态性能提出更高要求时，上述系统还是比直流调速系统略逊一筹。原因在于，其系统控制的规律是从异步电机稳态等效电路和稳态转矩公式出发推导出稳态值控制，完全不考虑过渡过程，系统在稳定性、启动及低速时转矩动态响应等方面的性能尚不能令人满意。

考虑到异步电机是一个多变量、强耦合、非线性的时变参数系统，很难直接通过外加信号准确控制电磁转矩，但若以转子磁通这一旋转的空间矢量为参考坐标，利用从静止坐标系到旋转坐标系之间的变换，则可以把定子电流中励磁电流分量与转矩电流分量变成标量独立开来，分别进行控制。这样，通过坐标变换重建的电动机模型就可等效为一台直流电动机，从而可像直流电动机那样进行快速的转矩和磁通控制(矢量控制)。

和矢量控制不同，直接转矩控制抛弃了解耦的思想，取消了旋转坐标变换，可简单地通过检测电机定子电压和电流，借助瞬时空间矢量理论计算电机的磁链和转矩，并根据与给定值比较所得差值，实现磁链和转矩的直接控制。

尽管矢量控制与直接转矩控制使交流调速系统的性能有了较大的提高，但是还有许多领域仍有待研究：

① 磁通的准确估计或观测；
② 无速度传感器的控制方法；
③ 电机参数的在线辨识；
④ 极低转速包括零转速下的电机控制；
⑤ 电压重构与死区补偿策略；
⑥ 多电平逆变器的高性能控制策略。

2) 我国变频调速技术的发展及应用

近十年来，随着电力电子技术、计算机技术、自动控制技术的迅速发展，电气传动技术面临着一场历史革命，即交流调速取代直流调速和计算机数字控制技术取代模拟控制技术已成为发展趋势。电机交流变频调速技术是当今节电、改善工艺流程，以提高产品质量和改善不断恶化环境、推动技术进步的一种主要手段。变频调速以其优异的调速和起制动性能，高效率、高功率因数和节电效果，广泛的适用范围及其他许多优点而被国内外公认为是最有发展前途的调速方式。

电气传动控制系统通常由电动机、控制装置和信息装置三部分组成。电气传动关系到合理地使用电动机以节约电能和控制机械的运转状态(位置、速度、加速度等)，实现电能—机械能的转换，达到优质、高产、低耗的目的。电气传动分成不调速和调速两大类，调速又分交流调速和直流调速两种方式。不调速电动机直接由电网供电，但随着电力电子技术的发展，这类原本不调速的机械越来越多地改用调速传动以节约电能，改善产品质量，提高产量。在我国 60%的发电量是通过电动机消耗掉的，因此它是一个重要行业，一直得到国家的重视，目前已有一定规模。近年来交流调速中最活跃、发展最快的就是变频调速技术。变频调速是交流调速的基础和主干内容，19 世纪变压器的出现使电压改变变得很容易，从而造就了一个庞大的电力行业。现在我国已有 200 家左右的公司、工厂和研究所从事变频调速技术的工作。我国是一个发展中国家，许多产品的科研开发能力仍落后于发达国家。至今自行开发生产的变频调速产品大体只相当于国际 20 世纪 90 年代的水平。改革开放后，经济高速发展，形成了一个巨大的市场，它既对国内企业开放，也对外国公司敞开。很多最先进的产品从发达国家进口，在我国运行良好，满足了我国生产和生活需要。国内许多合资公司生产当今国际上先进的产品，国内的成套部门在自行设计制造的成套装置中采用外国进口公司和合资企业的先进设备，自己开发应用软件，为国内外重大工程项目提供了一流的电气传动控制系统。虽然取得了很大成绩，但应看到由于国内自行开发，生产产品的能力弱，对国外公司的依赖性严重。

目前国内主要的产品状况为：

(1) 晶闸管变流器和可关断器件(BJT、IGBT、VDMOS)斩波器供电的直流调速设备。这类设备的市场很大，随交流调速的发展，该市场虽在缩减，但由于我国旧设备改造任务多，以及它在几百至一千多千瓦范围内价格比交流调速低得多，因此在短期内市场不会缩减很多。国产设备能满足需要，部分出口，但自行开发的控制器多为模拟控制，近年来主要采用进口数字控制器配国产功率装置。

(2) IGBT-PWM 逆变器供电的交流变频调速设备的市场很大，总容量占的比例不大，但台数多，增长快，应用范围从单机扩展到全生产线，从简单的 V/F 控制到高性能的矢量控制。

(3) 负载换流式电流型晶闸管逆变器供电的交流变频调速设备在抽水蓄能电站的机组启动，大容量风机、泵、压缩机和轧机传动方面有很大需求。国内只有少数科研单位有能力制造，目前容量最大做到了 12 MW。功率装置国内配套，自行开发的控制装置只有模拟式的，数字装置需进口。

(4) 交-交变频器供电的交流变频调速设备在轧机和矿井卷扬传动方面有很大需求。台数不多，功率大，国内只有少数科研单位有能力制造。目前最大容量做到了 7000~8000 kW。

国外在大功率交-交变频调速技术方面，法国阿尔斯通已能提供单机容量达 3×10^4 kW 的电气传动设备用于船舶推进系统。在大功率无换向器电机变频调速技术方面，意大利 ABB 公司提供了单机容量为 6×10^4 kW 的设备用于抽水蓄能电站。在高压变频调速技术方面，西门子高压 IGBT 的三电平大容量变频器，电压为 2.3 kV、3.3 kV、4.16 kV、6 kV，容量为 800~4000 kW；ABB 高压 IGBT 的三电平大容量变频器，电压为 2.3 kV、3.3 kV、4.16 kV、6.6 kV，容量为 315~7460 kW；ROBICON、东芝低压 IGBT 的多重式、多级串联高压变频器，电压为 2.3~13.8 kV，容量为 800~5600 kW；其控制系统已实现全数字化，用于电力机车、风机、水泵传动。在小功率交流变频调速技术方面，日本富士 BJT 变频器最大单机容量可达 700 kW，IGBT 变频器已形成系列产品，其控制系统也已实现全数字化。

2. 电力牵引系统

汽车工业的发展带来了环境污染愈烈、能源消耗过多、交通拥挤、伤亡事故增多等一些问题。对于我国日益扩大的汽车市场，将会给我国的能源安全和环境保护造成巨大的影响。据报道，2000 年我国进口汽油 7000 万吨，预计 2010 年后将超过 1 亿吨，相当于科威特一年的总产量。目前世界上空气污染最严重的 10 个城市中有 7 个在中国，而国家环保中心预测，2010 年汽车尾气排放量将占空气污染源的 64%。在此情况下，开发和应用电动汽车，用电动驱动系统来代替发动机是汽车工业发展的一个方向。

高密度、高效率、宽调速的车辆牵引电机及其驱动系统既是电动汽车的核心又是电动汽车研制的关键技术之一，已被列为 863 电动汽车重大专项的共性关键技术课题。在电动汽车上，采用了直流电机、交流异步电机、永磁无刷电机和开关磁阻电机等多种电机作为驱动电机，在驱动系统的结构上也发展了机电集成化驱动系统和机电一体化驱动系统，从而组成了多种形式的传动系统，推动了电动汽车的发展。

1) 电动汽车的驱动系统

电动汽车驱动轮有前轮驱动、后轮驱动和全轮驱动等多种布置方式。因此，电动汽车的驱动系统有着多种多样的组合形式，如机械驱动系统、机电集成化驱动系统和机电一体化驱动系统等。

(1) 机械驱动系统。机械驱动系统的特点只是用电动机及其控制系统取代内燃机及其控制系统来作为电动汽车的发动机，在它的传动系统中，选用或保留了内燃机汽车的变速器、传动轴、后桥和半轴等传动部件。在早期开发的电动汽车上多采用机械驱动系统，这样有利于集中精力来研制和开发电机及其控制系统，并能更快地进行大量试验和改进工作，造价也较便宜。但其传动效率较低，并且不能充分满足电动汽车动力性能的要求。

(2) 平行轴式机电集成化驱动系统。平行轴式机电集成化驱动系统的电机端部直接与驱动齿轮箱体连接，在箱体中装置全部传动系统的减速齿轮、差速器等传动零件，然后通过装在两端的半轴带动驱动轮转动。平行轴式机电集成化驱动系统没有机械式变速器，用减速齿轮来增大电机的驱动转矩，减速比一般为 10～15，以保证电动汽车在启动或爬坡时所需的力矩。差速器控制驱动轮在转弯时左右驱动轮能够有不同的转速。

平行轴式机电集成化驱动系统可以利用一些通用的传动系统的零部件，其结构紧凑，传动效率较高，制造成本较低，但在传动模式上还是机械传动的模式，体积较大，质量也较重。目前，我国宁波浙东变速器厂等多家齿轮厂已能够生产此类集成化驱动装置。

(3) 同轴式机电集成化驱动系统。同轴式机电集成化驱动系统的电机是一种特制的带有空心轴的电动机。在电动机的一端端盖中装配行星齿轮式减速器与差速器，右侧的半轴穿过电动机的空心轴与差速器右侧的伞齿轮相连接，当电机带动减速齿轮、差速器转动时，由左右两个半轴驱动车轮行驶。

同轴式机电集成化驱动系统比平行轴式机械集成化驱动系统的结构更加紧凑，安装和拆卸也更方便。它布置在电动汽车底盘的下部，不占据汽车内部空间，基本上改变了传统的车身结构形式，可以扩大车厢内部空间，并有利于在底盘上布置蓄电池。但驱动系统的零部件必须有更加精确的加工要求和装配要求，空心轴还会使得电动机的体积增大。

(4) 机电一体化驱动系统。机电一体化驱动系统由左右两个双联式电动机组成，分别驱动左右两个驱动车轮，在双联式电机之间装有电子控制的差速器，控制双联电机在电动汽车直线行驶时同步转动和在电动汽车转弯时差速转动。机电一体化驱动系统中，仅采用了两根半轴来驱动车轮，使得电动汽车的驱动系统的模式产生了根本变化，形成电动汽车独特的驱动系统。机电一体化驱动系统结构紧凑、传动效率高，也使得整车的结构有了很大的改变，扩大了乘坐空间，有利于在底盘上布置蓄电池。电动汽车采用了电子集中控制，并将逐步实现网络化和自动化的控制。机电一体化的驱动形式将会成为电动汽车的主要驱动形式。

(5) 轮毂电机驱动系统。轮毂电机驱动系统的电机装在电动汽车的车轮轮毂中，直接驱动电动汽车的驱动轮，提高了传动效率，不占用电动汽车车身和底盘的空间，扩大了乘坐空间和腾出了底部空间来安装蓄电池，而且减轻了车辆的悬挂质量。轮毂电机驱动系统可以是两轮驱动，也可以是四轮驱动，由电子控制系统来保证几个车轮间直线行驶时的同步转动和转弯时的差速转动。采用不同数量和不同功率的轮毂电机，可以组成系列化的电动汽车。轮毂电机驱动系统还广泛地用于铁路电力机车驱动和重型电动轮自卸汽车上。我国中国科学院北京三环通用电气公司研制了电动汽车用的 7.5 kW 的轮毂电机。哈尔滨工业大学开发的 16.8 kW 的多态电机，是我国电动汽车驱动电机技术的重大突破。

2) 我国电动车的发展现状

20 世纪 80 年代前，几乎所有的车辆牵引电机均为直流电机，这是因为直流牵引电机具有起步加速牵引力大、控制系统较简单等优点。直流电机的缺点是有机械换向器，当在高速大负载下运行时，换向器表面会产生火花，所以电机的转速不能太高。由于直流电机的换向器需保养，又不适合高速运转，除小型车外，目前一般已不采用。

近十年来，主要发展交流异步电机和无刷永磁电机系统，与原有的直流牵引电机系统相比，具有明显优势，其突出优点是体积小、质量轻、效率高、基本免维护、调速范围广。

(1) 异步电机驱动系统。因异步电机具有结构简单、坚固耐用、成本低廉、运行可靠、转矩脉动低、噪声低、不需要位置传感器、转速极限高以及异步电机矢量控制调速技术比较成熟，所以被较早地应用于电动汽车的驱动系统中，目前仍然是电动汽车驱动系统的主流产品。

(2) 无刷永磁同步电机驱动系统。无刷永磁同步电机可采用圆柱形径向磁场结构或盘式轴向磁场结构。由于其具有较高的功率密度和效率以及宽广的调速范围，因此它的发展前景十分广阔，在电动车辆牵引电机中是强有力的竞争者，已在国内外多种电动车辆中得到应用。

(3) 混合式永磁磁阻电机。该电机在永磁转矩的基础上叠加了磁阻转矩，磁阻转矩的存在有助于提高电机的过载能力和功率密度，而且易于弱磁调速，扩大恒功率范围运行。内置式永磁同步电机驱动系统的设计理论正在不断完善和继续深入，该系统结构灵活，设计自由度大，有望得到高性能，适合用作电动汽车高效、高密度、宽调速牵引驱动。

(4) 永磁转矩电机。相对内置式永磁同步电机而言，永磁转矩电机弱磁调速范围小、功率密度低。该结构电机动态响应快，并可望得到低转矩脉动，适合用作汽车的电子伺服驱动，如汽车电子动力方向盘的伺服电机。

(5) SRD 开关磁阻电机驱动系统。SRD 开关磁阻电机驱动系统的主要特点是电机结构紧凑牢固，适合于高速运行，并且驱动电路简单、成本低、性能可靠，在宽广的转速范围内效率比较高，而且可以方便地实现四象限控制。这些特点使 SRD 开关磁阻电机驱动系统很适合在电动车辆的各种工况下运行，是电动车辆中极具有潜力的机种。

现代电动汽车所采用的电动机的性能比较如表 3-2 所示。

表 3-2　现代电动汽车所采用的电动机的性能比较

项　目	直流电机	交流感应电机	永磁无刷电机	开关磁阻电机
功率密度	差	一般	好	一般
力矩转速性能	一般	好	好	好
转速范围/(r/min)	4000～6000	9000～15 000	4000～10 000	大于 15 000
效率	75%～80%	85%～92%	90%～95%	85%～93%
易操作性	最好	好	好	好
可靠性	差	好	一般	好
结构的坚固性	差	好	一般	好
尺寸及质量	大，重	一般，一般	小，轻	小，轻
成本	高	低	高	低于感应电机
控制器成本	低	高	高	一般

3) 电动车的发展趋势

(1) 具有磁场控制能力的永磁同步电机驱动系统；

(2) 车轮电机驱动系统；

(3) 动力传动一体化部件(电机、减速齿轮、传动轴)；

(4) 双馈电异步电机驱动系统和双馈电永磁同步电机驱动系统；

(5) 无位置传感器永磁同步电机驱动系统；

(6) 汽车电子伺服系统及其车用伺服电机。

3．风力发电与节能技术

1) 风力发电的现状

风能是一种取之不尽、无任何污染的可再生能源。地球上的风能资源极其丰富，据专家估计，全世界风能资源总量为每年 2×10^{12} kW。也就是说，仅 1%的地面风力就能满足全世界对能源的需求。由于风力发电技术的不断发展，风力发电的成本已与火力发电相当，因此，风力发电越来越受到世界各国的重视。

世界上第一台用于发电的风力机于 1891 年在丹麦建成，但由于技术和经济等方面的原因，风力发电一直未能成为电网中的电源。直到 1973 年发生石油危机，西欧等发达国家为寻求替代化石燃料的能源，投入了大量经费，用新技术研制现代风力发电机组，20 世纪 80 年代开始建了示范风电场，成为电网新电源。到了 20 世纪 90 年代，对环境保护的要求日益严格，特别是要兑现减排 CO_2 等温室效应气体的承诺，风电的发展进一步受到鼓励。国外激励风电市场的措施主要是法律规定全部收购再生能源发出的电量，且必须在电源中占一定比例；另外，还有对风电投资的补贴、税收减免和鼓励电价。风电与常规电源的价差是用征收火电 CO_2 排放税或从火电用户分摊再生能源发电份额中进行补偿。

从 1974 年起，美国开始对风能利用技术进行系统的研究，能源部对风能项目的投资已超过 25 亿美元，美国有 17 000 多台风力发电机，其发电量占全美国发电量的 1%左右。

丹麦是最早利用风力发电的国家，其风电规模居世界第 3 位，总装机容量达到 1450 MW，风力发电量占丹麦总发电量的 3%左右。其中风力透平发电机制造水平及制造能力均位于世界前列。

德国是世界上风力发电规模最大的国家，其风力发电的装机容量已达 3000 MW。德国的风机制造能力强、水平高，全球十大风机制造商中，德国占有两家。

1986 年 4 月我国第一个风电场在山东荣城并网发电。到 1998 年底全国已建成了 20 个风电场，总装机容量达 26.83 MW。从 1989 年起，全国各地陆续引进机组建设风电场，装机容量逐年增加。目前大型的风电场有新疆达坂城二风场、广东南澳风电场、内蒙古辉腾锡勒风电场和辽宁东岗风电场等，总装机容量分别为 57.5 MW、42.8 MW、36.1 MW 和 12 MW。世界风力发电的总装机容量详见表 3-3。

表 3-3　世界风力发电的总装机容量　　　　　　　　　单位：MW

国　　家	截止 1999 年	截止 2000 年	截止 2002 年	预计到 2007 年底
德国	4445	6113	11 968	24 968
西班牙	1530	2402	5043	13 043
美国	2492	2555	4674	11 574
丹麦	1742	2297	2880	3880
印度	1095	1220	1702	4052
意大利	211	389	806	2356
荷兰	410	448	727	1387
英国	356	409	570	3420
日本	68	150	486	1686
中国	182	340	473	1373

2) 常用的风机控制系统

可用于风力发电的变速恒频发电系统有多种，如交流-直流-交流风力发电系统、磁场调制发电机系统、交流励磁双馈发电机系统、无刷双馈发电机系统、爪极式发电机系统、开关磁阻发电机系统等，这些变速恒频发电系统有的是发电机与电力电子装置相结合实现变速恒频的，有的是通过改造发电机本身结构而实现变速恒频的。

(1) 交流-直流-交流风力发电系统。这种系统中的变速恒频控制策略在定子电路中实现。由于风速的不断变化，风力机和发电机也随之变速旋转，产生频率变化的电功率。发电机发出的频率变化的交流电首先通过三相桥式整流器整流成直流电再通过逆变器变换为频率恒定的交流电输入电网。这种系统在并网时没有电流冲击，对系统几乎没有影响；同时由于频率变换装置采用静态自励式逆变器，虽然可调节无功功率，但有高频电流流向电网。

在此系统中可以采用的发电机有同步发电机、笼型发电机、绕线式发电机和永磁发电机。如果采用永磁发电机，则可做到风力机与发电机的直接耦合，省去变速箱。交流-直流-交流风力发电系统示意图如图3-1所示。

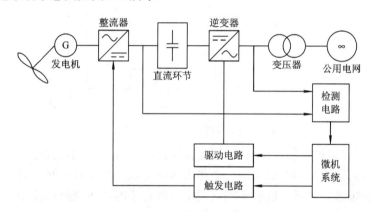

图 3-1　交流-直流-交流风力发电系统示意图

(2) 磁场调制发电机系统。这种变速恒频发电系统由一台专门设计的高频交流发电机和四套电力电子变换电路组成，发电机采用工频 50 Hz 的交流电励磁，将发电机的三相绕组接到并联桥式整流器，得到全波整流正弦脉动波。再通过晶闸管开关电路使这个正弦脉动波的一半反向，最后经滤波器滤去纹波，即可得到与发电机转速无关、频率为 50 Hz 的恒频正弦波输出给负载。输出电压的频率和相位取决于励磁电流的频率和相位，正是这一特点使得磁场调制发电机非常适合于并网风力发电系统。

电力电子变换装置处在主电路中，容量较大，比较适合用于容量从数十千瓦到数百千瓦的中小型风电系统。

(3) 交流励磁双馈发电机系统。该系统示意图如图3-2所示，采用的发电机为转子交流励磁双馈发电机，其结构与绕线式异步电机类似。控制过程如下：

① 当发电机的转速低于定子旋转磁场的转速时，电机处于亚同步状态，此时变频器向发电机转子提供交流励磁，发电机由定子发出电能给电网。

② 当发电机的转速高于定子旋转磁场的转速时，电机处于超同步状态，此时发电机同时由定子和转子发出电能给电网。

③ 当发电机的转速等于定子旋转磁场的转速时，电机处于同步状态，此时发电机作为同步电机运行，变频器向转子提供直流励磁。

所以当发电机的转速变化时，通过控制转子电流频率，就可保证发电机定子电流频率与电网频率保持一致，也就实现了变速恒频控制。

由于这种变速恒频控制方案是在转子电路中实现的，流过转子电路的功率是由交流励磁发电机的转速运行范围所决定的转差功率，因此所需的双向变频器的容量较小，并且还可以实现有功、无功功率的灵活控制，对电网而言可起到无功补偿的作用。缺点是交流励磁发电机仍然有集电环和电刷。

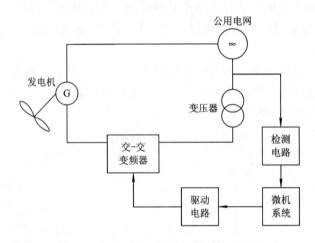

图 3-2　交流励磁双馈发电机系统示意图

(4) 无刷双馈发电机系统。该系统示意图如图 3-3 所示，采用的发电机为无刷双馈发电机。其定子有两套极数不同的绕组，一个称为功率绕组，直接接电网；另一个称为控制绕组，通过双向变频器接电网。这种无刷双馈发电机定子的功率绕组和控制绕组的作用分别相当于交流励磁双馈发电机的定子绕组和转子绕组，因此，尽管这两种发电机的运行机制有着本质的区别，但却可以通过同样的控制策略实现变速恒频控制。

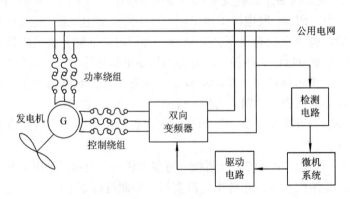

图 3-3　无刷双馈发电机系统示意图

当发电机的转速 n 变化时，若控制定子控制绕组的电流频率做相应的变化，就可使定子功率绕组的电流频率保持与电网频率一致，也就实现了变速恒频控制。

由于这种变速恒频控制方案是在定子电路中实现的，流过定子控制绕组的功率仅为无刷双馈发电机总功率的一小部分，因此需要双向变频器的容量也仅为发电机容量的一部分。

这种采用无刷双馈发电机的控制方案除了可实现变速恒频控制，降低变频器的容量外，还可实现有功、无功功率的灵活控制，对电网而言可起到无功补偿的作用，同时发电机本身没有集电环和电刷，既降低了电机的成本，又提高了系统运行的可靠性。

(5) 爪极式发电机系统。无刷爪极自励发电机的定子铁芯及电枢绕组与一般同步电机基本相同，只是所有各对极的磁势均来自一套共同的励磁绕组，因此与一般同步发电机相比，励磁绕组所用的材料较省，所需的励磁功率也较小，具有较高的效率。另外，无刷爪极电机与永磁电机一样均系无刷结构，基本上不需要维护。通过调节励磁可以很方便地控制它的输出特性，并有可能使风力机实现最佳叶尖速比运行，得到最好的运行效率。这种发电机非常适合用于千瓦级的风力发电装置中。

(6) 开关磁阻发电机系统。开关磁阻发电机系统以开关磁阻发电机为机电能量转换核心。开关磁阻发电机为双凸极电机，定子、转子均为凸极齿槽结构，定子上设有一集中绕组，转子上既无绕组也无永磁体。由此带来变换器及控制、驱动的简洁性。

开关磁阻发电机具有本身可控参数多、非线性、缺少明确的数学模型的特点。与传统的有刷直流发电机及旋转整流无刷同步发电机相比，开关磁阻无刷直流发电机具有明显的容错能力强、组合启动与发电容易等特点。该发电机气隙磁场和相磁链随转子位置和绕组相电流而持续周期性变化，没有传统电机的稳定磁路工作点，而是一个动态三维磁空间。开关磁阻发电机没有独立的励磁绕组，而是与集中嵌放的定子电枢合二为一，并通过控制器分时控制实现励磁与发电。开关磁阻发电机系统示意图如图 3-4 所示。

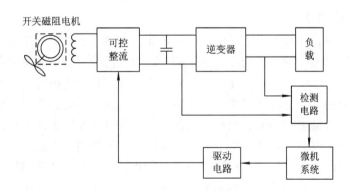

图 3-4　开关磁阻发电机系统示意图

3) 风力发电的发展趋势

国际上由于风电能在减排温室气体方面发挥作用，因此得到各国政府的鼓励。尤其是近两年，随着国际石油价格大的波动以及《京都议定书》的生效，可再生能源的发展得到了世界许多国家的广泛关注，成为了国际能源领域的热点，每年都以 20% 以上的速度增长。随着技术的进步和规模的扩大，发电成本继续下降，估计十年后完全可与清洁的燃煤电厂竞争，成为可持续发展的能源结构中重要的组成部分。欧盟国家风电发展目标是 2010 年达到 4×10^7 kW；2020 年达到 1×10^8 kW，届时风电的比例将超过 10%。

我国有丰富的可再生能源资源，近年来其开发利用取得了较快进展。根据 2004 年的统计,我国可再生能源的利用总量已经达到 4 亿吨标准煤的效能,在我国的能源结构中占 20%,其中太阳能、风电、现代技术生物质能的利用等可提供 2500 万吨标准煤的能源。

根据国家发展规划中提出的目标，到"十一五"末期，全国风电总装机容量将达到 5×10^6 kW。在我国东部沿海和西北、华北、东北等风能资源丰富的地区，将建设 30 个左右 10^5 kW 等级的大型风电项目，预计到 2010 年累积总装机约 3×10^6~5×10^6 kW；2030 年累积总装机约 8×10^7 kW；2050 年累积总装机约 2×10^8 kW。

在"十一五"期间，将重点研制 2~3 MW 大功率风电机组，建设近海试验风电场，形成海上风电技术；攻克 2 MW 以下风电机组产业化关键技术；进行大型并网风电技术、无刷双馈电机、变浆调节方式、变速恒频方式、应用矩阵变换器等新型变流器拓扑技术等方面的重点研究。

我国是 1992 年联合国环境与发展大会《联合国气候变化框架公约》和 1997 年《京都议定书》的签字国，将根据我国的可持续发展战略，承担"共同但有区别的责任"，努力减缓温室气体排放的增长率，加快可再生能源发展。

3.2 电机电器及控制学科简介

3.2.1 电机的工作原理及作用

1. 电机的工作原理

电机是一种能量转换装置，它以电磁感应定律、电磁力定律等为基础，实现机械能与电能之间的转换以及电能的变换功能。其原理为：当一般的三相交流感应电动机在接通三相交流电后，电机定子绕组通过交变电流后产生旋转磁场并于电机转子相交链，从而使转子绕组产生电动势和感应电流，再通过感应电流和旋转磁场的电磁作用而形成转矩，使电机转子转动，实现机械能的转换。电机主要包括旋转电机和变压器两大类。旋转电机是机械能和电能转换的主要装置，主要用于把机械能转变成电能的发电机中，或把电能转变成机械能的电动机中，有的还用作调相机，用于补偿和调节电网的功率因数。变压器用于交流电压、交流电流、阻抗的等级变换和电路隔离，如变电所的配电变压器，就可实现由高压电网到用户 380 V 或 220 V 的电压变换作用。此外，还有控制电机分别作为执行元件、检测元件和解算元件，广泛应用于运动控制系统、伺服控制系统、随动系统等各种自动控制系统和计算装置中。

人类的生产劳动离不开各种能源。在现代工业化社会中，各种自然能源一般都不能直接拖动生产机械，还必须将其先转换为电能，然后再将电能转变为所需要的能量形态(如机械能、热能、声能、光能等)加以利用。这是因为电能在生产、传输、分配、使用、控制及能量转换等方面极为方便。电机是与电能有关的能量转换机械，它是工业、农业、交通运输、国防工程、医疗设备以及日常生活中常用的重要设备。

2．电机的作用

电机的主要作用表现在以下三个方面。

(1) 电能的生产、传输和分配。在发电厂中，首先由气轮机、燃气轮机、柴油机、水轮机或风机等将燃料燃烧、原子核裂变、自然风能以及水的位能转化为机械能，带动发电机旋转产生电能，再经过升压变压器升高电压，并入电网或专用输电线，调配送往各地用电区域，最后经变压器降低电压，来供给用户使用。电能的生产过程如图 3-5 所示。

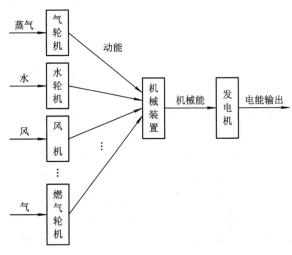

图 3-5　电能的生产过程

(2) 驱动各种生产机械和装备。在工农业、交通运输、国防等部门和生活设施中，极为广泛地应用各种电动机来驱动生产机械、设备和装置。例如，机床驱动、电力机车牵引、电动汽车、农田排灌、农副产品加工、矿山采掘、金属冶炼、石油开采、造纸卷筒、电梯升降、医疗化工设备及办公家用设备的运行等一般都需要由电动机来拖动。电能变成机械能的过程如图 3-6 所示。

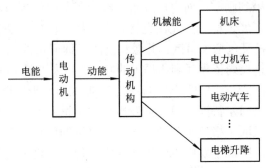

图 3-6　电能变成机械能的过程

(3) 作为各种控制系统和自动化、智能化装置的重要元件。随着工农业和国防设施自动化水平的日益提高，出现了多种多样的控制电机，它们在控制系统、智能化装置、自动化设备、精密仪器、伺服机构等中作为执行元件、信号检测元件、信号放大变换元件以及信号处理解算元件而使用。这类电机一般功率较小，但品种繁多，控制输出性能好，用途各异。例如，机器人的伺服关节驱动、数控车床的进给定位、飞行器的发射和姿态控制以及自动化办公设备、各种自动记录仪表音像录放设备、医疗器械和现代家用电器设备等的运行控制、检测和记录显示，如图 3-7 所示。

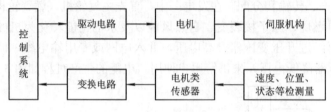

图 3-7　作为执行检测元件

3.2.2　电机的发展概述

1831 年 10 月，法拉第创造了第一部感应发电机的模型。从此，电的研究和应用迅速发展起来，电作为一种新的强大的能源开始在人类的生产、生活中发挥日益巨大的作用。在生产需要的直接推动下，具有实用价值的发电机和电动机相继问世，并在应用中不断得到改进和完善。初始阶段的发电机是永磁式发电机，即用永久磁铁作为场磁铁。由于永久磁铁本身磁场强度有限，因而永磁式发电机不能提供强大的电力，缺乏实用性。要增大发电机的输出功率，使其达到实用要求，就要对发电机的各个组成部分进行改造。发电机的主要部件是电磁铁、电枢、集电环和电刷。1845 年，英国物理学家惠斯通使用外加电源给线圈励磁，以电磁铁取代了永磁铁，获得了极大成功，随后又改进了电枢绕组，从而制成了第一台电磁发电机。1866 年，德国科学家西门子制成第一台使用电磁铁的自激式发电机。西门子发电机的成功标志着建造大容量发电机(从而获得强大电力)在技术上取得了突破。因此，西门子发电机在电学发展史上具有划时代的意义。

自激原理的发现是永磁式发电机向励磁式发电机发展的关键环节。自激是指直流发电机利用本身感应功率的一部分去激发场磁铁，从而形成电磁铁。在发电机的改进过程中，磁场的变化经历了从永磁到励磁；而电流励磁又经历了从他激到自激，自激又经历了从串激到并激、再到复激的发展过程。因此，直流发电机按其励磁方法的不同又可分为他激和自激两类，而自激发电机又包括了串激、并激和复激三种形式。

1870 年，比利时人格拉姆依靠瓦利所提出的原理，并采用了 1865 年意大利人帕诺蒂发明的齿状电枢结构，创造了环形无槽闭合电枢绕组，制成了环形电枢自激直流发电机。1873 年，德国电气工程师赫夫阿尔特涅克对直流发电机的电枢又做了改进，成功研制了鼓状电枢自激直流发电机。他吸取了格拉姆和帕契诺蒂发电机的优点，简化了制造方法，从而大大提高了发电机的效率，降低了发电机的生产成本，使发电机进入到实用阶段。至此，直流发电机的基本结构已达到定型化。1880 年，美国发明家爱迪生制造出了名为"巨象"的大型直流发电机，并于 1881 年在巴黎博览会上展出。

与此同时，电动机的研制工作也在进行之中。美国工程师达文波特在 1836 年首先尝试用电机驱动机械。1834 年俄国物理学家雅可比发明了功率为 15 W 的棒状铁芯电动机。

发电机和电动机是同一种机器的两种不同的功能，用其作为电流输出装置就是发电机，用其作为动力供给装置就是电动机。电机的这一可逆原理是在 1873 年偶然获得证明的。这一年在维也纳的工业展览会上，一位工人操作失误，把一根电线错接到一台正在运行的格拉姆发电机上，结果发现这台发电机的转子改变了方向，迅即向相反的方向转动，变成了一台电动机。在此以前，电动机和发电机是各自独立发展的。从此以后，人们认识到直流电机既可作发电机运行，也可作电动机运行的可逆现象，这个意外的发现，对电机的设计制造产生了深刻的影响。

随着发电、供电技术的发展，电机的设计和制造也日趋完善。1878年出现了铁芯开槽法，即把绕组嵌入槽内，以加强绕组的稳固并减少导线内部的涡流损耗。那时出现的用槽铁芯和鼓形绕组的结构一直沿用至今。1880年，爱迪生提出了薄片叠层铁芯法，马克西提出铁芯径向通风道原理解决了铁芯的散热问题。1882年提出了双层电枢绕组，1883年发明了叠片磁极，1884年发明了补偿绕组和换向极，1885年发明了用炭粉末制造电刷。1886年确立了磁路计算方法，1891年建立了直流电枢绕组的理论。到19世纪90年代，直流电机已具有了现代直流电机的一切主要结构特点。

尽管直流电机已被广泛使用，并在应用中产生了可观的经济效益，但其自身的缺点却制约了它的进一步发展。这就是它不能解决远距离输电，也不能解决电压高低的变换问题。于是，交流电机获得了发展。在此期间，二相电机和三相电机相继问世。1885年意大利物理学家加利沃-多勃罗沃利斯基在1888年制成一台三相交流单鼠笼异步电机。交流电机的研制和发展，特别是三相交流电机的研制成功为远距离输电创造了条件，同时把电工技术提高到一个新的阶段。

1880年前后，英国的费朗蒂改进了交流发电机，并提出交流高压输电的概念。1882年，英国的高登制造出了大型二相交流发电机。1882年法国人高兰德和英国人约翰·吉布斯获得了"照明和动力用电分配办法"专利，并研制了第一台具有实用价值的变压器，它是输配电系统中最关键的设备。

变压器的基本结构是铁芯和绕组，以及油箱和绝缘套管等部件。它所依据的工作原理是法拉第在1831年发现的互感现象，即由于一个电路产生电流变化，而在邻近另一电路中引起感生电动势的现象。在同一铁芯上绕上一次绕组和二次绕组，如在一次绕组中通入交变电流，由于电流的交变，使其产生的磁场也随之变化，在二次绕组中就感应出电动势来。变压器依靠这一工作原理，把发电机输出的电压升高，而在用户那里又把电压降低。有了变压器可以说就具备了高压交流输电的基本条件。1884年英国人霍普金生又发明了具有封闭磁路的变压器。后来斯汀豪斯对吉布斯变压器的结构进行了改进，使之成为一台具有现代性能的变压器。1891年布洛在瑞士制造出油浸变压器，后来又研制出巨型高压变压器。由于变压器的不断改进，使远距离高压交流输电取得了长足的进步。

经过100多年的发展，电机本身的理论已经相当成熟。但是，随着电工科学、计算机科学与控制技术的发展，电机的发展又进入了新的阶段。其中，交流调速电机的发展最为令人瞩目。

早在半个多世纪以前，传统的变电压、串级、变压变频等交流调速方法的原理就已经研究清楚了，只是由于要用电路元件和旋转变流机组来实现，而控制性能又比不上直流调速，所以长期得不到推广应用。20世纪70年代，有了电力电子变流装置以后，逐步解决了调速装置需要减少设备、缩小体积、降低成本、提高效率、消除噪声等问题，使交流调速获得了飞速发展。发明矢量控制之后，又提高了交流调速系统的静、动态性能。但是要实现矢量控制规律，需要复杂的电子电路，其设计、制造和调试都很麻烦。采用微机控制以后，用软件实现矢量控制算法，使硬件电路规范化，从而降低了成本，提高了可靠性，而且还有可能进一步实现更加复杂的控制技术。由此可见，电力电子和微机控制技术的迅速进步是推动交流调速系统不断更新的动力。

另外，高性能永磁材料和超导材料的发展，也给电机的发展注入了新的活力。

永磁电机结构简单、可靠性好、效率高、节省能量，从成本、性能、投资、维修和可靠性等几方面综合考虑，优于普通电机。但过去永磁材料的磁能积较小，一直没有得到广泛应用。近几年，随着稀土永磁材料的高速发展和电力电子技术的发展，使永磁电机有了长足进步。采用钕铁硼永磁材料的电动机、发电机已经得到广泛应用，大至舰船的推进，小到人工心脏血泵等。

随着科学技术的进步、原材料性能的提高和制造工艺的改进，电机正以数以万计的品种规格、大小悬殊的功率等级、极为宽广的转速范围、非常灵活的环境适应性，满足着国民经济各部门和人类生活的需要。

3.2.3 电机的类型及主要应用领域

1. 电机的类型

电机是进行机电能量变换或信号转换的机械装置的总称。按照不同的角度，电机有不同的分类方法。

按照所应用的电流种类，电机可以分为直流电机和交流电机。按照在应用中的功能来分，电机可以分为下列几类。

(1) 将机械功率转化为电功率——发电机。

(2) 将电功率转化为机械功率——电动机。

(3) 将电功率转换为另一种形式的电功率，具体又可分为：

① 输出与输入有不同的电压——变压器。

② 输出与输入有不同的波形，如交流变为直流——变流机。

③ 输出与输入有不同的频率——变频机。

④ 输出与输入有不同的相位——移相机。

(4) 在机电系统中起调节、放大和控制作用的电机——控制电机。

按运行速度，电机又可分为如下几类：

(1) 静止设备——变压器。

(2) 没有固定的同步速度——直流电机。

(3) 转子速度永远与同步速度有差异——异步交流电机。

(4) 速度等于同步速度——同步交流电机。

(5) 速度可以在宽广范围内随意调节——交流换向器电机。

按功率大小，电机又可分为大型电机、中型电机和微型电机。

随着电力电子技术和电工材料的发展，出现了其他一些特殊电机，它们并不属于上述传统的电机类型，包括步进电机、无刷电机、开关磁阻电机、伺服电机、直线电机和超声波电机等，这些电机通常被称为特种电机。

电机的主要种类如表 3-4 所示。

表 3-4　电机的主要种类

名称	分类	主要类型
电机	直流电机	他励直流电机、并励直流电机、串励直流电机、复励直流电机、永磁直流电机等
	异步交流电机	单相感应交流电机(分相启动式电机、电容启动式电机、罩极式电机)等
		三相感应交流电机(鼠笼异步电机、绕线异步电机、直流无刷电机、交流力矩电机)等
	同步交流电机	永磁同步电机、无刷同步电机等
	控制电机(特种电机)	直流伺服电机、直流无刷电机、交流伺服电机、步进电机、直线电机、开关磁阻电机、直流力矩电机、自整角机、旋转变压器、超声波电机、圆盘电机、微型电机等
	变压器	升压变压器、降压变压器、隔离变压器、阻抗变换器等

2. 电机简介

1) 发电机

发电机是将机械能转变为电能的装置，发电机将机械能转变成电能后送到电网上。提供机械能的原动机有很多种：水轮机、风力机、由燃油与煤炭或原子反应堆产生的蒸气将热能变为机械能的蒸气轮机、直接燃烧气体的燃气轮机、汽油发动机、柴油机等。柴油、汽油发电机组外形如图 3-8 所示。

图 3-8　柴油、汽油发电机组

绝大多数发电机是交流发电机。这些发电机都是接到交流电网上的，它们必须以固定的角速度旋转，在任何时候都产生相同频率的交流电，这类电机称为同步发电机。

大型发电机主要是同步发电机，单机容量可达数十万千瓦。小容量发电机用于独立电源系统，例如柴油发电机、风力发电机等。由于同步发电机需要励磁装置，在部分场合，如风力发电机，也可使用异步发电机进行发电。现代发电厂已经不再采用直流发电机，仅在一些特殊场合才用到直流发电机。

大型同步发电机的定子由硅钢片叠制而成，铁芯的槽内放置对称三相绕组。转子由铁磁材料制成，放置励磁绕组，励磁绕组切割三相绕组导体，在绕组中产生感应电动势。定子绕组为对称三相绕组，感应出的电动势为对称的三相电动势。大型同步发电机的转子构造有两种类型：隐极式和凸极式。隐极式电机转速比较高，常用于汽轮发电机；凸极式电机极数较多，发电机的转速较低，多用于水轮发电机。

2) 电动机

电动机的作用是将电能转换为机械能。现代各种生产机械都广泛应用电动机来驱动。中小功率电动机和特种电机常常被用于电动工具与家用电器中，也可以用在自动控制系统和计算装置中作为检测、放大、执行元件等。交流电动机外形如图 3-9 所示。

图 3-9 交流电动机

生产机械由电动机驱动有很多优点：简化生产机械的结构；提高生产效率和产品质量；实现自动控制和远距离操纵；减轻繁重的体力劳动。

有的生产机械只装配着一台电动机，如单轴钻床；有的需要好几台电动机，如某些机床的主轴、刀架、横梁以及润滑油泵和冷却油泵等都是由单独的电动机来驱动的。一辆现代化的高级轿车，常常要用到 40 台以上的微型电动机。一列电动车组要用到几十台功率为几百千瓦的牵引电动机。而大型客机、舰船要用到的驱动与控制电动机则更多。

目前，在生产上用的电动机主要是三相感应电动机，大约占世界电机数量的 60% 以上。由于它结构简单，成本低廉，坚固耐用，因此广泛地用来驱动各种金属切削机床、启动机、锻压机、传送带、铸造机械、功率不大的通风机及水泵等。单相感应电动机常用于功率不大的电动工具和某些家用电器中。

在需要均匀调速的生产机械上，如龙门刨床、轧钢机及某些中型机床的主要传动机构，以及在某些电力牵引和起重设备中，传统上采用直流电动机，但随着电力电子技术的进步，已经逐步让位于交流电动机。同步电动机主要应用于功率较大、不需调速、长期工作的各种生产机械，如压缩机、水泵、通风机等。

伺服电动机是自动控制系统及其他装置中使用的一类小型电动机，按照输入信号进行启动、停止、正转和反转等过渡性动作，操作和驱动机械负荷。该类电动机广泛应用于工业用机器人、机床、办公设备、各种测量仪器、打印机、绘图仪等设备中。伺服电动机外形如图 3-10 所示。

图 3-10 伺服电动机

3) 变压器

变压器是一种静止电机，其主要组成部分是铁芯和绕组。为了改善散热条件，大、中容量的电力变压器的铁芯和绕组浸在盛满变压器油的封闭油箱中，各绕组对外线路的连接由绝缘套管引出。为了使变压器安全可靠地运行，还设有储油柜、安全气道、气体继电器等附件。图3-11所示为三相油浸式电力变压器。

图 3-11　三相油浸式电力变压器

变压器主体是铁芯及套在铁芯上的绕组。接交流电源的绕组称为一次绕组；接负载的绕组称为二次绕组。当一次绕组接通交流电源时，在一次绕组中就有交变电流通过，这个电流将激发铁芯产生交变的磁通，穿过一、二次绕组并产生感应电动势，如果二次电路通过负载闭合，便产生二次电流供给负载，因一、二次绕组的匝数不同，故能改变二次输出的电压值。

变压器只能传递交流电能，而不能产生电能；它只能改变交流电压和电流的大小，不改变频率。

4) 特种电机

(1) 永磁无刷电动机。无刷电动机诞生于20世纪60年代后期，并伴随着永磁材料技术、微电子及电力电子技术、电动机技术等迅速发展起来。无刷电动机是一种典型的机电一体化产品，主要由电动机本体、位置传感器及电子开关线路组成。转子采用永磁材料的无刷电动机，称做永磁无刷电动机，其外形如图3-12所示。

图 3-12　永磁无刷电动机

永磁无刷电动机可分为方波(注入电动机本体定子绕组为方波形电流)驱动无刷直流电动机(BLDCM)和正弦波驱动的永磁同步电动机(PMSM)两种类型。与传统有刷直流电动机相比，BLDCM用电子换向取代原直流电动机的机械换向，并将原有刷直流电动机的定、转子颠倒(转子采用永久磁钢)，从而省去了机械换向器和电刷；而PMSM则是用永磁体取代原绕线式同步电动机转子中的励磁绕组，定子不做改变，因而省去了励磁线圈、滑环和电刷。由于BLDCM定子电流为方波驱动，相对于PMSM的正弦波驱动，在相同条件下逆变器获取方波要容易得多，加之其控制也较PMSM简单(但是其低速运行时性能较PMSM差——主要是受脉动转矩的影响)，因此，BLDCM更赢得人们的关注。永磁无刷电动机因其卓越的性能和不可替代的技术优势，越来越受到人们的关注，特别是自 20 世纪 70 年代后期以来，随着稀土永磁材料技术、电力电子技术、计算机技术等支撑技术的快速发展及微电机制造工艺水平的不断提高，永磁无刷电动机技术的发展及其性能也在不断提高，最初在中、小磁浮驱动领域与航空、航天、机器人、家用电器中获得应用，如今已广泛应用于电动汽车、电动车组、电动舰船等领域。今后随着永磁无刷直流电机技术及相关支撑技术等的不断发展以及人类社会的不断进步，永磁无刷电动机将获得更广泛的应用。

(2) 直线电动机。直线电动机的历史，最早可追溯到 1840 年惠斯登开始提出和制作的略具雏形但并不成功的直线电机，至今已有 160 多年的历史。在这段历史过程中，直线电动机经历了探索实验、开发应用和实用商品化三个时期。

从 1840 年到 1955 年的 116 年间，直线电动机从设想到实验，又到部分实验性应用，经历了一个不断探索、屡遭失败的过程。20 世纪 50 年代以后，以英国莱思韦特为代表的研究人员在直线电动机基础理论研究方面取得了重要的研究成果，在电动机设计理论上取得了很多进展，对直线电动机的应用起到了推动作用，也使直线电动机再一次受到了各国的重视。

近年来，直线电动机在工业机械、轨道交通、电梯、电磁炮、导弹发射架、电磁推进潜艇等方面的应用都已经实用化。而美国等正在研究的所谓"太空电梯"，则是用直线电动机将航天飞机或宇航飞船发射到太空的计划。

在计算机磁盘驱动器内，有一种驱动磁头的电机称为音圈电机，也可以将其看成是直线电动机的一种。直线电动机并不限于电动机，也有直线发电机。直线电动机外形如图3-13 所示。

图 3-13　直线电动机

(3) 步进电动机。步进电动机是把电脉冲信号变换成角度位移的一种旋转电机，一般在自动控制装置中作执行元件使用。每输入一个脉冲信号，步进电动机就前进一步，故又称为脉冲电动机。随着电子技术和计算机技术的发展，步进电动机的需求量与日俱增，在国民经济各领域都有应用。步进电动机外形如图 3-14 所示。

图 3-14　步进电动机

步进电动机的驱动源由变频信号源、脉冲分配器及脉冲放大器组成，由此驱动电源向电动机绕组提供脉冲电流。步进电动机的运行性能取决于电动机与驱动电源间的良好配合。

步进电动机分为机电式及电磁式两种类型。机电式步进电动机由铁芯、线圈、齿轮机构等组成。螺线管线圈通电时将产生磁力，推动其铁芯芯子运动，通过齿轮机构使输出轴运动一个角度，通过抗旋转齿轮使输出转轴保持在新的工作位置；线圈再通电，转轴又转动一个角度，依次进行步进运动。电磁式步进电动机主要有永磁式、反应式和永磁感应式三种形式。

(4) 超导电动机。超导电动机在机电能量转换原理上与普通电动机没有什么区别，只是其绕组采用超导材料，可以大大减小体积，节约资源。由于实现超导需要制冷设备，因此结构比较复杂，一般仅用于大型发电机或者电动机。

美国近期成功地完成了世界首台 36.5 MW 高温超导船用推进电机，并接受试验，如图 3-15 所示。与使用铜绕组的常规电动机相比，高温超导电动机的重量和体积还不到常规电动机的 1/2，且具有功率密度高、噪声低、同步电抗小、无谐波、循环负载不敏感、没有热疲劳、维修工作量少、不需经常检修转子、也不需要绕组重绕或再绝缘等优点。

图 3-15　超导电机及超导材料

(5) 超声波压电电动机。超声波压电电动机是 20 世纪 80 年代中期发展起来的一种全新概念的新型驱动装置，它没有磁场与绕组，与传统电磁式电动机原理完全相同。它是利用压电材料的逆压电效应，将电能转化为弹性体的超声振动，并将摩擦传动转换为运动体的旋转或直线运动。这类电动机具有运行速度低、出力大、结构紧凑、体积小、噪声小等优点，而且不受环境磁场的影响，可以应用于生物生命科学、光学仪器、高精度机械等领域。图 3-16 所示是微型超声波压电电动机。

图 3-16　超声波压电电动机

3．电机的主要应用领域

1）电力工业

(1) 汽轮发电机。汽轮发电机用于火力发电厂和核电厂，是同步电机的一种。由于原动机(汽轮机)转速很高，一般为 3000 r/min，因此汽轮发电机的转子细而长，目前世界上最大的汽轮发电机容量已经超过 $1×10^6$ kW。

(2) 水轮发电机。水轮发电机用于水力发电厂，也是同步电机的一种。由于原动机(水轮机)转速较低，一般为几百转/分以下，因此水轮发电机的转子粗而短，以便增加极数。三峡电站安装的水轮发电机组是目前世界上最大的水轮发电机组，单机容量达到 $7×10^5$ kW。

(3) 风力发电机。风力发电就是通过捕风装置的叶轮将风能转换成机械能，再将机械能转换成电能的过程。风能是最廉价的、最清洁的、最有开发价值的新能源。近十几年来，我国政府加快了风电的开发，还引进了国外生产的、技术先进的大型风力机，组建风电场，促进了我国风电事业的发展。

图 3-17　风力发电机

按装机容量分，风力发电机有小型、中型、大型、特大型。其中：小型风力发电机容量为 0.1～1 kW，中型风力发电机容量为 1～100 kW，大型风力发电机容量为 100～1000 kW，特大型风力发电机容量为 1000 kW 以上。在风力发电中，最常见的有同步、异步、直流和永磁发电机。最近，国外特大型风力发电机用外转子永磁直流发电机的较多，如图 3-17 所示。

2）工业生产部门与建筑业

工业生产主要应用电动机作为动力。在机床、轧钢机、鼓风机、印刷机、水泵、抽油机、起重机、传送带、生产线等设备上，大量使用中、小功率的感应电动机，这是因为感应电动机维护方便、成本低。

一个现代机器人的运动控制要用到很多台电动机，有的机器人的关节部分直接采用球形电动机，可以方便地实现万向运动。

在高层建筑中，电梯、滚梯是靠电动机牵引的；自动门、旋转门也是由电动机驱动的。由于永磁电动机的调速性能好，可以取消变速机构，使整个系统得到简化，因此在实际中应用较多。

3）交通运输

(1) 电力机车。1842 年，英国的罗伯特·戴维森在爱丁堡至格拉斯哥的线路上利用玻璃槽式电池作为动力源，制造了一台 5 吨重的电动车辆，用整流子式电动机驱动运行。1879 年 5 月 31 日在德国柏林举办的世界贸易博览会上，西门子和哈尔斯克公司展出了世界上第一条电气化铁路。

电力机车的电传动实质上就是牵引电动机变速传动技术，用直流电动机或交流电动机均能实现。由于直流电动机固有的缺点，20 世纪下半叶以来，实现了通过大功率变频变压变流器进行交流驱动，从而使以交流驱动技术为核心的交流传动机车和直交传动机车得到了充分的发展。目前世界上的电力牵引动力已转向以交流传动为主体。电力机车外形如图3-18 所示。

图 3-18　电力机车

现代内燃机机车绝大多数也是由电动机驱动的。内燃机车虽然装有柴油机，但并不直接驱动车轮，而是通过电传动或液力传动带动车轮旋转。由于传动结构的控制比较复杂，目前国内外的内燃机车基本上都采用电传动方式。电传动内燃机车的柴油机用来驱动一台发电机，把产生的电力送给电动机，电动机带动牵引齿轮，使机车车轮转动。这种传动方式和电力机车的驱动方式实质上是一样的，所不同的是电力机车和电车一样，电流从架在上空的接触网上引来，而电传动内燃机车则自身备有"电站"，不依赖外界电源。

(2) 城市轨道电车。城市轨道交通是城市公共交通的骨干。它在轨道上行驶，用电能作为动力，具有节能、方便、快捷、舒适、无污染、安全等特点，属绿色环保交通体系，符合可持续发展的原则，特别适用于大中城市交通的需要。城市轨道交通种类繁多，按照用途可分为城市铁路、市郊铁路、地下铁道、轻轨交通、城市有轨电车、独轨交通、磁悬浮线路、机场联络铁路、新交通系统等。近年来，我国城市轨道交通发展迅猛，目前已经建成或正在兴建的城市轨道交通几乎包括了上述各种类型，已有 30 多座城市已建成或正在拟建城市轨道交通。

城市轨道交通系统无一例外地采用电传动。它采用 2 或 3 节客车铰接成整辆电车的转向架结构，双向驾驶，其动力来源于架线电力，由 750 V 或者 1500 V 的直流高压供电，由直流牵引电动机驱动。现代新技术则采用脉宽调制逆变器三相交流电输出驱动技术，用 IGBT 元件采用 VVVF 变压变频控制，使机车具有调速性能好、辅助重量轻、运行可靠的性能。城市轨道电车外形如图 3-19 所示。

图 3-19　城市轨道电车

(3) 电动汽车。由于世界环境问题日益严重，各国政府不断加强了对清洁能源车辆的研究开发。电动车包括纯电动车与混合动力车。由于目前电池的功率密度与能量密度较低，因此内燃机与电动机联合提供动力的混合动力车发展得很快。

目前，电动车的驱动电动机主要有直流电动机、异步电动机、永磁无刷电动机、开关磁阻电动机。这些电动机各有优缺点，但从发展来看，永磁无刷电动机体积小、重量轻、节能效果好，可以做成特殊形状，因此一般认为这类电动机发展前景最好。目前的永磁电动机还存在成本较高、容易退磁等缺点。无轨电车、有轨电车、电瓶车、电动自行车目前多数是由直流电动机驱动的，今后也将逐步改为更可靠的交流电动机驱动。

图 3-20 为中国科学院电工研究所与东风汽车集团合作研制成功的电动汽车概念车和环保型电动中巴车，中巴最高时速达 70 km/h，最大爬坡能力小于等于 14%(满载)，以 30 km/h 匀速行驶时，一次充电续驶里程为 100 km。电力传动根据电机形式的不同，可分为直流-直流电传动、交流-直流电传动、交流-直流-交流电传动等类型。

图 3-20　电动汽车

(4) 船舶。船舶目前绝大多数还是由内燃机直接推进的。内燃机通过从船腹伸到船尾外部的粗大传动轴带动螺旋桨旋转推进。因柴油机主机、齿轮传动装置、轴系和舵等设备的布置，使所有其他船舶机械和船体开关的设计都要受其制约，因此占用空间和面积很大。而内燃机-电力推进的船舶则与现代内燃机列车在传动方面有相似之处，即都是由内燃发电机组发电，供给电动机驱动舰船或列车前进。内燃机-电力推进装置允许船舶设计有一定的灵活性。国外最新的推进技术是采用吊舱式电力推进装置，这种方案充分发挥了电动机的特点，扩大了装载容积，省去了舵、轴系、轴毂和导管推进器。而且，由于采用永磁电动机或超导电动机，直接通过吊舱向海水散热，不需要外部冷却装置，从而使电动机体积更小，效率提高了 10%以上。吊舱式电力推进装置的噪声和振动特别低，提高了船舶的安全性，操作简便，拆装灵活。

(5) 磁悬浮列车。磁悬浮铁路系统是一种新型的有导向轨的交通系统，主要由电磁力实现传统铁路中的支承、导向和牵引功能。由于运行的磁悬浮列车和线路之间无机械接触，从根本上突破了铁路线路的弓网关系的约束，因而磁悬浮列车可以比轮轨铁路更经济地运行在较高的速度，且对环境的影响较小。低速运行的磁悬浮列车，在环境保护方面也比其他公共交通工具有一定优势。图 3-21 是在我国上海运营的磁悬浮列车。

由于不能通过轮子将转矩传递给钢轨，故磁悬浮列车都是由直线电动机做动力驱动的。应用于高速磁悬浮列车上的同步直线电动机分为两种，一种是常导直线电动机，一种是超导直线电动机。采用超导直线电动机，可以增大定、转子间的气隙，但能源消耗却不明显增加。

图 3-21　磁悬浮列车

(6) 直线电动轮轨车辆。直线电动轮轨车辆是介于轮轨与磁悬浮车辆之间的一种方案，鉴于轮轨安全可靠和磁悬浮非黏着牵引的特点，目前世界上已有十多个城市建成直线电动轮轨地铁线路，我国广州已开始建设，北京首都机场线路也采用了直线电动机方案。

4) 医疗、办公设备与家用电器

在医疗器械中，电动机几乎无处不在，如心电机、X 光机、CT 机、牙科手术工具、渗析机、呼吸机、电动轮椅等，都离不开电动机作为动力；而人工心脏等人造器官，也常常用到电动机驱动。

在办公设备中，计算机的 DVD 驱动器、CD-ROM、磁盘驱动器主轴都采用永磁无刷电动机，打印机、复印机、传真机、碎纸机、电动卷笔刀等也都用到了各种电动机。

在家用电器中，只要有运动部件，几乎都离不开电动机，如电冰箱和空调器的压缩机、洗衣机转轮与甩干筒、吸尘器、电风扇、抽油烟机、微波炉转盘、DVD 机、磁盘录音机、录像机、全自动照相机、吹风机、按摩器、电动剃须刀、电动牙刷、搅拌机、开罐机、电钟等，不胜枚举。

5) 航空、航天、国防

美国最近投入使用的航空母舰用直线感应电动机飞机助推器取代了传统的蒸气助推器，不仅减小了体积，而且推力大大增加。目前，国外正在试验用直线电动机直接发射航天飞机，称为"太空电梯"，如能成功，则可以节约大量燃料，并有利于环保。在舰船和战车上，从推进到炮塔都是靠电动机进行驱动的。军用雷达等更是要用各种电动机进行旋转驱动和控制。

在航空器中，目前的一个发展趋势是用电磁执行器取代传统的液压、气动执行器。执行器也称驱动器，是指采用电、气或液体产生驱动作用的机械器件或装置。利用电磁力产生驱动力的执行器也称为电磁执行器，其主体是各种电动机。与传统执行器相比，电磁执行器可以提高控制精度、减少响应时间、增加可靠性。

由于驱动器大部分用在高度自动化设备上，因此对体积的要求很严格。而传统电动机与液压、气动驱动器相比体积较大，因此，过去电磁驱动器使用比较少。近年来，由于材料科学的发展为电磁驱动器的制造提供了各种高磁能积的永磁材料，实现了驱动器的小型化；电力电子技术的发展又为电磁驱动器的控制提供了保证，因此，永磁电磁驱动器得到了越来越广泛的应用。例如，过去飞机基本上都采用液压驱动器控制升降舵、方向舵等，现在新型飞机采用电磁驱动器，使得控制系统大大简化，响应速度明显提高。

6) 其他领域

除了上述领域外，在其他方面，电机的应用也是不胜枚举，譬如，演出设备(如电影院放映机、旋转舞台等)、运动训练设备(如电动跑步机、电动液压篮球架、电动发球机等)、家具、游乐设备(如缆车、过山车等)以及电动玩具等。

3.2.4 电机运行方式及控制技术

大多数机械，包括生产机械、牵引机械、计算机和仪器的外围设备、日用电器等都是由电动机拖动的。电气传动(或称电力拖动)的任务，是合理地使用电动机并通过控制，使被拖动的机械按照某种预定的要求运行。世界上大约有 60%的发电量是被电动机消耗掉的，因此，电气传动是非常重要的领域，而电动机的启动、调速与制动是电气传动的重要内容。

1. 电动机的启动

1) 笼型异步电动机的启动方法

(1) 直接启动。直接启动是将电动机直接投入到额定电压的电源上进行启动，是最简单的启动方法。一般来说，这种方法的启动电流为额定电流的 5~7 倍，启动转矩为额定转矩的 1~2 倍。直接启动时，若启动时间短，过高的启动转矩可能对负载造成冲击。这时可采用降压启动方法。

(2) 降压启动。降压启动是启动时通过与定子绕组的不同连接，或者使用调压器等方法使得加在定子绕组上的电压降低，从而减小启动电流的一种启动方法。当启动到一定阶段时，恢复绕组的正常连接或恢复正常供电电压。如启动时将三相绕组接成星形，启动结束时接成三角形即可有效地降低启动电流。使用调压器启动或启动时把电抗器串联在电路中，启动结束时将它短路，也可获得类似效果。

(3) 软启动。软启动是通过对电力电子开关元件，如晶闸管、大功率晶体管等的控制而实现对电动机的启动控制的一种启动方法。采用电压斜率的工作原理，控制输出给电动机的电压从可整定的初始值经过可整定的斜率时间上升到供电电网全压，以保证启动电流不超过允许值。

2) 直流电动机的启动方法

(1) 直接启动。由于直流电动机的绕组电感很小，启动时电源电压直接加在电动机的电枢电阻上将会产生很大的启动电流，因此，只有 1 kW 以下的小型直流电动机允许直接启动。

(2) 串联电阻启动。启动时将启动电阻串联在电枢回路中，采用手动或自动方法切换启动电阻。

(3) 软启动。这种方式所用的电枢电源为可变电压电源，当电压由零缓慢上升时，电动机随之启动。由于没有启动电阻损耗，因而这是一种高效率的启动方法。可以使用晶闸管相控整流或斩波器作为可变直流电压电源。随着启动过程的进行，通过对电动机电流的控制，保持启动电流在某一范围内。

3) 同步电动机的启动方法

同步电动机本身没有启动转矩，于是在结构上采取措施，使之能作为异步电动机进行启动。其办法有很多种，有的同步电动机将阻尼绕组和实心磁极当成二次绕组而作为笼型异步电动机进行启动，也有的同步电动机把励磁绕组和绝缘的阻尼绕组当成二次绕组而作为绕线式异步电动机进行启动。当启动加速到接近同步转速时，投入励磁，牵入同步运行。

2．电动机的调速

直流电气传动和交流电气传动是在 19 世纪先后诞生的。在 20 世纪前 3/4 的年代里，鉴于直流电气传动具有优越的调速性能，高性能可调速传动都采用直流电动机，而约占电气传动总容量 80% 的不变速传动则采用交流电动机，这在很长时期内成为一种不变的格局。直到 20 世纪 70 年代后，得益于电力电子技术和微机控制技术的进步，这种被认为是天经地义的交、直流传动按调速分工的格局终于被打破。

几乎在电动机开始广泛应用的初期，诸如变电压、串极、变压变频等交流调速原理就都已经提出，但是由于要用电路元件和旋转变流机来实现，因此经济技术指标一直比不上直流调速。20 世纪 60 年代电力电子技术问世以后，解决了调速系统复杂、体积大、成本高、效率低、噪声大等问题，使交流调速获得了飞跃发展。

20 世纪 70 年代矢量控制发明之后，又提高了交流调速系统的静态和动态性能。但是要实现矢量控制规律，需要复杂的模拟电子电路，其设计、制造和调试都很麻烦。采用微机控制以后，用软件实现矢量控制算法，使硬件电路规范化，从而降低了成本，提高了可靠性，而且还有可能进一步实现更复杂的控制技术。因此可以说，电力电子和微机控制是现代交流调速系统发展的物质基础，电力电子和微机控制技术的迅速进步是推动交流调速系统不断更新的动力。

在交流调速中，变频器以其操作方便、占地面积小、控制性能高而获得广泛应用。发展变频器的应用技术，可以有效地提高经济效益和产品质量。变频器最主要的特点是具有高效率的驱动性能和良好的控制特性。在风机、水泵、压缩机等流体机械上应用变频器可以节约大量电能；在纺织、化纤、塑料、化学等工业领域，变频器的自动控制性能可以提高产品质量和数量；在机械行业中可以改造传统产业、实现机电一体化；在自动化技术中，交流伺服系统正在取代直流伺服系统。变频器不仅可以代替工业市场上的变速机械，而且已进入家电产品中，如空调器、电冰箱、洗衣机等。目前，几乎有电动机的地方就有变频器。

3．电动机的制动

制动是一边吸收负载能量一边运转的状态。制动的目的是让电动机减速或停止转动，制动过程中要吸收负载及电动机所具有的动能。同时，制动的目的又可以是为了以一定转速保持某种运行状态，例如，起重机的电动机吊着物体下放时也属于制动，此时电动机要吸收负载所产生的能量。

采用机械制动方法和电气制动方法都可以吸收制动过程中的能量。机械制动法利用弹力或重力加压产生摩擦来制动。机械制动的特性是在停止时也有制动转矩作用，缺点是要产生摩擦损耗。电气制动是一种由电气方式吸收能量的制动方法，这种制动方法适用于频繁制动或连续制动的场合。电气制动的方法主要有以下几种：

(1) 能耗制动。此时电动机工作在发电机状态，其输出功率消耗在电阻上，从而吸收能量产生制动。

(2) 反接制动。这种方法是在电动机正常运转时，将其电源的接线反接而进行制动。转速过零时要立即切断电源，否则电动机将反转，因此，需要检测速度过零用的继电器。

(3) 回馈制动。这种制动方法保持电动机运行时的接线方式，而电动机工作在发电机状态，此时电动机的电流与作为电动机运行的电流相反，从而将电功率回馈到电网。

(4) 涡流制动。这种方法是要另外安装一个利用涡流吸收能量的制动器。

4．电机运行方式及控制技术

在电力拖动系统中，以交流电机和永磁同步电机作为主要拖动器件而被广泛使用，而这些电机根据负载的需要和节能的要求又多工作于调速的运行方式。电机调速控制方法和技术又直接决定了系统的调速性能。

近十余年间，交流调速技术在电力电子器件、新材料科学以及微型计算机科学发展的推动和带动下，有了长足的进步，它正在改变着传统工业电机拖动控制的结构和方式。交流调速主要的控制方法有：

(1) 调压调速。调压调速是通过改变电机定子的电压，来改变对电机转矩及转速的控制。这种方法实现容易，且结构简单，但技术性能和经济指标不高，适用于特殊及小功率场合。

(2) 滑差离合器。这是一种间接的交流调速方法，相当于电子能耗调速，几乎没有节能意义，目前已很少使用。

(3) 串级调速。这种方法针对绕线式异步电动机，通过在转子回路中串入幅值和频率可控的感应电动势，实施能量回馈方式的调速，理论上具有节能和高效的特点，但用途有限，其系统结构也比较复杂，除已经使用或特殊场合外，应用不多。

(4) 变频调速。这是交流调速的主流，也是近代交流调速研究的一个热点。它包括矢量控制、转差频率控制、转差矢量控制、转矩直接控制等多种类型。通过坐标的矢量变换等方法，可实现转矩和磁场的独立控制，实际就是实现类似直流机的速度控制特性。当然，在组成实际系统时，还必须增加必要的检测、运算等单元才能达到所期望的控制目的。

(5) 智能控制。智能控制方式主要有神经网络控制、模糊控制、专家系统、学习控制等。

3.2.5　电机控制系统的主要类型

电机调速传动分为工艺调速传动和节能调速传动两大类。工艺调速传动是指按生产工艺要求必须调速的传动，如轧机、矿井卷扬、造纸等机械的传动；节能调速是指原来恒速运行的风机、泵、空压机等负载，为了节能而改用调速传动的机械传动方式，它的节能效果非常显著。

自19世纪80年代起至19世纪末以前，工业上传动用的电动机一直被直流电动机所垄断。到了19世纪末，出现了二相电源和结构简单、坚固耐用的交流笼型电动机以后，交流电动机才在不调速的领域代替了直流电动机传动装置。随着生产的不断发展，速度可调成了传动装置的一项基本要求，除了满足一定的调速范围和连续可调的同时，还必须具有持续的稳定性和良好的瞬态性能。直流电动机虽然可以满足这些要求，但它在容量、体积、制造、成本、运行和维护方面都不及交流电动机，所以长期以来人们一直希望能开发出交流调速电动机以代替直流电动机。从20世纪60年代起，国外开始重视交流电动机调速。随着电力电子学与电子技术的发展，采用半导体的变流调速系统得以实现。尤其是20世纪70年代以来，大规模集成电路和计算机控制技术的发展，以及现代控制理论的应用，为交流电动机拖动系统的发展创造了有利条件，促进了各种类型的交流电动机调速系统，如串级调速系统、变频调速系统、无换相器电动机调速系统以及矢量控制调速系统等的飞速发展。

1．异步电动机调压调速系统

调压调速过去常用的方法是在定子回路串入饱和电抗器，或在定子侧加自耦调压器。其存在的问题是调速不灵活、效率低。晶闸管元件出现后，由于它几乎不消耗铜铁材料，体积小，控制方便，用晶闸管功率变换器来完成馈送任务，从而构成了绕线异步电动机与晶闸管变换器共同组成的调压器，通过控制触发脉冲的相位角，便可控制加在负载上的电压大小，且很快成为交流调压器的主要形式。但由于相位控制时，晶闸管导通后负载上获得的电压波形不是电网提供的完整的工频电压波形，因此产生了成分复杂的谐波。

2．串级调速系统

绕线转子异步电动机串级调速是将转差功率加以利用的一种经济、高效的调速方法。改变转差率的传统方法是在转子回路中串入不同电阻以获得不同斜率的机械特性，从而实现速度的调节。这种方法简单、方便，但调速是有级的、不平滑的。自大功率电力电子器件问世后，人们采用在转子回路中串联晶闸管功率变换器来完成馈送任务，这就构成了绕线异步电动机与晶闸管变换器共同组成的晶闸管串级调速系统。由于晶闸管的逆变角可以平滑、连续地改变，因此电动机转速也能平滑、连续地调节。另外，转差功率又可以通过逆变器回馈到交流电网，提高了效率。串级调速的缺点是功率因数较低。采用强迫换流、改进型三相四线逆变器、逆变器的不对称控制以及转子直流回路加斩波器控制等，可以提高功率因数。另外，采用强迫换流方式可使用门极可关断晶闸管(GTO)，这样可省去关断晶闸管用的储能电路，使逆变电路简单、体积小。

3．变频调速系统

变频调速具有高效率、宽范围和高精度等特点，是运用最广、最有发展前途的调速方式。交流电机变频调速系统的种类很多，从 20 世纪 60 年代提出的电压源型变频器开始，相继发展了电流源型、脉宽调制型等各种变频器。目前，变频调速的主要方案有交-交变频调速、交-直-交变频调速、同步电动机自控式变频调速、正弦波脉宽调制(SPWM)变频调速、矢量控制变频调速等。这些变频调速技术的发展很大程度上依赖于大功率半导体器件的制造水平。随着电力电子技术的发展，特别是可关断晶闸管(GTO)、电力晶体管(GTR)、绝缘门极晶体管(IGBT)及 MOS 晶闸管(MTC)等具有自关断能力全控功率元件的发展，再加上控制单元也从分离元件发展到大规模数字集成电路及采用微机控制，从而使变频装置的快速性、可靠性及经济性不断提高。

3.2.6　电机控制技术的发展趋势

交流变频调速技术是强弱电混合、机电一体化的综合性技术。它既要处理巨大电能的转换，又要处理信息的收集、变换和传输，因此它的共性技术分成功率和控制两大部分。前者要解决与高压大电流有关的技术问题和新型电力电子器件的应用技术问题；后者要解决基于现代控制理论的控制策略和智能控制策略的硬、软件开发问题。围绕上述两方面技术其主要发展方向有：

(1) 实现高水平的控制，即基于电动机和机械模型的控制策略，有矢量控制、磁场控制、直接转矩控制和机械扭矩补偿等；基于现代理论的控制策略，有滑模变结构技术、模型参考自适应技术、采用微分几何理论的非线性解耦、鲁棒观测器，在某种指标意义下的最优控制技术和逆奈奎斯特阵列设计方法等；基于智能控制思想的控制策略，有模糊控制、神经元网络、专家系统和各种各样的自优化、自诊断技术等。

(2) 开发清洁电能变流器。所谓清洁电能变流器，是指变流器的功率因数为 1，网侧和负载侧有尽可能低的谐波分量，以减少对电网的公害和电动机的转矩脉动。对于中小容量变流器，提高开关频率的 PWM 控制是有效的。对于大容量变流器，在常规的开关频率下，可改变电路结构和控制方式，实现清洁电能的变换。

(3) 缩小装置的尺寸。紧凑型变流器要求功率和控制元件具有高的集成度，其中包括智能化的功率模块、紧凑型的光耦合器、高频率的开关电源，以及采用新型电工材料制造的小体积变压器、电抗器和电容器。功率器件冷却方式的改变对缩小装置的尺寸也很有效。

(4) 高速度的数字控制。以 32 位高速微处理器为基础的数字控制模板有足够的能力实现各种控制算法，Windows 操作系统的引入使得自由设计、图形编程的控制技术也有很大的发展。

(5) 模拟与计算机辅助设计技术。电机模拟器、负载模拟器以及各种 CAD 软件的引入对变频器的设计和测试提供了强有力的支持。

现在，电机控制主要的研究开发项目内容如下：

① 数字控制的大功率交–交变频器供电的传动设备。

② 大功率负载换流电流型逆变器供电的传动设备在抽水蓄能电站、大型风机和泵上的推广应用。

③ 电压型 GTO 逆变器在铁路机车上的推广应用。

④ 电压型 IGBT、IGCT 逆变器供电的传动设备的功能扩大、性能改善。如四象限运行，带有电极参数自测量与自设定和电机参数变化的自动补偿以及无传感器的矢量控制、直接转矩控制等。

⑤ 风机和泵用高压电动机的节能调速研究。众所周知，风机和泵类负载改用调速传动后可以节约大量电力。特别是高压电动机，容量大，节能效果更显著。研究经济、合理的高压电动机调速方法是当今的重大课题。

电机控制主要的研究内容及关键技术如下：

① 高压、大电流技术：动态、静态均压技术(6 kV、10 kV 回路中 3 英寸晶闸管串联，静、动态均压系数大于 0.9)；均流技术(大功率晶闸管并联的均流技术，均流系数大于 0.85)；浪涌吸收技术(10 kV、6 kV 回路中)；光控及电磁触发技术(电/光、光/电变换技术)；导热与散热技术(主要解决导热及散热性好、电流出力大的技术，如热管散热技术)；高压、大电流系统保护技术(抗大电流电磁力结构、绝缘设计)；等效负载模拟技术。

② 新型电力电子器件的应用技术：可关断驱动技术；双 PWM 逆变技术；循环变流/电流型交–直–交(CC/CSIO)变流技术；同步机交流励磁变速运行技术；软开关 PWM 变流技术。

③ 全数字自动化控制技术：参数自设定技术；过程自优化技术；故障自诊断技术；对象自辨识技术。

④ 现代控制技术：多变量解耦控制技术；矢量控制和直接力矩控制技术；自适应技术。

3.2.7 电器的发展概述

1. 电器的发展历史

广义上讲，电器指所用的电工器具，但是在电气工程中，电器特指用于对电路进行接通、分断，对电路参数进行变换，以实现电路或用电设备的控制、调节、切换、检测和保护等作用的电工装置、设备和组件。电机(包括变压器)属生产和变换电能的机械，习惯上不包括在电器之列。

最早的电器是 18 世纪物理学家研究电与磁现象时使用的刀开关。19 世纪中期，随着电能的推广，各种电器也相继问世。但这一时期的电器容量小，都是手动式，电路的保护也主要采用熔断器(俗称保险丝)。20 世纪以来，由于电能的应用在社会生产和人类生活中显示出巨大的优越性，并迅速普及，适应各种不同要求的电器也不断出现。大的有电力系统中所用的二、三层楼高的超高压断路器，小的有普通家用开关。一百多年来，电器发展的总趋势是容量增大，传输电压增高，自动化程度提高。例如，开关电器由 20 世纪初采用空气或变压器油做灭弧介质，经过多油式、少油式、压缩空气式、发展到利用真空做灭弧介质和六氟化硫做灭弧介质的断路器，其开断容量从初期约 $20\sim30$ kA 到现在的 100 kA 以上，工作电压提高到 1150 kV。又如，20 世纪 60 年代出现了晶体管继电器、接近开关、晶闸管开关等；20 世纪 70 年代后，出现了机电一体化的智能型电器，以及六氟化硫全封闭组合电器等。这些电器的出现与电工新材料以及电工制造新技术、新工艺相互依赖、相互促进，适应了整个电力工业和社会电气化不断发展的需求。

2. 电器的分类

电器是接通和断开电路或调节、控制和保护电路及电气设备用的电工器具。完全由控制电器组成的自动控制系统，称为继电器-接触器控制系统，简称电器控制系统。

电器的用途广泛，功能多样，种类繁多，结构各异。下面是几种常用的电器分类。

1) 按工作电压等级分类

(1) 高压电器：用于交流电压为 1200 V、直流电压为 1500 V 及以上电路中的电器，例如高压断路器、高压隔离开关、高压熔断器等。

(2) 低压电器：用于交流 50 Hz(或 60 Hz)、额定电压为 1200 V 以下以及直流额定电压为 1500 V 及以下的电路中的电器，例如接触器、继电器等。

2) 按用途分类

(1) 控制电器：用于各种控制电路和控制系统的电器，例如接触器、继电器、电动机启动器等。

(2) 主令电器：用于自动控制系统中发送动作指令的电器，例如按钮、行程开关、万能转换开关等。

(3) 保护电器：用于保护电路及用电设备的电器，如熔断器、热继电器、各种保护继电器、避雷器等。

(4) 执行电器：用于完成某种动作或传动功能的电器，如电磁铁、电磁离合器等。

(5) 配电电器：用于电能的输送和分配的电器，例如高压断路器、隔离开关、刀开关、自动空气开关等。

3) 按动作原理分类

(1) 手动电器：用手或依靠机械力进行操作的电器，如手动开关、控制按钮、行程开关等主令电器。

(2) 自动电器：借助于电磁力或某个物理量的变化自动进行操作的电器，如接触器、各种类型的继电器、电磁阀等。

4) 按工作原理分类

(1) 电磁式电器：依据电磁感应原理来工作，如接触器、各种类型的电磁式继电器等。

(2) 非电量控制电器：依靠外力或某种非电物理量的变化而动作的电器，如刀开关、行程开关、按钮、速度继电器、温度继电器等。

5) 按功能分类

(1) 用于接通和分段电路的电器，主要有刀开关、接触器、负荷开关、隔离开关、断路器等。

(2) 用于控制电路的电器，主要有电磁启动器、星-三角启动器、自耦减压启动器、频敏启动器、变阻器、控制继电器等(用于电机的各种启动器正越来越多地被电力电子装置所取代)。

(3) 用于切换电路的电器，主要有转换开关、主令电器等。

(4) 用于检测电路参数的电器，主要有互感器、传感器等。

(5) 用于保护电路的电器，主要有熔断器、断路器、限流电抗器、避雷器等。

3. 高压电器

1) 高压开关设备

高压开关设备主要用于在额定电压 3000 V 以上的电力系统中关合及开断正常电力线路，以及输送倒换电力负荷；从电力系统中退出故障设备及故障线段，保证电力系统安全、正常地运行；将两段电力线路以至电力系统的两部分隔开；将已退出运行的设备或线路进行可靠接地，以保证电力线路、设备和运行维修人员的安全。

高压开关设备的器件主要有断路器、隔离开关、重合器、分段器、接触器、熔断器、负荷开关和接地开关等，以及由上述产品与其他电器产品组合的产品。它们在结构上相互依托，有机地构成一个整体，如隔离负荷开关、熔断器式开关、敞开式组合电器等。

电力系统中用得最多的高压开关设备是断路器和隔离开关。断路器是正常电路条件下或规定的异常电路条件下(如短路)，在一定时间内接通、分断线路承载电流的机械式开关电器，由导电回路、可分触头、灭弧装置、绝缘部件、底座、传动机构及操作机构等组成。隔离开关是没有专门灭弧装置的开关电器，因此一般不能带负荷操作。隔离开关主要用于设备或线路的检修和分段进行电气隔离，使检修人员能清晰判断隔离器开关是否处于分闸装置，达到安全操作和安全检修的目的。

随着产品成套性的提高，常将上述单个的高压开关(电器)与其他电器产品(诸如电流互感器、电压互感器、避雷器、电容器、电抗器、母线和进、出线套管或电缆终端等)合理配置，有机地组合在一起。除进、出线外，所有高压电器器件完全被接地的金属外壳封闭，并配置二次监测及保护器件，组成一个具有控制、保护及监测功能的产品——金属封闭开关设备、气体绝缘金属封闭开关设备。

为了使高压开关设备的成套性进一步提高，近年来，人们将容量不是很大的整个变电站(包括电力变压器在内)制作成为一个整体，在制造厂预制、调试好出厂后整体运到现场，这样可显著地降低在运行现场的安装及调试工作量，使安装调试周期大为缩短，减少了在现场安装、调试工作中的失误及偏差，从而提高了设备在运行中的可靠性。这类成套设备所需的占地面积和常规设备相比，也显著减少。特别是在建筑稠密地区，如居民小区、商业区等，采用无人值守的小型箱式变电站代替传统的土建结构变电所，不仅可以节省建设和维护费用，还可以改动。

2) 互感器

互感器是电力系统中供测量和保护用的设备，分为电压互感器和电流互感器两大类。互感器的作用是：

(1) 向测量、保护和控制装置传递信息；

(2) 使测量、保护和控制装置与高电压之间隔离；

(3) 有利于仪器、仪表和保护、控制装置小型化、标准化。

常用的电流互感器是按电磁变换原理工作的，结构与变压器相同，称为电磁式电流互感器。而电压互感器除了电磁式以外，还有电容式互感器。

3) 避雷器

电力系统输变电和配电设备在运行中受到四种电压的作用：

(1) 长期作用的工作电压；

(2) 由于接地故障、甩负载、谐振以及其他原因产生的暂时过电压；

(3) 雷电过电压；

(4) 操作过电压。

雷电过电压和操作过电压可能有非常高的数值，单纯依靠提高设备绝缘水平来承受这两种过电压，不仅在经济上不合理，而且在技术上也常常是不可行的。一般采用避雷器将过电压限制在一个合理的水平上，过电压过去之后，避雷器立即恢复截止状态，电力系统随即恢复正常状态。避雷器的保护特性是被保护设备绝缘配合的基础，改善避雷器的保护特性，可以提高被保护设备的安全运行可靠性，也可以降低设备的绝缘水平，从而减轻其重量，降低造价。

目前常用的避雷器主要有碳化硅阀式避雷器和金属氧化物避雷器。

4. 低压电器

低压电器通常是指交流电压 1000 V、直流 1500 V 及以下配电和控制系统中的电器设备。它对电能的产生、输送、分配起着开关、控制、保护、调节、检测及显示等作用。

低压电器广泛应用于发电厂、变电所及工矿企业、交通运输、农村等电力系统中。发电厂发出的电能，80%以上要通过各种低压电器传送与分配。据统计，每增加 10 000 kW 发电设备，大约需要 4 万件以上各类低压电器与之配套。所以，随着电气化程度的提高，低压电器的用量会急剧增加。继电器与接触器是低压电器。

继电器是现代自动控制系统中最基本的电器元件之一，广泛用于电力系统保护装置、生产过程自动化装置以及各类远动、遥控和通信装置。继电器种类繁多，简单地分为电气量继电器(其输入量可为电流、电压、频率、功率等)和非电气量继电器(其输入量可分为温度、压力、速度等)，但继电器都有一个共同的特点，即它是一种当输入的物理量达到规定值时，其电气输出电路被接通或阻断的自动电器。

接触器是用于远距离、频繁地接通和分断交、直流主电路和大电容量控制电路的电器。其主要的控制对象为电动机，也可用作控制电热设备、电照明、电焊机和电容器组等电力负载。接触器具有较高的操作频率，最高操作频率可达每小时 1200 次。接触器的寿命很长，机械寿命一般为数百万次至一千万次，电寿命一般为数十万次至数百万次。

低压电器根据它在电气线路中所处的地位和作用，可归纳为低压配电电器和低压控制电器两大类。由于这两类低压电器在电路中所处的地位不同，对它们的性能要求也有较大的差异。配电电器一般不需要频繁操作，对承担保护功能的配电电器应有较高的分断能力。控制电器一般不分断大电流，而其动作则相对频繁，因此要求控制电器有较高的操作寿命。低压电器按照它的动作方式可分为机械动作电器(即有触点开关电器)和非机械动作电器。机械动作电器又可分为自动切换电器和非自动切换电器。自动切换电器在完成接通、分段动作时，依靠本身参数的变化或外来信号而自动进行工作；非自动切换电器依靠外力完成动作。

目前，世界各国都十分重视低压电器的发展，并注意将微电子等新技术以及新工艺、新材料应用于低压电器的改进与新产品开发，特别是在低压电器智能化、模块化、组合化、电子化、多功能化等方面已取得了很大进展。

3.2.8 常用低压电器及应用领域

低压电器能够依据操作信号或外界现场信号的要求，自动或手动地改变电路的状态、参数，实现对电路或被控对象的控制、保护、测量、指示、调节。低压电器的作用有：

(1) 控制作用。作为电路或系统的命令、状态等输入、输出控制环节，实现工作状态的改变。如电梯的上下移动、快慢速自动切换与自动停层等。

(2) 保护作用。能根据设备的特点，对设备、环境以及人身实行自动保护，如电机的过热保护、电网的短路保护及漏电保护等。

(3) 测量作用。利用仪表及与之适应的电器，对设备、电网或其他非电参数进行测量，如电流、电压、功率、转速、温度、湿度等。

(4) 调节作用。低压电器可对一些电量和非电量进行调整，以满足用户的要求，如柴油机油门的调整，房间温、湿度的调节，照度的自动调节等。

(5) 指示作用。利用低压电器的控制、保护等功能，检测出设备运行状况与电气电路工作情况，如绝缘监测、保护掉电指示等。

(6) 转换作用。在用电设备之间转换或对低压电器、控制电路分时投入运行，以实现功能切换，如励磁装置手动与自动的转换、供电的市电与自备电的切换等。

当然，低压电器的作用远不止这些，随着科学技术的发展，新功能、新设备会不断出现，常用低压电器的种类和用途如表 3-5 所示。

对于低压配电电器，要求其灭弧能力强、分断能力好、热稳定性能好、限流准确等。对于低压控制电器，则要求其动作可靠、操作频率高、寿命长，并具有一定的负载能力。

表 3-5 常用低压电器的种类和用途

序号	类别	主要品种	用　　途
1	断路器	塑料外壳式断路器 框架式断路器 限流式断路器 漏电保护式断路器 直流快速断路器	主要用于电路的过负荷保护，短路、欠电压、漏电压保护，也可用于不频繁接通和断开的电路
2	刀开关	开关板用刀开关 负荷开关 熔断器式刀开关	主要用于电路的隔离，有时也能分断负荷
3	转换开关	组合开关 换向开关	主要用于电源切换，也可用于负荷通断或电路的切换
4	主令电器	按钮 限位开关 微动开关 接近开关 万能转换开关	主要用于发布命令或程序控制
5	接触器	交流接触器 直流接触器	主要用于远距离频繁控制负荷，切断带负荷电路
6	启动器	磁力启动器 星-角启动器 自耦减压启动器	主要用于电动机的启动
7	控制器	凸轮控制器 平面控制器	主要用于控制回路的切换
8	继电器	电流继电器 电压继电器 时间继电器 中间继电器 温度继电器 热继电器	主要用于控制电路中，将被控量转换成控制电路所需电量或开关信号
9	熔断器	有填料熔断器 无填料熔断器 半封闭插入式熔断器 快速熔断器 自复熔断器	主要用于电路短路保护，也用于电路的过载保护
10	电磁铁	制动电磁铁 起重电磁铁 牵引电磁铁	主要用于起重、牵引、制动等方面

3.3 电力系统自动化学科简介

3.3.1 电力工业的发展概况

电力工业起源于 19 世纪后期。世界上第一台火力发电机组是 1875 年建于巴黎北火车站的直流发电机,用于照明供电。1879 年,美国旧金山实验电厂开始发电,这是世界上最早出售电力的电厂。1882 年,美国纽约珍珠街电厂建成发电,装有 6 台直流发电机,总容量为 670 kW,以 110 V 直流为电灯照明供电。经过约 100 年的发展,到 1980 年全世界发电装机总容量达到 2.024×10^9 kW,年发电量达到 8.2473×10^{12} kW·h。1997 年全世界发电装机容量超过 3.2×10^9 kW,年发电量达到 $1.394\ 87 \times 10^{13}$ kW·h。

1. 世界各国电力工业发展动向

自 20 世纪 70 年代以来,世界各国的电力工业从电力生产、建设规模、能源结构到电源和电网的技术都发生了较大变化。进入 20 世纪 90 年代后,其发展逐渐形成了以下几个突出的趋势。

(1) 世界发电量的年增长率趋缓,而一些发展中国家,特别是亚洲国家仍维持较高的电力增长速度。据联合国能源统计资料,1997 年世界总发电量为 $1.394\ 87 \times 10^{13}$ kW·h,其中火电占 64.0%,水电占 18.4%,核电占 17.2%,地热及其他能源发电占 0.4%;1996 年世界发电装机总容量为 $3.117\ 68 \times 10^9$ kW,其中火电装机占 65.4%,水电装机占 22.8%,核电装机占 11.4%,地热及其他能源装机占 0.4%。世界发电量的变化情况是:20 世纪 80 年代的年增长率为 3.1%,而 90 年代以来年增长率下降为 2.1%;但在亚洲,20 世纪 80 年代的年增长率为 6.3%,90 年代为 6.5%,仍维持较高的增长速度。

1996 年年末,全世界年发电量超过 2×10^{11} kW·h 的国家有 12 个,其发电量的总和约占世界总发电量的 71.3%。如按国家排序,美国当年的净发电量为 $3.459\ 97 \times 10^{12}$ kW·h,居世界首位。20 世纪 90 年代初期居第四位的中国在 1994 年和 1995 年分别超过俄罗斯和日本,上升到第二位。

20 世纪以来世界上约有半数以上的国家和地区电力生产和消费仍处于很低的水平。工业发达国家与发展中国家,人均用电量存在着很大差距。据国际能源机构(IEA)1997 年对全球用电状况的统计分析,该年度世界电力总消费量为 $1.282\ 64 \times 10^{13}$ kW·h,其中以工业发达国家为主体的经济合作与发展组织(OECD)29 个成员国的电力消费量占到 65.2%,但其人口总数仅占全球人口的 19.3%。而人口总数占世界人口 80.7%的非 OECD 国家(其中大部分是发展中国家),其电力消费量仅占世界总消费量的 34.8%。另据联合国 1996 年对世界 204 个国家和地区人均年用电量的统计分析,低于 100 kW·h 的国家和地区有 30 个,在 101~1000kW·h 之间的有 53 个,在 1001~10 000 kW·h 之间的有 109 个,超过 10 000 kW·h 的有 10 个。

总用电量的绝对值逐年增长,而其行业用电构成逐年变化,是 20 世纪 90 年代以来世界各国用电水平变化的总趋势。

(2) 电力技术的发展向效率型和环保型的更高目标迈进。为了降低温室气体的排放，工业发达国家普遍重视可再生能源的发电应用。近年来，西欧、美国等国大力发展风力发电，此外对太阳能、生物质能等可再生能源也加大了开发力度。如德国目前正大力开发诸如太阳能、风能、生物质能等可再生能源，计划到 2010 年使"生态能源"的发电量占到全国发电总量的 10%，50 年后力争使可再生能源成为主要能源。而英国政府也计划到 2010 年使可再生能源发电能力达到全国总发电量的 10%，到 2020 年将达到 20%，其中 80% 来自风能。在丹麦有 2 万多人从事风电产业工作，其营业额已达到 30 亿欧元。在丹麦，风力发电为全国提供了 20% 的电力，这一比例位居世界第一。

在过去 5 年中，欧洲的风电增长率超过了 35%。与此同时，太阳能、潮汐能等可再生资源也备受欧洲环境专家推崇。

20 世纪 90 年代以来，在大电网发展的同时，小型分散发电技术异军突起，国际上已开发了多种高效率的小型燃气轮机、内燃机和燃料电池，太阳能电池发电系统也趋于实用。其中，发展最快的是小型热电联产机组，它利用天然气及其他能源实现热、电、冷三联供，使能量的转换在用户附近实现，从而提高了可靠性和经济性。作为大电网的补充，小型分散发电技术有可能成为 21 世纪电力技术发展的热点之一。在布鲁塞尔成立的国际热电联产机构(ICA)预言"小型分散发电技术将成为下一个世纪电力工业的发展方向"。"分散"电力系统，可以极大地改善效率和减轻当今电力系统对环境形成的负担，还可减少和改善输配电线路。特别是在 2003 年美国、欧洲发生过一系列大面积停电事故以后，要求加大开发燃料电池及太阳能电池等小型、分散电源力度。

(3) 电业管理体制和经营方式发生变革，由垄断经营逐步转向市场开放。为了提高电力工业的营运效率和改善供电服务，20 世纪 90 年代初，英国进行了电力民营化，实行发、输、配电分离，在发电环节实行竞争，输配电环节实行价格管制和统一经营，售电市场逐步开放的电力体制改革。20 世纪 90 年代中期，澳大利亚、南美和北欧一些国家以及美国部分州也相继进行了以发、输电分离，发电领域引入竞争机制、开放国家电网、建立电力市场等为内容的改革，旨在打破垄断、实行竞争的电力体制改革浪潮正在进一步扩大。1996 年欧盟颁布了强制性的开放天然气和电力市场的导则，要求其 15 个成员国在规定的时间及范围内分阶段开放电力市场。考虑到市场化后欧盟电价普遍下降的实际情况，在经过多年的协商后，欧盟于 2003 年通过了进一步开放电力和燃气市场的导则。该导则要求到 2004 年 7 月向所有商业用户开放电力市场，到 2007 年 7 月前向所有居民用户开放电力市场，并要求将配电分离出来。

(4) 电力安全引起了广泛关注。2003 年可以称之为"大停电年"，继美国、加拿大 2003 年 8 月 14 日发生的大面积停电事故后，2003 年夏季西欧地区相继发生了若干次大面积停电事故。2003 年 8 月 28 日，英国伦敦和英格兰东部部分地区停电，2/3 的地铁陷入瘫痪，25 万人被困在地铁里；2003 年 9 月 23 日，瑞典和丹麦大面积停电，波及 200 万用户；2003 年 9 月 28 日晚，意大利发生大面积停电，造成 550 万人停电 18 小时。

2003 年美国、加拿大及西欧一系列严重的停电事故引起了社会对该地区电力市场开放的关注。北美停电之后，许多国家都纷纷做出自己的反应。在俄罗斯，停电发生的第二天就成立了研究小组，专门负责研究这次事故，以防类似的事件再次发生。在德国，德专家认为自己的电网最安全，并称德国很短的年平均停电时间与各个区域电网之间的合理分配以及即时调度是分不开的。其他的国家也根据本国的情况做出了相关的反应，表达了自己的观点。尽管说法不一，但是都有一个共同点，就是从这次北美停电事故中吸取教训，避免类似的事件在本国再发生。

2．中国电力工业发展概况

自中国有商品电以来，已有120多年。120多年来的中国电力工业的发展史，是一部波澜壮阔的历史。中国的电力工业经过了旧中国67年的艰难曲折的发展，随着新中国的诞生，迎来了中国电力工业的新生。建国后的几十年，是中国电力工业快速发展、大步前进的历史时期。在这几十年中，中国电力迎头赶上世界先进水平，将失落的半个世纪追了回来，使中国的电力装机容量和发电量都稳居世界第二位。

中国电力装机从1882年的16马力(11.76 kW)经过67年发展，到1949年达到1.85×10^6 kW，而从1949年到2002年达到3.53×10^8 kW。50多年持续以年均10%以上的速度发展，在世界电力发展历史上是罕见的。

特别是改革开放以来，中国的电力工业发展的规模之大、持续时间之长，更是举世无双。全国装机容量从1979年的6.3×10^7 kW发展到2002年的3.53×10^8 kW，23年中新增装机2.9×10^8 kW，平均每年新增1.26×10^7 kW。2002年底各主要电网装机容量和发电量如表3-6所示。

表3-6　2002年底各主要电网装机容量和发电量

地区和电网		装机容量($\times 10^4$ kW)					发电量($\times 10^8$ kW·h)				
		总计	水电	火电	核电	其他	总计	水电	火电	核电	其他
东北电网		3986.46	566.80	3411.81		7.85	1676.28	80.30	1594.75		1.23
华北电网		4972.61	315.47	4650.17		6.97	2632.39	33.91	2596.96		1.52
华东电网		6250.16	665.31	5412.03	167.80	5.02	3145.05	154.00	2933.54	56.12	1.39
华中电网		5056.23	1664.25	3391.98			2169.97	599.34	1570.63		
西北电网		2083.4	799.63	1282.93		0.84	962.07	233.31	728.58		0.18
南方电网	云南	789.40	507.11	282.29			375.79	220.23	155.56		
	贵州	599.37	159.47	439.90			383.87	63.61	320.26		
	广西	751.95	436.33	315.62			317.03	186.34	130.69		
	广东	3587.99	777.53	2523.78	279.00	7.68	1610.06	169.13	1230.81	208.77	1.35
川渝电网	四川	1676.40	1065.57	610.83			682.94	405.46	277.48		
	重庆	302.30	32.39	269.91			144.57	10.38	134.19		
山东电网		2435.24	5.08	2430.16			1196.86	0.15	1196.71		
福建电网		1340.61	639.42	699.99		1.20	529.47	220.73	308.50		0.24
海南电网		178.04	54.75	122.41		0.88	51.91	15.89	35.90		0.12
乌鲁木齐电网		299.94	38.31	254.70		6.93	132.48	17.32	113.56		1.60
拉萨电网		23.77	17.98	3.07		2.72	6.35	5.30			1.05

近20多年来，中国电力工业得到全面的快速发展。我国连续跃过法国、英国、加拿大、德国、俄国、日本，从1996年开始就稳居世界第二，基本上扭转了长期困扰我国经济发展

和人民生活需要的电力严重短缺局面。电力行业已经实现了电力供需基本平衡略有裕量的成就，而且在电力工业发展的水平上也有了全面的提高。特别在电力结构上，不断调整优化，技术装备水平不断提高，中国电力工业进入了大机组、大电厂、大电网、超高压、自动化、信息化，水电、火电、核电、新能源发电全面发展的新时期。

我国的电网建设极大加强，电力调度水平不断提高，西电东送、南北互供、全国联网的格局已基本形成，几大电网分布如图 3-22 所示。

图 3-22　我国几大电网分布

近年来，中国电力工业的科技水平得到提高，电力环境保护得以加强，中国电力工业的科技水平与世界先进水平日渐接近。环境排放控制、生态保护日益加强，电力发展的经济效益、社会效益与环境效益渐趋统一。

电力管理水平和服务水平不断得到提高，电力发展的战略规划管理、生产运行管理、电力市场营销管理以及电力企业信息管理水平、优质服务水平等普遍得到提高。积极实施国际化战略，在利用外资、引进设备、引进技术、实施走出去战略上都取得了巨大的成就。此外，还不断提高了电力职工队伍素质，积极扩大了多种经营，不断深化电力企业改革，推动企业重组改造，加强了法制建设，走上了法制化管理的轨道，以及不断加强电力企业的精神文明建设和企业文化建设。

总之这 20 年，特别是最近 10 年，是中国电力工业发展历史上成就巨大的 10 年，是电力体制发生根本性变革的 10 年，是中国电力工业走向世界前沿的 10 年。可以预见并坚信，再用 20 年时间，中国的电力工业必将有更大规模的发展，技术管理水平有更大的提高。

3. 中国电力工业发展预测

根据已有的一些研究成果和资料分析，预计到 2020 年全国需要的发电量为 4.3×10^{12} kW·h，相应的装机容量约为 9.5×10^{8} kW。这与今后 20 年 GDP 平均增长速度为 7.2%基本上是相适应的。到 2020 年全国达到 4.3×10^{12} kW·h 的电量，相当于全国人均占有电量约为 2900 kW·h(据预测，2020 年全国人口数为 14.7 亿人)，这只比 2000 年世界人均电量 2500 kW·h 略高，相当于美国 20 世纪 50 年代初，英国 60 年代初的水平，且比西班牙 1982 年人均占有电量(3100 kW·h)还低，而西班牙的用电水平是作为我国电力水平国际比较的参照量之一。

根据上述预测，中国电力发展的任务将是十分艰巨的。平均每年要新增装机容量 3×10^7 kW，如再考虑期间还有大量寿命期已到需要更新改造的设备，其建设规模将更为巨大。

我国电源结构在相当长的时期内，直到 2020 年都将以煤电为主，这是难以改变的。但为了努力减少环境污染，必须要尽可能降低煤电的比例，尽可能地早开发、多开发水电，并尽快增加核电、天然气及可再生新能源发电的比例。根据世界电力发展规律并结合中国的资源和技术供应情况，对 2020 年的电源结构的规划设想是：在 9.5×10^8 kW 中，煤电为 6×10^8 kW，占 63%(电量为 3×10^{12} kW·h，占 4.3×10^{12} kW·h 的 70%)；水电为 2×10^8 kW，占 21.1%(电量为 7×10^{11} kW·h，占 16%)；另有抽水蓄能电站为 2.5×10^7 kW，占 2.6%；核电为 4×10^7 kW，占 4.2%(电量为 2.6×10^{11} kW·h，占 6%)；气电为 7×10^7 kW，占 7.3%(电量为 3×10^{11} kW·h，占 7%)；新能源为 1.5×10^7 kW，占 1.5%(电量为 4×10^{10} kW·h，占 1%)。

3.3.2 电力系统的组成与特点

1．电力系统的组成

发电、输电、变电、配电、用电设备及相应的辅助系统组成的电能生产、输送、分配、使用的统一整体称为电力系统。由输电、变电、配电设备及相应的辅助系统组成的联系发电与用电的统一整体称为电力网。电力系统也可描述为是由电源、电力网以及用户组成的整体。电力系统组成示意图如图 3-23 所示。

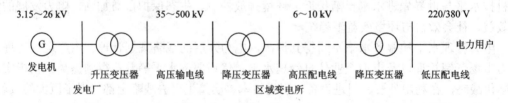

图 3-23　电力系统组成示意图

电力网是电力系统的一部分。它包括所有的变、配电所的电气设备以及各种不同电压等级的线路组成的统一整体。它的作用是将电能转送和分配给各用电单位。电能的生产是产、供、销同时发生，同时完成，既不能中断又不能储存。电力系统是一个由发、供、用三者联合组成的一个整体，其中任意一个环节配合不好，都不能保证电力系统的安全、经济运行。电力系统中，发、供、用之间始终是保持平衡的。典型电网结构如图 3-24 所示。

发电厂是将水力、煤炭、石油、天然气、风力、太阳能及核能等能量转变成电能的工厂。变电所是变换电压和交换电能的场所，由电力变压器和配电装置所组成，按变压的性质和作用又可分为升压变电所和降压变电所两种。电力网是输送、交换和分配电能的装备，由变电所和各种不同电压等级的电力线路所组成。电力网是联系发电厂和用户的中间环节。

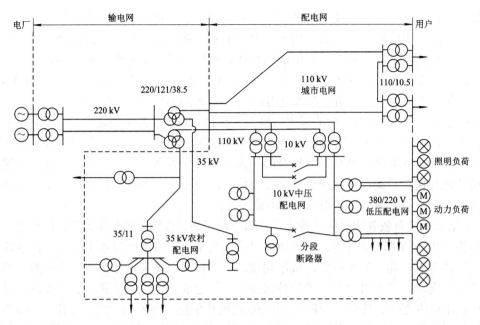

图 3-24　电网结构

供配电系统是由发电、输电、变电、配电构成的系统。而企业内部与建筑物、构筑物的供配电系统是由变(配)电站、供配电线路和用电设备组成的，如图 3-25 所示点划线部分。

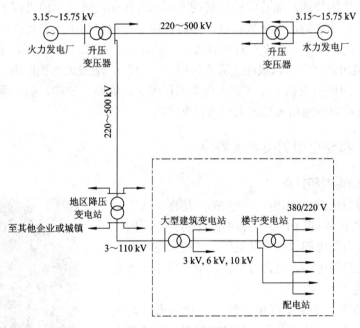

图 3-25　电力系统简图

2．电力系统的特点

电力系统具有如下特点：

(1) 电能的生产和使用是同时完成的。到目前为止，大容量电能的储存问题没有解决，因而电能的生产和使用是同时完成的。任一时刻，系统中的发电量取决于同一时刻用户的用电量。因此，必须保持电能的生产、输送和使用处于一种动态的平衡状态，这是电力系统中的一个最突出的特点。若供、用电出现不平衡，系统运行的稳定性就会变差。电力系统是一个由发电机、电力网及用户组成的整体，系统中任一个元件、环节因设计不当，或保护不完善、操作失误、电气设备出现故障等，都会影响到系统的正常运行。例如1965年美国纽约第一次大停电，是由其东部电力系统中一个继电器的误动作引起的。

(2) 过渡过程十分短暂。电能以电磁波形式传播，有极高的传输速度，电力系统中的过渡过程也非常迅速。如开关的切换操作、电网的短路等过程，都是在极短的时间内完成的。系统中的过渡过程的时间是毫、微秒级的。为了保证电力系统的正常运行，必须设置完善的自动控制与保护系统，对系统进行灵敏而快速的监视、测量和保护，以把系统的切换、操作或故障引起系统的变化限制在一定的范围之内。

(3) 电力系统有较强的地区性特点。我国地域辽阔，自然资源分布很广，从而使我国的电源结构有很强的地域性特色。有的地区以火电为主，有的地区以水电为主。而各地域的经济发展情况不一样，工业布局、城市规划、电气化水平等也不尽相同。常说的"西电东送"、"北煤南运"、"南水北调"等就是这种地区特色的具体写照。我国的火电占总发电量的70%、水电占22%、核电占6%，火电与水电的比例随季节不同，稍有变化，因而必须针对这些地区特点，在对电力系统规划设计、运行管理、布局及调度时，进行通盘的考虑。

(4) 与国民经济关系密切。电力工业与国民经济现代化有密切关系，只有国家实现了电气化，才能实现国民经济的现代化。电能为国民经济各部门提供动力，电能也是人们的物质文化生活现代化的基础。随着国民经济的发展和人民生活现代化的进程加快，国民经济各部门电气化、自动化的水平愈来愈高，因而任何原因引起的供电不足或中断，都会直接影响到各部门的正常生产，造成人们生活紊乱。2001年2月22日，我国辽宁电网由于"雾闪"(实质是环境污染严重，以致在大雾中形成"污闪")，造成大面积停电，损失电量超过9×10^6 kW·h，间接损失也十分严重，许多工厂停工，铁路、公路、航运受影响或停运，电视台停播，直接影响到相关地区人们的正常生活。

3.3.3 发电厂和变电所的类型及特点

1. 发电厂的类型和特点

发电厂或称发电站(简称电厂或电站)，是将一次能源转换为电能(二次能源)的工厂。按利用能源的类别不同，发电厂可分为火力发电厂、水力发电厂、核能发电厂及太阳能发电厂、地热发电厂、风力发电厂、潮汐发电厂等。

1) 火力发电厂

利用燃料的化学能来生产电能的工厂称为火力发电厂，简称火电厂或火电站。火电厂是目前世界上电能生产的主要方式，在发电设备总装机容量中，火力发电装机容量占70%以上。我国火电厂所使用的燃料以煤为主，其他可以使用的燃料有天然气、燃油(石油)及工业、生活废料等。图3-26是华能电厂外观图片。

图 3-26 火力发电厂——华能电厂

发电兼供热的火电厂称热电厂或热电站。热电厂一般建在大城市及工业区附近，以提高热能的利用率。单一生产电能的火电厂应尽量建在燃料产地、矿区附近，这样的电厂也称矿口电厂或坑口电厂，它的生产既不会对城市造成污染，又避免了燃料的长途运输。

2) 水力发电厂

水力发电厂是利用江河水流的位能来生产电能的工厂，也叫做水电厂或水电站。其基本生产过程是水的位能→水轮机的机械能→发电机发出电能。图 3-27 是富春江水力发电厂外观图片。

图 3-27　富春江水力发电厂

堤坝式水电厂应用最为普遍。它采用修筑拦河堤坝的形式来抬高水位。如果将厂房建在坝后，就是坝后式水电厂，其厂房本身不承受水的压力，我国的三门峡、刘家峡、丹江口等水电厂属于坝后式水电厂；对于建在河道平缓区段的水电厂，则是将堤坝和厂房建在一起，成为河床式水电厂，我国的葛洲坝水电厂就属于此类。

引水式水电厂一般建于河流上游、坡度较大的区段，用修隧道、渠道的方法，形成水流的落差，用来发电。

混合式水电厂，采用堤坝式和引水式的综合方式抬高水位，再利用水的落差来发电。还有一种专门用来调节不同时段负荷用的抽水蓄能水电厂，它是在水电厂的下游建一种蓄水库，当夜间电网上负荷很低的时候，将蓄水库中的水抽回上游水库变成水的位能，以备白天负荷高峰时再发电。根据自然条件，可以用上游的水流发电后再放入下游，供下游各级电厂发电，这种电厂称为梯级电厂。

与火力发电厂相比，水力发电厂的生产过程要简单得多。水电厂不消耗燃料，无环境污染，生产效率高，发电成本仅为火电厂的 25%～35%。水电厂也容易实现自动化控制与管理，并能适应负荷的急剧变化。然而，水电厂也存在投资大、建设工期长、受季节水量变化的影响等较大的缺点。建设水电厂，涉及到因淹没农田而带来的移民问题，并可能会出现破坏人文景观、生态平衡等一系列问题。

3) 核能发电厂

核能发电厂是利用核能发电的工厂。核能又称原子能，因而核能发电厂又称为原子能发电厂。图 3-28 是美国纽约的一家核电厂外观图片。

图 3-28　美国纽约的一家核电厂

核能分为核裂变能和核聚变能两类。由于核聚变能受控难度很大，因此，目前只能利用核裂变能发电。核能发电过程与火力发电过程相似，但其热能不是由燃料的化学能产生，而是利用置于反应堆中核燃料发生核裂变时释放出的能量而得到的。核能发电的能量转换过程是：核裂变能→热能→机械能→电能。核电厂由两个主要部分组成：核反应堆及其附属设备组成的核系统部分，由汽轮机、发电机等设备组成的常规部分。

核电厂可以节省大量的煤、石油等燃料，1 kg 铀裂变所产生的热量相当于 2.7×10^3 t 标准煤所产生的热量。核电厂不需空气助燃，所以核电厂可以建在地下、水下、山洞或高原地区以保证其发电安全。虽然核电厂造价高于火电厂，但其燃料费、维护费用却较低，在世界能源短缺的今天，核能发电无疑是各国获取电能的重要来源。

4) 太阳能发电厂

利用太阳光能或太阳热能来生产电能就是太阳能发电。通过光电转换元件如光电池等将太阳光直接转换为电能的发电方式，也广泛用于宇航装置、人造地球卫星上。

利用太阳热能发电，有直接热电转换和间接热电转换两种形式。温差发电、热离子和磁流体发电等，属于直接热电转换方式发电。将太阳能集中或分散地聚集起来，通过热交换器将水变为蒸汽驱动汽轮发电机组发电，是间接热电转换方式发电。

太阳能是取之不尽、用之不完的廉价能源，利用太阳能发电，不用任何燃料，生产成本低，无污染现象发生。目前，世界各国在太阳发电设备制造及实用性等方面的研究也取得了很大的进展。太阳能发电在全球将具有广阔的发展前景。

5) 地热发电厂

地热发电就是利用地表深处的地热能来生产电能。地热发电厂生产过程与火电厂近似，只是以地热井取代锅炉设备，地热蒸汽从地热井引出，将蒸汽中固体杂质滤掉，然后通过蒸汽管道推动汽轮机做功，汽轮机带动发电机发电。地球内部蕴藏的热能极大，据估算，全世界可供开采利用的地热能相当于几万亿吨煤。可见，开发利用地热资源的前景是非常广阔的。

6) 风力发电厂

利用风力的动能来生产电能就叫风力发电。我国的内蒙古、甘肃、青藏高原等地区，风力资源丰富，目前已采用了一些小型的风力发电装置，随着科学技术的进步，我国利用风力发电将会有更进一步的发展。风力发电的过程是，当风力使旋转叶片转子旋转时，风力的动能就转变成机械能，再通过升速装置驱动发电机发出电能。

风能是十分丰富的自然资源，目前，风力发电在稳定可靠、降低成本方面已取得了很大的进展，100 kW 左右的风力发电装置已有了成熟的制造技术和运行经验。这些成果都为这种省能源、无污染风力发电的快速发展打下了坚实的基础。

7) 潮汐发电厂

利用海水涨潮、落潮中的动能、势能发电就是潮汐发电。我国的沿海储存的潮汐能量丰富，已投产了世界上最大容量之一的潮汐发电厂。

潮汐发电厂一般建在海岸边或河口地区，与水电厂建立拦河堤坝一样，潮汐发电厂也需要在一定的地形条件下建立拦潮堤坝，形成足够的潮汐潮差及较大的容水区。潮汐电厂一般为双向潮汐发电厂，涨潮及退潮时均可发电。涨潮时将潮水通过闸门引入厂内发电，退潮前储水，退潮后打开另外的闸门放水进行发电。

2. 变电所的类型及特点

变电所是接收、变换和分配电能的场所，主要由电力变压器、高低压开关柜、保护与控制设备以及各种测量仪表等装置构成。配电所没有变压器，是接收和分配电能的场所。正确、合理地选择变配电所所址，是供配电系统安全、合理、经济运行的重要保证。变配电所位置应根据下列要求综合考虑确定：

接近负荷中心，并靠近电源侧；进出线方便(特别是低压出线多，出线要方便)；设备运输、安装方便(尤其在高层民用建筑中，要考虑运输条件)；不应设置在有剧烈振动的场所；不应设置在厕所、浴室、地势低洼或可能积水的正下方或邻近的地方；不应设置在多尘、水雾(如大型冷却塔)或有腐蚀气体的场所，如无法远离时，不应设在污染源的下风侧，也不应设在有爆炸和火灾危险场所；要考虑发展和扩建的可能。

变配电所的形式按周围环境大致分为户内和户外两种，详细地可分为以下几种：

(1) 独立式变配电所为一独立建筑物。独立变配电所常用在企业总降压变电所和民用建筑中，以及建筑物较为分散的小区中。有条件的也可设置户内成套变电所。图 3-29 是浙江某超高层变电所图片。

图 3-29　浙江某超高层变电所

(2) 露天变电所变压器设置在室外，常用于企业和中小城镇的居民区，现在城市和居民小区常用户外成套变电所。

(3) 附设式变配电所又分为内附和外附两种。为节省占地面积，在企业车间内、外或民用建筑两侧或后面，可设置变配电所，但不能设置在人员密集场所上下方或主要通道两旁。

(4) 设在一般建筑物及高层建筑物内部的变配电所是民用建筑中经常采用的一种形式，变压器一律采用干式的，高压开关一般采用真空断路器，也可采用六氟化硫断路器，但通风条件要好，从防火安全角度考虑，尽量不用油断路器。

3.3.4 电力系统的接线方式和电压等级

电力系统的接线方式对电力系统的运行安全及系统的经济性影响很大。在选择电力系统的接线方式时，应考虑使系统接线紧凑、简明。线路尽量深入负荷中心，简化电压等级，保证操作人员安全。同时，对系统的调度、操作要灵活、可靠、方便。还要使接线投资费用少、运行费用省。

1. 电力系统的接线方式

电力系统的接线方式一般分为开式电力网和闭式电力网两类。

1) 开式电力网

由一端电源向用户供电的电力网叫开式电力网或单端电源电力网，采用这种接线方式，用户只能从一个方向获得电源。开式电力网的接线方式中有放射式、干线式和链式，如图3-30所示。

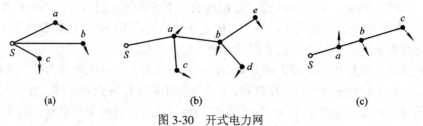

图 3-30　开式电力网

(a) 放射式；(b) 干线式；(c) 链式

开式电力网接线方式简单，运行方式经济，但其可靠性较低，不适用于一级负荷比重较大的场合，但依靠自动装置、继电保护的配合，也可以向二级负荷供电。图 3-30(a)所示放射式接线的优点是各放射线路互不受影响，供电可靠，并能保证电压质量，但用线较多，该接线方式一般用于向容量较大的三级负荷或一般的二级负荷供电。干线式、链式接线方式的可靠性不如放射式接线好，但其负荷点较多，所用的接线较少，如在干线或分支线的适当地方加装开关器件，也可以提高这种接线方式的可靠性和灵活性。

2) 闭式电力网

闭式电力网是由两条或多条电源线路向用户供电的电力网。图 3-31 所示为闭式电力网的示意图。

由于闭式电力网的负荷是由两条及以上的电源线路供电的，因此供电的可靠性高，适用于对一级负荷的用户供电。图 3-31(f)所示的复杂闭式网络，有多个电源，可靠性高，线路运行、检修灵活，但接线多，投资大，操作较复杂。目前这种接线方式多用于发电厂之间、发电厂与枢纽变电站之间的联系，供电网络很少采用。

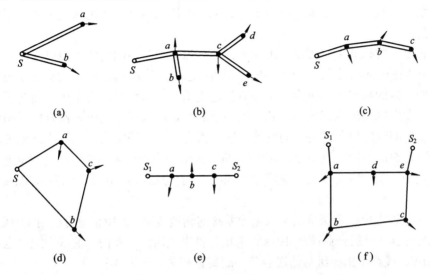

图 3-31 闭式电力网

(a) 放射式；(b) 干线式；(c) 链式；(d) 环式；(e) 两端供电网；(f) 复杂闭式网

　　近代电力系统接线是很复杂的，电源的位置、负荷的特点及负荷分布的不同，使得输配电网络接线也不相同。例如，城市型电力系统以围绕城市周围采用正常开环运行的环形网络供电。而农用电网多采用辐射式架空线路供电，各种电压等级线路的供电半径比城市型配电网大得多。远距离型电力系统，通过远距离输电线路，把大型水电厂、矿口火电厂、核电厂的电能送往大城市及工业中心，这类系统常为开式系统，其输送电能时可采用超高压交流输电线路、超高压直流输电线路或交、直流并列的输电线路。

2. 电力系统的额定电压等级

　　电力系统的额定电压等级是由国家制定颁布的。表 3-7 是我国公布的标准额定电压表。

表 3-7　我国交流电力网和电气设备的额定电压

	电力网和用电设备额定电压	发电机额定电压	电力变压器额定电压	
			一次绕组	二次绕组
低压/V	220/127	230	220/127	230/133
	380/220	400	380/220	400/230
	660/380	690	660/380	690/400
高压/kV	3	3.15	3 及 3.15	3.15 及 3.3
	6	6.3	6 及 6.3	6.3 及 6.6
	10	10.5	10 及 10.5	10.5 及 11
	—	13.8，15.75，18，20，22，24，26	13.8，15.75，18，20	—
	35	—	35	38.5
	63	—	63	69
	110	—	110	121
	220	—	220	242
	330	—	330	363
	500	—	500	550
	750	—	750	—

注：表中"/"左侧数字为三相电路的线电压，右侧数字为相电压。

电气设备在额定电压下运行时，其技术经济性能最好，也能保证其安全、可靠地运行。由于有了统一的额定电压标准，电力工业、电工制造业等行业才能实现生产标准化、系列化和统一化。

从额定电压的标准中，可以看出如下特点：用电设备的额定电压和电网的额定电压一致；发电机接在电网的首端，其额定电压比同级电网额定电压高5%，用于补偿电网上的电压损失；变压器的额定电压分为一次绕组额定电压和二次绕组额定电压，当变压器接于电网首端、与发电机引出端相连时，其一次绕组的额定电压应与发电机额定电压相同，变压器的二次绕组的额定电压是绕组的空载电压，当变压器为额定负载时，绕组阻抗所造成的电压损失约为5%，另外，变压器二次侧向负荷供电相当于电源的作用，其额定电压应比同级电网额定电压高5%。考虑上述几种因素，二次绕组额定电压应比同级电网额定电压高10%。

220 kV及以上电压等级多用于大电力系统的输电线路；大型企业可选用110 kV、35 kV电压为电源电压，一般企业选用10 kV电压为供电电压。企业内部的低压配电压一般采用380/220 V。线路电压等级与输送容量、距离也相关，见表3-8。

表3-8 线路电压等级与输送容量、距离间的关系

线路额定电压/kV	输送容量/MW	输送距离/km	线路额定电压/kV	输送容量/MW	输送距离/km
0.38	<0.1	<0.6	110	10.0～50.0	150～50
3	0.1～1.0	3～1	220	100.0～300.0	300～100
6	0.1～1.2	15～4	330	200.0～1000.0	600～200
10	0.2～2.0	20～6	500	800.0～2000.0	1000～400
35	2.0～10.0	50～20			

3.3.5 电力系统的电能质量及负荷曲线

1. 电力系统的电能质量

决定电力系统质量的指标是电压、波形和频率。

电力系统中，理想的电压应该是幅值始终为额定值的三相对称正弦波电压，但由于系统中存在阻抗及用电负荷的变化，并且用电负荷具有不同的性质和特点，造成了实际电压在幅值、波形和对称性上与理想电压之间出现偏差。电压的质量指标是按照国家制定的标准或规范，对电压的偏移、波动和波形的质量来评估的。

电压偏移是指电网实际电压与额定电压之差(代数差)。电压偏移也称电压损失，通常用其对额定电压的百分数来表示。电压偏移必须限制在允许的范围内，我国在《供用电规则》中规定，用户受电端的电压变动幅度应不超过额定电压的：35 kV及以上供电和对电压质量有特殊要求的用户为±5%，10 kV及以下高压供电和低压电力用户为±7%，低压照明用户为5%～10%。

电压波动是电能质量的重要指标之一。所谓电压波动，是指电压在系统电网中作快速、短时的变化。变化更为剧烈的电压波动称为电压闪变。急剧的电压波动在生产上会影响到产品的质量，可能使电动机无法正常启动，引起同步电动机转子振动，电子设备无法正常工作等。电压波动和闪变主要是由于用户负荷的剧烈变化所引起的。例如，电动机的启动，电网的启动或恢复时的自启动电流，大型设备如轧钢机的同步电动机启动，大型电焊设备、电弧炼钢炉等都是目前造成电压波动和闪变的重要原因。

抑制或减少电压波动、闪变的主要措施有：采用合理的接线方式，对负荷变化剧烈的大型设备，采用专用线或专用变压器供电，提高供电电压，减少电压损失，增大供电容量，减少系统阻抗，增加系统的短路容量等。

电压波形的质量是用其对正弦波畸变的程度来衡量的。如果在系统和用户处存在谐波干扰，则系统中的电压、电流波形将发生畸变。

在电力系统中，高次谐波电流或电压产生的主要原因是由于系统中存在着各种非线性元件，例如，气体放电灯、变压器、感应电动机、电焊机、电解设备、电镀设备等，这些设备工作时都要产生谐波电流或谐波电压。最严重的谐波干扰来自容量不断增大的大型晶闸管整流装置和大型电弧炉的运行，它们产生的高次谐波电流是目前最主要的谐波源。

高次谐波电流通过电动机、变压器，将增大铁损，使电动机、变压器铁芯过热，缩短使用寿命。目前，对高次谐波电流或电压抑制的主要措施有：限制接入系统的变流设备及交流调压设备的容量，提高供电电压或单独供电等。

2．电力系统的负荷曲线

负荷曲线是电力负荷随时间变化的图形。负荷曲线画在直角坐标系内，纵坐标表示电力负荷的大小，横坐标表示对应的时间。

负荷曲线又分为有功负荷曲线、无功负荷曲线、日负荷曲线、年负荷曲线等。

日负荷曲线代表电能用户 24 h 内用电负荷变化的情况；年负荷曲线代表电能用户全年内用电负荷变化的情况。图 3-32 是某厂日负荷曲线。

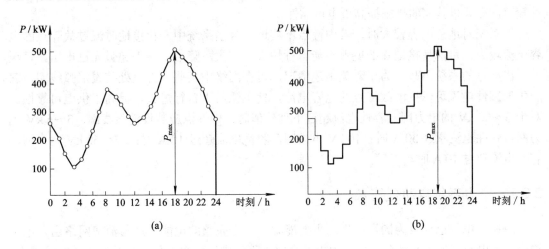

图 3-32　某厂日负荷曲线
(a) 折线形负荷曲线；(b) 阶梯形负荷曲线

负荷曲线可直观地反映出电能用户的用电特点和规律，即最大负荷 P_{max}、平均负荷 P_{av} 和负荷波动程度。同类型的企业或民用建筑有相近的负荷曲线。对于从事供配电系统设计和运行人员了解上述情况是很有益的。

3.3.6　电力系统中性点的运行方式

电力系统中性点是指接入系统的星形连接的变压器或发电机绕组的中性点。它的接地方式是一个涉及到短路电流大小、绝缘水平、供电可靠性、接地保护方式、对通信的干扰、系统接线方式等很多方面的问题。

电力系统中性点的接地方式分为两大类。其一是电力系统中性点直接接地；其二是电力系统中性点不接地，包括中性点经消弧线圈接地。

电力系统的三相对地电容相等，它们相当于连在系统上的一个星形负荷，这个星形负荷的中性点为大地。因此，正常对称运行的电力系统的中性点不管接地与否，它对地的电压恒为零，各相对地电压就为它们各自的相电压，但是在系统中发生接地故障时，流入接地点的电流及各相对地电压的大小等，就与电力系统的中性点接地与否有很大关系了。

下面着重就电力系统中发生单相接地故障时电力系统中性点处于不同运行方式所对应的工作状况进行分析和比较，从而得出电力系统中性点各种运行方式的适用范围。

中性点不接地系统中一相接地时，不形成短路，故障点电流仅为系统的对地电容电流，线电压仍对称，可见，此种故障发生时，既无短路电流对电气设备的危害，又不影响正常的电能传输，故此时一般不立即断开线路开关。瞬时性接地一般能在短时内自动恢复正常，对永久性接地也允许系统继续运行，待查出故障线路或故障点后再进行适当处理。所以这种方式的供电可靠性高。在我国 3～60 kV 电压等级的系统中的中性点不接地。

在电压等级较高的系统中，绝缘费用在设备总价格中占的比重相当大，降低绝缘水平将带来很大的经济效益。因此，我国电压在 110 kV 及以上的系统中，其中性点采用直接接地方式。这种方式当单相接地时将形成短路，一般需迅速断开相应断路器，因此供电可靠性较差，需要以其他的措施提高供电可靠性。

当系统对地总电容较大时，若中性点不接地，且当系统中一相接地时流过故障点的电容电流较大，可能使接地点的电弧不能自行熄灭，扩大故障点，并引起弧光过电压，甚至发展成严重的系统事故。为了避免上述情况，可在网络中某些中性点处装设消弧线圈，它产生的感性电流可以抵消故障点的电容电流，使电弧易于自行熄灭，提高了供电可靠性。对于 3～60 kV 的电力网，容性电流超过下列数值时，中性点应装设消弧线圈：3～6 kV 电力网，容性电流超过 30 A 时；10 kV 电力网，容性电流超过 10 A 时；35～60 kV 电力网，容性电流超过 10 A 时。

3.3.7　电力系统自动化技术

现在，电能已经成为国计民生的主要能源。一个完整的电能生产与消费网络由发电、输电、配电及用电等几部分组成。由于一个电力系统中所包含的厂、站及线路的数量很大，且纵横连线，在控制系统的分类中，它属于"复杂系统"，而且分布辽阔，大者达千余千米，小的也有几百千米，加上电能在生产与消费过程中的不可储藏性，因此又是很有特点的复杂系统。它不但要求每一时刻发出的电能等于系统消费的总电能，而且要求所有的中间传输环节都畅通无阻，使发出的电能有秩序地输送开来，耗尽无遗。对于电力系统，除了发电供不应求，会使部分用户停电，造成用户的损失外，中间传输环节的任何阻滞(无论这种阻滞是人为的还是外界因素造成的设备故障),都会在发电与用电两端同时发生"过剩"与"不足"两种截然相反的不正常状态,严重时系统可能因此而解列、崩溃,造成大面积恶性停电,使国民经济遭受重大损失。因此,为了保证电力系统可靠、安全地连续供电,电力系统都设有调度所,负责各厂、站间电能生产(各厂、站之间虽有功率的交流却并不需要信息的有效交换),电能传输的调度与管理。调度所与厂、所之间只有运行数据信息的变换,是电力系统中的软环节。电力系统自动化就是为电力系统的安全、可靠及经济地运行服务,目的性是十分明确的。与其他复杂系统的自动控制相仿,电力系统的自动化也是分层实现的。

图 3-33 为复杂系统的分层控制示意图。第一层是直接控制器,直接控制器从被控设备直接获取运行状态信息,并按给定值或给定规律控制这些信息(可以是开环顺控的,但一般是指经反馈后闭环),进而达到直接控制生产过程的目的。直接控制器是复杂系统控制的基础设施,其结构可靠、动作快速、效果直接且明显,是数量最多、普遍应用的一类自动装置。在复杂系统的自动控制方案中,只要条件许可,一般都尽量采用直接作用的控制装置。分层控制的第二层是监督功能层,它表示直接控制器还应具备对被控设备的监督功能,包括越限报警、越限紧急停车、阻止越限运行及紧急启动等。监督功能一般由设在直接控制器中的专门部件执行,其整定值则根据制造厂或上级技术管理机构的规定来确定。第三层是寻优功能层,寻优功能指自寻稳态最优解的功能。稳态最优解一般在多个设备并行工作时出现,最优解的结果一般作为控制器的给定值。第四层是协调功能层,协调是指在全系统范围内的协调。复杂系统内的被控设备,根据其工作条件与要求,分别采用直接控制及监督与寻优的分层处理后,剩下的就是要在全系统内进行协调处理的内容,线索较为清晰,需要协调的内容也大为减少,使协调功能能够实时地进行,协调的结果应该是寻优功能的依据。图中的第五层为经营管理层,该层表示应把全系统的技术运行状态与经营依据,如市场、原料、人员及其素质、计划安排等进行综合分析,用以指导系统的协调功能。电力系统的自动化是结合了电力系统运行的特点,按照复杂系统控制的一般规律,分层实现的。实现电力系统自动化所需的电力系统方面的基础知识在"电力系统"课程中讨论,所需的控制理论方面的基础知识则在"自动控制理论"课程中讨论。

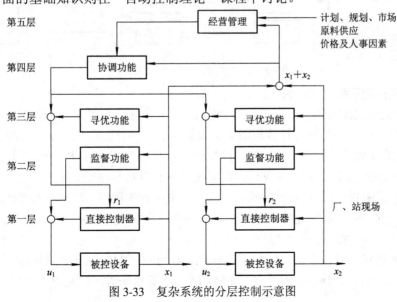

图 3-33 复杂系统的分层控制示意图

3.3.8 典型应用技术举例

1. 计算机控制在发电厂中的应用

近年来，发电厂的规模越来越大，机组向大容量、高参数发展。单机容量的不断增大，对运行参数与操作的要求变得非常严格，仅靠人工来进行控制已十分困难。国外对单机容量 2000 MW 以上的发电机组，一般都配备计算机，以提高运行的安全性和可靠性，并能获得较好的经济效益。

1) 计算机控制系统简介

计算机控制系统由中央处理机(CPU)、外围设备和外部设备组成。图 3-34 为一个计算机控制系统示意图。图中画出了计算机控制系统与生产过程的联系。生产过程中的运行参数通过外围设备送入 CPU，经 CPU 进行计算、分析、判断。然后，再经过外围设备送到执行机构对生产过程进行控制，或送到外部设备去进行打印、制表和显示。

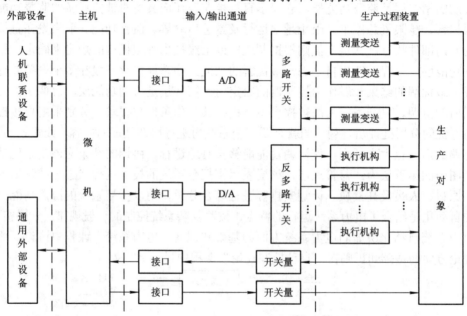

图 3-34　计算机控制系统示意图

对计算机控制系统的要求为：

(1) 中央处理机(CPU)。为了使生产过程的各种参数按一定的规律或数学模型进行计算和分析，CPU 必须具备与通用计算机类似的运算功能。另外，还应有以下功能：

① 高度的可靠性。发电厂是连续生产的部门，要求 CPU 能够长期稳定地运行。

② 应有较强的中断系统。计算机控制系统必须具有实时功能。在生产过程发生紧急情况时应立即申请中断。CPU 响应中断后，暂停原来执行的程序，转而执行相应的中断处理程序，对生产过程进行紧急处理。处理完毕以后再返回中断点继续执行原来的程序。

③ 具有实时时钟。在对生产过程的控制中，往往要求记录某些事件发生的时间，按照规定的时间表进行各种操作，当发生某事件后，经过规定的时间就必须进行某种操作等。因此，在 CPU 执行的程序中，需要有一个时间参数，而这个时间参数就靠实时时钟来提供。

通常，有两种实施方法：一种是有一个实时时钟作为外部设备，程序可以去读时间，也可以给实时时钟规定用多长时间来申请一次中断；另一种是在 CPU 或外部设备中有一个基本的时标发生器，再利用中断及软件配合来产生各种时间间隔。后一种方法虽然要占用 CPU 的时间，但较经济。

(2) 外围设备。发电厂生产过程的运行参数大致可归纳为两类：模拟量和开关量。模拟量是指连续变化的量，如压力、温度、流量、电流、电压等。开关量是指有两个状态的变量，如某断路器的"合"与"断"，某台水泵的"开"与"停"等。计算机控制系统要对生产过程进行监视与控制，必须把这些模拟量与开关量输入至 CPU 中，经计算、分析、判断后，再输出模拟量和开关量，以进行调节和操作。这些模拟的输入与输出设备称为外围设备，或称过程输入、输出装置。

(3) 外部设备。外部设备包括计算机控制系统正常工作所必需的设备，如外存储器(磁盘、磁鼓、软盘)、宽行打字机、屏幕显示器、电传打字机、x-y 绘图仪等设备。通过这些设备，可以存储大量信息、输入程序、进行人机联系等。

2) 发电厂的计算机监视与控制系统功能

(1) 正常工况下的监控。在正常工况下需要监视与控制的项目相当多，主要有以下几个参数。

① 运行参数的监视。计算机按照生产过程运行参数的重要程度分成几类，按不同周期进行检查和监视，如发现异常，能立即显示、打印并报警。另外，也可由运行人员通过控制台要求计算机对某些参数作检查，并把检查结果通过显示或打印向运行人员报告。

② 制表。计算机通过宽行打字机每天 24 h 准点打印必要的生产参数，代替运行人员抄表，以作为运行分析的依据。

③ 工况计算和最优控制。通过一定的数学模型对运行工况进行计算和调节，从而使机组维持运行在安全和经济的最优工况下。

④ 运行人员通过控制台命令计算机按规定的负荷发电。

⑤ 趋势分析和趋势预报。计算机除随时响应和处理被控对象发生的异常现象外，还应不断地对某些关键运行参数的趋势进行预测及分析。

(2) 机组的启动与停止。计算机能完成单元机组启停过程中的绝大部分操作和调整。运行人员只要发出一个"启动"命令，机组就能从自动点火开始，以滑参数的方式启动，直到并入电网，达到额定负荷为止。同样，若机组正在运行，需要它停下来，则发一个"停役"命令，机组就能以滑参数的方式逐步降温、降压减负荷，直到与电网解列，全部停役为止。在机组启停过程中，运行人员亦可通过控制台直接干预计算机的工作。

(3) 事故分析与处理。机组在运行时，偶然出现了事故情况，如锅炉水位因某种原因而超越了限值，计算机将立即进行事故分析与处理，对有关的参数和设备进行调整，使其恢复正常。如果通过处理无法使事故消除，则应紧急停机。

3) 计算机控制系统软件

计算机控制系统要完成上述的功能，必须预先编制一套程序(软件)，才能有规律地工作。所以，软件系统是计算机控制系统的重要组成部分。软件可以分为以下三类。

(1) 应用程序(目的程序)。应用程序包括为所有监视和控制功能而专门编制的一系列程序。

(2) 管理程序(操作系统)。要使发电厂在计算机控制下运行，按其功能范围不同，上述的这种应用程序往往有几十个甚至上百个。计算机每一时刻应当执行什么程序，这是一个复杂的管理和调度问题。如果没有统一的管理和调度，势必将发生混乱或造成生产事故。因此，统一管理和调度的任务就由单独的一个程序——管理程序来完成。管理程序除调度与管理应用程序外，还应包括外部、外围设备管理，外存储器管理，中断管理，时钟管理，人机联系程序，服务性子程序库。

(3) 自诊断程序。自诊断程序是用来发现硬件故障的程序。一系列的诊断可以在诊断执行程序的操纵下找出故障元件或部件所在的部位。故障的定位可以准确到接插件或某印刷电路板。

4) 几类典型的计算机控制系统

(1) 数据采集系统。计算机在电厂中最简单的应用是数据采集(如图 3-35 所示)。把需要收集的运行参数(数据)通过外围设备，变为数字量后送入内存。这时的数据是检测仪表所输出的相应电压值。计算机再把这些数据用适当的公式换算成以相应运行参数工程单位表示的数。必要时也可进行数据的存储和打印。

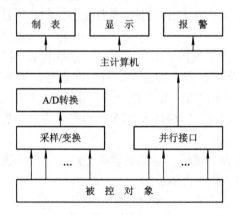

图 3-35　数据采集系统

通常，数据采集只是作为计算机控制系统的一部分。它的目的是记录生产过程的历史资料和在各种不同情况下研究生产过程，以建立或改善生产过程的数学模型。

(2) 操作指导系统。在发电厂控制中，操作指导的方式就是运行状况的安全监视。在这种方式中，计算机的输出不直接去控制生产过程，而仅输出一些数据或操作建议，然后由操作人员去进行控制。这种方式的原理图如图 3-36 所示。

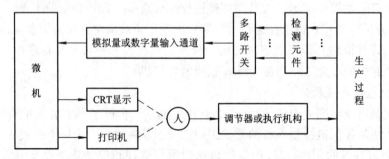

图 3-36　操作指导系统

在这种方式中，每隔一定的时间，就把运行参数送入计算机，计算机就按生产流程的要求，计算出各控制量应有的合适或最优的数值，在显示器上显示出来，或者打印出来。运行人员就按这些参数去改变各调节器的设定值，或操作执行机构。这样，计算机控制系统就起了一种操作指导的作用。此外，越限或事故报警，也是操作指导的一部分内容。

如对锅炉燃烧来讲，当燃料种类改变时，计算机就可以进行计算，以便确定各调节系统中的设定值。这样，可以使锅炉维持在合理的情况下运行。采用计算机操作指导方式的优点是比较灵活和可靠。计算机给出的操作指导，运行人认为不合适就可以不采纳。所以，这种方式常用于计算机控制系统设置的初期阶段，或用于试验新的数学模型和调试新的控制程序。

(3) 监督控制系统。在上面所述的操作指导方式中，实际去调整调节系统设定值的是运行人员。而在监督控制方式中，则是由计算机输出，通过外围设备直接去调整调节系统的设定值。所以这种方式又称为设定值控制方式，如图 3-37 所示。在计算机数据输入方面，监督控制方式与操作指导方式无多大差别，计算机进行的控制计算也大致相似。但在计算机的输出方面，两者却有很大差别。监督控制方式中，计算机的输出要直接去调整调节系统的设定值。如果调节系统需要电压输入，则计算机就要通过外围设备中的模拟量输出装置进行输出。如果调节系统设定值的改变采用步进电机驱动，则计算机就应算出步进电机必须转动的步数，并需规定其转向。

监督控制的优点是：能使生产过程始终在最合理的状态下运行，避免了不同的运行人员用各自的办法去调整调节系统的设定值所造成的控制差异；另外，计算机因某种原因而退出运行时，生产过程仍可由各调节系统独立控制而不会受到严重影响。当然，此时的控制品质会降低。要实现监督控制，主要是软件问题，也就是说，其控制效果主要取决于数学模型的精度、算法的优劣和编程的技巧。

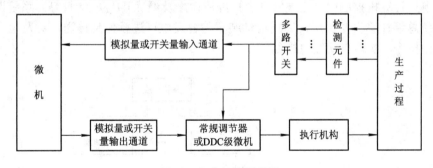

图 3-37　监督控制系统

(4) 直接数字控制系统。在一个生产过程中，往往要用到若干套模拟调节器，它们各自按照其设定值工作，使整个生产过程维持在正常的工况。直接数字控制方式是用一台计算机或数台微处理机来代替过程控制中所有的模拟调节器，这样，可以得到很大的经济效益。计算机数据输入与监督控制方式无多大差异，但其输出却不是去改变调节系统的设定值，而是直接去控制生产过程，因此称为直接数字控制。直接数字控制方式原理图如图 3-38 所示。直接数字控制方式要求计算机控制系统有很高的可靠性，并且当计算机发生故障时，能安全地转入人工控制。另外，当计算机故障被排除后，从人工控制返回计算机控制时，应该对生产过程无冲击现象。

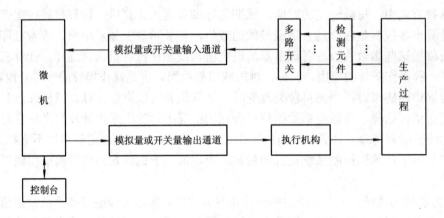

图 3-38　直接数字控制系统

直接数字控制方式的优点是灵活性大。因为计算机有很强的计算能力，可以适应复杂的控制规律，而且控制规律要改变时，仅改变其应用程序即可，故比较简便。

(5) 分层控制系统。在工业生产中开始应用计算机时，是分别在生产管理和过程控制两方面同时发展的。后来，由于生产规模越来越大，信息量越来越多，对计划管理和信息收集的及时性要求越来越高，这就要求计算机管理系统能直接指挥生产过程的计算机控制系统，也就是说要建立多层计算机控制系统。

图 3-39 是分层计算机控制系统的概念图。直接控制层直接用于控制生产过程。在这一层中，主要进行 PID 等各种直接数字控制，并可进行数据采集、监视报警等工作。监督控制层主要进行最优控制计算，指挥直接控制层工作，调整直接控制层中计算公式的参数并对运行人员发出操作指示等。厂级调度层主要进行生产计划和调度，并指挥监督控制层工作。在发电厂计算机控制中，主要实现全厂经济调度及最优开/停机计划等。系统调度层就是电力系统总调计算机监控层，通过远动装置与各发电厂进行信息传送，对发电厂的厂级调度层发出指令，实现自动发电控制。

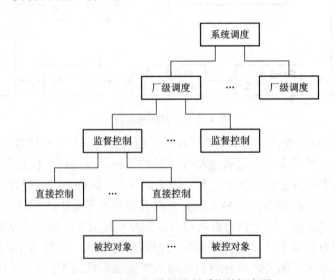

图 3-39　分层计算机控制系统的概念图

2. 微机继电保护技术

1) 微机继电保护的发展概况

微机继电保护可以说是继电保护技术发展历史进程中的第四代，即从电磁型、晶体管型(又称半导体型或分立元件型)、集成电路型到计算机型(微机型)。按最初的技术发展，电子计算机可分为模拟式电子计算机和数字式电子计算机，但由于数字式电子计算机技术的飞速发展和模拟式电子计算机技术发展的相对停滞，所以现在所称的"计算机"就成为数字式电子计算机的代名词。计算机继电保护或"微机保护"就是指以数字式计算机(包括微型计算机)为基础而构成的继电保护。

现代的计算机式继电保护，源于 20 世纪 60 年代中后期，在英国、澳大利亚和美国的一些学者的倡导下开始进行研究。首先进行的是理论计算方法和程序结构的研究。数值计算是在"采样值"的基础上进行的，即是将电流、电压的模拟量在恒定时间间隔的相关时刻的采样值进行数字化以后，通过计算机对这些数字量信息进行运算处理，以实现继电保护功能。在 20 世纪 70 年代，各国的专家学者围绕算法理论作了大量的工作，为计算机继电保护的发展奠定了比较完整和牢固的基础。经过 20 世纪 80 年代的继续努力，计算机保护的算法已发展的比较完善和成熟。

在我国，计算机继电保护技术的研究和开发起步较晚，比先进国家大约滞后 10 年。由于我国继电保护工作者的努力，经过 10 年左右的奋斗，到 20 世纪 80 年代末，计算机继电保护，特别是输电线路的微机保护已发展到大量采用的程度。在东北电力系统、河北电力系统，由于运行部门的重视，其普及程度很高。到 20 世纪 90 年代中期，其他各个电力系统也已得到一定程度的推广。

我国计算机保护的研究最早于 1978～1980 年前后，在一些高等学校和个别研究机构展开。随着我国培养研究生制度的正式建立，很多研究生以此为课题进行研究。一些在国外深造并学成回国的研究生和访问学者也以此为课题，取得了初步的成果。在此基础上，1983 年造出了我国首台微机距离保护的样机，经过反复试验和修改，1984～1985 年间投入试运行。与此同时，也有一些其他原理方案、算法以至样机陆续在研制，包括变压器保护和发电机的某些保护在内。

到 20 世纪 90 年代中叶，我国的计算机继电保护除个别品种外，基本能满足各级电压的各种电力设备对继电保护的要求。在各种计算机保护装置发展的同时，利用计算机的特有的优势，还发展了许多新的保护原理，特别是故障分量原理和自适应式保护原理，这些原理的引入，使继电保护的性能得到了很大的完善和提高。由于继电保护研究人员、设计人员和运行维护人员的共同努力，我国的计算机保护技术得到了很大的发展和完善，在电力系统中起着重要的作用。据统计，1995 年我国电力系统中的微机型继电保护的正确动作率达 97.26%，与常规的继电保护的正确动作率相当，这标志着微机保护已达到正常使用和运行的阶段。

2) 微机继电保护的基本构成

继电保护的任务是判断电力系统有关设备是否发生故障而决定是否发出跳闸命令，使发生故障的设备尽量迅速地与电力系统隔离。为此，首先要取得与被保护设备有关的信息，根据这些信息，依据不同的原理，进行综合和逻辑判断，最后做出决策，并付诸执行。所以，继电保护的基本结构大致上可以分为三部分：信息获取与初步加工；信息的综合、分析与逻辑加工、决策；决策结果的执行。

早期，在机电型继电器中，电流、电压直接加到继电器的测量机构，并变换成机械力，然后在机械力的基础上进行比较判别，中间并不需设置其他的变换、隔离等环节。随着电子技术的引入，为了满足电子器件的弱信号的要求，在电流互感器、电压互感器与电子电路之间需要设置一些变换环节，通常使用电流变换器、电压变换器和电抗变换器等。在晶体管型继电保护、整流型继电保护以及集成电路型继电保护中都采用类似的变换环节。它们之间没有本质的差别，这些环节可以称为"信息预处理"环节(见图3-40)。

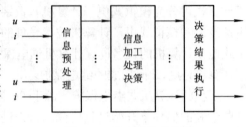

图 3-40　继电保护的构成

由于计算机是数字电路，其工作电平比集成电路的工作电平还低，因此，计算机继电保护同样也需要设置信息预处理环节，需要隔离屏蔽、变换电平等处理。

继电保护的主要任务是操作、控制有关断路器，使发生故障的设备迅速与电力系统其余正常的部分隔离开来，最大限度地减轻故障对电力系统的影响和故障设备的损坏程度。这种操作是通过控制跳闸线圈来实现的，也就是给线圈通入电流实现的。电流可以由触点控制，也可以由无触点的半导体器件控制。出于可靠性的考虑，目前基本上仍采用有触点的小型中间继电器，组成必要的出口逻辑。这个方面，计算机继电保护与模拟式继电保护基本是一致的。

计算机继电保护与常规的模拟式保护的根本区别是在中间部分，即信息的综合、分析与逻辑加工、决断的环节。常规的模拟式保护是靠模拟电路来实现的，即用模拟电路实现各种电量的加、减、乘、除和延时与逻辑组合等操作。而计算机保护，即数字式继电保护却是用数字技术进行数值(包括逻辑)运算来实现上述功能的。数字式电子计算机上的数字和逻辑运算是通过软件进行的，即这些运算是通过预先按一定的规则(语言)制定的计算程序进行的。这是与模拟式继电保护截然不同的工作模式。也就是说，计算机式继电保护是由"硬件"和"软件"两部分组成的，硬件是实现继电保护功能的基础。而继电保护原理是直接由软件来实现的，不同的程序可以实现不同的原理。程序的好坏、正确与错误直接影响着保护性能的优劣、正确或错误。

3) 微机继电保护的特点

研究和实践证明，微机保护有许多优点。其主要特点如下：

(1) 改善和提高继电保护的动作特性和性能。用数学方程的数字方法构成保护的单元，动作特性可以得到很大的改进，可以得到常规保护(模拟式)不易获得的特性；用它的记忆功能可以更好地实现故障分量保护；可引进自动控制的理论，如自适应控制、状态预测、模糊控制及人工神经网络等。

(2) 可以方便地扩充其他辅助功能。可以打印、存储故障前后电量波形，即故障录波，同时可对波形进行各种分析；可以打印、存储故障报告，包括日期、时间、保护动作元件、时间先后、故障类型；可以利用线路故障记录数据进行故障定位；可以通过计算机网络、通信系统实现与厂站监控交换信息，从而可以在远方改变设定值或工作模式。

(3) 工艺结构条件优越。微机保护硬件通用，制造容易统一标准，装置体积小，可减少盘位数量，并且功耗低。

(4) 可靠性容易提高。数字元件的特性不易受温度变化、电源波动、使用年限的影响，不易受元件更换的影响。自检能力强，可用软件方法检测主要元件、部件工况甚至功能软件本身。

(5) 使用方便。维护调试方便，可缩短维修时间。依据运行经验，可在现场通过软件方法改变特性、结构。

(6) 保护的内部动作过程不像模拟式保护那样直观。

自从微型计算机引入继电保护以后，继电保护技术在一些方面得到了明显的改进。尤其是微机保护在利用故障分量(或称做突变量)方面得到了长足的进步。另一方面，自适应控制理论与继电保护结合而产生的自适应式计算机保护也得到了较大的发展。这些技术在不同方面，不同程度地完善了常规集成电路保护的性能和指标。计算机通信和网络技术的飞速发展及其在电力系统中的广泛应用，使得变电站和发电厂的集成控制及综合自动化得以实现，并简化了保护和控制系统的结构。

3. 电网调度自动化技术

1) 电力系统的运行状态

电力系统调度控制的内容与电力系统的运行状态是相关的。图 3-41 所示为电力系统的各种运行状态及其相互间的转变关系。

(1) 正常运行状态。在正常运行状态下，电力系统中总的有功出力和无功出力能满足负荷对有功和无功的需求，电力系统的频率和各母线电压均在正常运行的允许范围内，各电源设备和输变电设备又均在额定范围内运行，系统内的发电设备和输变电设备均有足够的备用容量。此时，系统不仅能以电压和频率质量均合格的电能满足负荷用电的需求，而且还具有适当的安全储

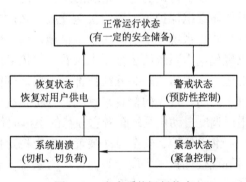

图 3-41　电力系统运行状态

备，能承受正常的干扰(如断开一条线路或停止一台发电机组)而不致造成不良的后果(如设备过载等)。在正常的干扰下，系统能达到一个新的正常运行状态。电网调度中心的任务就是尽量使系统维持在正常的运行状态。

(2) 警戒状态。电力系统受到灾难性干扰的机会虽然不多，大量的情况是在正常状态下由于一系列小干扰的积累，而使电力系统总的安全水平逐渐降低，以致进入警戒状态。在警戒状态下，虽然电压、频率都在容许范围内，但系统的安全储备系数降低了，因而削弱了对于外界干扰的抵抗能力。当系统发生一些不可预测的干扰或负荷增长到一定程度时，就可能使电压、频率的偏差超过容许范围，某些设备发生过载，使系统的安全运行受到威胁。

电网调度自动化系统要随时监测系统的运行情况，并通过静态安全分析和动态安全分析，对系统的安全水平做出评价。当发现系统处于警戒状态时，调度人员应及时采取预防

性控制措施(如增加发电机的出力、调整负荷、改变运行方式等),使系统尽快地恢复到正常状态。

(3) 紧急状态。若系统处于警戒状态时,调度人员不及时采取有效的预防性措施,一旦出现一个足够严重的干扰(例如发生短路故障,或一台大容量发电机组退出运行等情况),系统就可能从警戒状态进入紧急状态。这时可能有某些线路的潮流或某些主变压器、发电机的负荷超过极限值,以致系统的电压或频率超过或低于允许值。于是电网调度自动化系统就负担着特别重要的任务,它向调度人员发出一系列的告警信号。调度人员根据监视器屏幕或调度模拟屏的显示,掌握系统的全局运行情况,若及时采取正确而且有效的紧急控制措施,则仍有可能使系统恢复到警戒状态,进而再恢复到正常状态。

(4) 系统崩溃。在紧急状态下,如果不及时采取适当的控制措施,或者措施不够有效,或者因为干扰及其产生的连锁反应十分严重,则系统可能失去稳定,并解列成几个系统。此时,由于出力和负荷间的不平衡,不得不大量切除负荷及发电机,从而导致系统的崩溃。

(5) 恢复状态。系统崩溃后,整个电力系统可能已解列成几个小系统,并造成用户大面积的停电和许多发电机组的紧急停机。此时,要采取各种手段恢复发电机组出力,逐步对用户恢复供电,使解列的小系统逐步并列运行,并使电力系统恢复到警戒状态或正常状态。在这个过程中,调度自动化系统也是调度人员恢复电力系统运行的重要手段。

从以上讨论的电力系统的运行状态来看,在电力系统发生故障等大干扰的情况下,需要依靠继电保护等装置的快速反应,及时切除故障线路或元件。按频率降低自动减负荷装置是防止系统频率崩溃的基本措施,这些装置都是电力系统稳定运行必不可少的手段。但以现代电力系统的运行要求来看,仅依靠这些手段还不能保证电力系统的安全、优质、经济运行,因为这些装置往往都是根据局部的、事后的信息来处理电力系统的故障,而不能以全局的、事先的信息来预测、分析系统的运行情况和处理系统中出现的各种情况,所以电网调度自动化系统有着它独特的不可取代的作用。

继电保护、安全自动装置、安全稳定控制系统、电网调度自动化系统和电力专用通信网等现代化技术手段,是保证电力系统安全、优质、经济运行的五大支柱,是现代电力系统运行的必不可少的手段。

2) 电网调度自动化系统在电力系统中的作用和地位

电力系统运行的可靠性及其电能的质量与自动化系统的水平有着密切的联系。电力系统是一个大系统,电能的生产、输送及分配是在一个辽阔的区域内进行的,加上电磁过程本身的快速性,所以对电力系统运行控制的自动化系统提出了非常高的要求。电力系统的自动化系统由两部分组成:信息就地处理的自动化系统和信息集中处理的自动化系统。

信息就地处理的自动化系统的特点是能对电力系统的情况做出快速反应。如高压输电线上发生短路故障时,要求继电保护快速而及时地切除故障,保证系统稳定。而同步发电机的励磁自动调节系统,在电力系统正常运行时可以保护系统的电压质量和无功出力的平衡,在故障时可以提高系统的稳定水平。按频率自动减负荷装置能在电力系统出现严重的有功缺额时,快速切除一些较为次要的负荷,以免造成系统的频率崩溃。以上这些信息就地处理装置,其最大的优点是能对系统中的情况做出快速的反应,尤其是在电力系统发生故障时,其作用更为明显。但由于其获得信息的局限性,因而不能以全局的角度来处理问题。如频率及有功功率自动调节装置,虽然可以跟踪负荷的变化,但不能实现有功出力的经济分配。另外，信息就地处理自动装置一般只能"事后"处理出现的事件，而不能"事先"从全局的角度对系统的安全性做出全面、精确的评价，所以有其局限性。

信息集中处理的自动化系统(即电网调度自动化系统)，可以通过设置在各发电厂和变电站的远动终端(RTU)采集电网运行的实时信息，通过信道传输到设置在调度中心的主站(MS)，主站根据收集到的全网信息，对电网的运行状态进行安全性分析、负荷预测以及自动发电控制、经济调度控制等。当系统发生故障，继电保护装置动作切除故障线路后，调度自动化系统便可将继电保护和断路器的动作状态采集后送到调度员的监视器屏幕和调度模拟屏显示器上。调度员在掌握这些信息后可以分析故障的成因，并采取相应的措施使电网恢复供电。但是由于信息的采集、传输需要一定的时间，因此目前在发生系统故障时还不可能依靠信息集中处理系统来切除故障。

信息就地处理系统和信息集中处理系统各有特点，可互相补充而不能替代，但以往这两个系统的联系不够紧密。随着微机保护、变电站综合自动化等技术的发展，两个信息处理系统之间的相互联系必然会更加紧密。如微机保护的设定值可以远方设置，并随着系统运行状态的改变，可以使保护的整定值总是处于最佳状态。可以预料，随着计算机技术和通信技术的发展，电力系统的自动化技术将发展到一个新的水平。

3) 电力系统的分层控制

电能的生产、输送、分配和消费均在一个电力系统中进行，我国目前已建成五个大电网(华北、东北、华东、华中、西北电网)以及一些省网，并且在大网之间通过联络线进行能量交换，如葛洲坝到上海的葛沪 500 kV 直流输电线将华东和华中两大电网联系起来。另外按照各省、市行政体制的划分，电力系统的运行管理本身也是分层次的，各大区电管局，各省电力局，各市、县供电局均有其管辖范围，它的运行方式和出力、负荷的分配受到上级电力部门的管理，同时又要管理下一级电力部门，以保证整个电力系统能够安全、经济、高质量地发、供电。

受我国现行电网运行、管理体制的制约，我国电网实行五级分层调度管理：国家调度控制中心、大区电网调度控制中心、省电网调度控制中心及市、县电网调度控制中心。图3-42 是电网分层控制示意图。电网调度管理实行分层管理，因而调度自动化系统的配置也必须与之相适应，信息分层采集，逐级传送，命令也按层次逐级下达。为了保证电力系统的安全、经济、高质量的运行，对各级调度都规定了一定的职责。

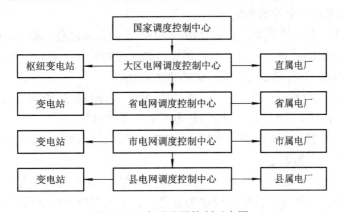

图 3-42　电网分层控制示意图

4) 分层控制的优点

(1) 从电力系统调度控制的角度来看，信息可以分层采集，只需把一些必要的信息转发给上一级调度部门。如地区调度控制中心可以采集本地区的出力和负荷，并把地区出力和负荷汇总后送到上一级调度部门，对出力和负荷的控制也同样，上一级调度只需向下一级调度发出出力和负荷的总指标，由下一级调度进行控制。这样做既减轻了上级调度的负担，又加速了控制过程，同时减少了不必要的信息流量。

(2) 在分层控制的电力系统中，若局部的控制系统发生故障，一般不会严重影响电力系统的其他控制部分，并且各分层间可以部分地互为备用，从而提高了电力系统运行的可靠性。在电力系统中，即使在紧急状态下部分电网与系统解列，也可以分别独立地运行，因为局部地区也有相应的调度自动化系统，可以对电网实现监控。

(3) 实现分层控制以后，可以大大地降低信息流量，因而减少了对通信系统的投资。同样，分层以后减轻了计算机的负荷，投资也相应地下降。

(4) 分层控制的自动化系统结构灵活，可适应电力系统变更或扩大的需要。

总之，分层控制不仅是可能的，而且是必要的，采用分层控制后可以使电力系统的监视和控制更可靠和有效。

5) 电网调度自动化系统功能简介

电网调度自动化系统的功能必须与其调度的职能相匹配。由于各级调度的职责不同，因而对其调度自动化系统的功能要求也不一样。另外，调度自动化系统的功能也有一个层次，其高一级的功能往往构建在某些基础功能之上。下面简单介绍各级功能的内容和含义。

(1) 数据采集和监控(SCADA)功能。它是调度自动化系统的基础功能，也是地区级或县级电网调度自动化系统的主要功能。主要包括以下一些方面。

① 数据采集：主要包括模拟量、状态量、脉冲量、数字量等的采集。

② 信息的显示和记录：包括系统或厂站的动态主接线、实时的母线电压、发电机的有功和无功出力、线路的潮流、实时负荷曲线、负荷日报表的打印记录、系统操作和事件顺序记录信息的打印等。

③ 命令和控制：包括断路器和有载调压变压器分接头的远方操作、发电机有功出力和无功出力的远方调节。

④ 越限告警。

⑤ 实时数据库和历史数据库的建立。

⑥ 数据预处理：包括遥测量的合理性检验、遥测量的数字滤波、遥信量的可信度检验等。

⑦ 事故追忆(PDR)：对事故发生前后的运行情况进行记录，以便分析事故的成因。

(2) 自动发电控制和经济调度控制(AGC/EDC)功能。

① 自动发电控制(AGC)。自动发电控制功能是以 SCADA 功能为基础而实现的功能，一般写成 SCADA + AGC。自动发电控制是为了实现下列目标：

对于独立运行的省网或大区统一电网，AGC 功能的目标是自动控制网内各发电机组的出力，以保持电网频率为额定值。

对跨省的互联电网，各控制区域(相当于省网)，AGC 功能的目标是既要求承担互联电网的部分调频任务，以共同保持电网频率为规定值，又要保持其联络线交换功率为规定值，即采用联络线偏移控制的方式。在这种情况下，国调、省调都要承担 AGC 任务。

② 经济调度控制(EDC)。与 AGC 相配套的在线经济调度控制是调度自动化系统的一项重要功能。如果说 AGC 功能主要保证电网频率质量，那么 EDC 则是为了提高电网运行的经济性。

EDC 通常都与 AGC 配合进行。当系统在 AGC 下运行较长时间后，就可能会偏离最佳运行状态，这就需要按一定的周期(通常可以设定为 5~10 min)，启动 EDC 程序重新分配机组出力，以维持电网运行的经济性，并恢复调频机组的调节范围。

(3) 能量管理系统(EMS)。EMS 是现代电网调度自动化系统硬件和软件的总称，它主要包括 SCADA、AGC/EDC 以及状态估计、安全分析、调度员模拟培训等一系列功能。SCADA、AGC/EDC 在前面已作介绍，下面只简单介绍 EMS 中的一些其他功能。

① 状态估计(SE)。根据有冗余的测量值对实际网络的状态进行估计，得出电力系统状态的准确信息，并产生"可靠的数据集"。

② 安全分析(SA)。安全分析可以分为静态安全分析和动态安全分析两类。一个正常运行着的电网常常存在着许多潜在危险因素，静态安全分析的方法就是对电网的一组可能发生的事故进行假想的在线计算机分析，校核这些事故后电力系统稳态运行方式的安全性，从而判断当前的运行状态是否有足够的安全储备。当发现当前的运行方式安全储备不够时，就要修改运行方式，使系统在有足够的安全储备的方式下运行。动态安全分析就是校核电力系统是否会因为一个突然发生的事故而导致失去稳定，这个问题十分重要。校核因假想事故后电力系统能否保持稳定运行的稳定计算，由于精确计算工作量大，难以满足实施预防性控制的实时性要求，因此，人们一直在探索一种快速而可靠的稳定判别方法。

(4) 调度员模拟培训(DTS)。调度员模拟培训系统具有如下主要作用：

① 使调度员熟悉本系统的运行特点，熟悉控制系统设备和电力系统应用软件的使用。

② 培养调度员处理紧急事件的能力。

③ 试验和评价新的运行方法和控制方法。调度自动化系统的功能是随着电力系统发展的需要和计算机技术及通信技术提供的可能而变化的。电网调度自动化技术的发展，可以使电网运行的安全性和经济性达到更高的水平。

6) 电网调度自动化系统的结构

以计算机为核心的电网调度自动化系统的基本结构如图 3-43 所示。

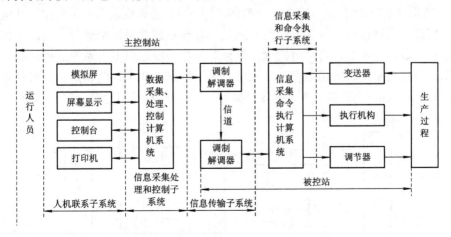

图 3-43　电网调度自动化系统的基本结构

电网调度自动化系统按其功能可以分成如下四个子系统：

(1) 信息采集和命令执行子系统。信息采集和命令执行子系统，是指设置在发电厂和变电站中的远动终端(包括变送器屏、遥控执行屏等)。

远动终端与主站配合可以实现四遥功能：RTU 在遥测方面的主要功能是采集并传送电力系统运行的实时参数，如发电机出力、母线电压、系统中的潮流、有功负荷和无功负荷、线路电流、电度量等；RTU 在遥信方面的主要功能是采集并传送电力系统中继电保护的动作信息、断路器的状态信息等；RTU 在遥控方面的主要功能是接收并执行调度员从主站发送的命令，并完成对断路器的分闸或合闸操作；RTU 在遥调方面的主要功能是接收并执行调度员或主站计算机发送的遥调命令，调整发电机的有功出力或无功出力。

信息采集和命令执行子系统，除了完成上述四遥的有关基本功能外，还有一些其他功能，如事件顺序记录、当地监控等。

(2) 信息传输子系统。由于电网调度自动化系统中的主站和远动终端之间一般都有较远的距离，因而信息传输子系统也是一个重要的子系统。信息传输子系统，按其信道的制式不同，可分为模拟传输系统和数字传输系统两类。

对于模拟传输系统(其信道采用电力线载波机、模拟微波机等)，远动终端输出的数字信号必须经过调制(数字调频、数字调相)后才能传输。模拟传输系统的质量指标可用其衰耗—频率特性，相移—频率特性、信噪比等来反映，它们都将影响到远动数据的误码率。

对于数字传输系统(其信道采用数字微波、数字光纤等)，低速的远动数据必须经过数字复接设备，才能接到高速的数字信道。随着通信技术的发展，数字传输系统所占的比重将不断增加，信号传输的质量也将不断提高。

(3) 信息采集处理和控制子系统。大型电力系统往往跨几个省，具有许多发电厂和变电站，为了实现对整个电网的监视和控制，需要收集分散在各个发电厂和变电站的实时信息，对这些信息进行分析和处理，并将分析和处理的结果显示给调度员或产生输出命令对系统进行控制。

(4) 人机联系子系统。电网调度自动化技术的发展并没有使人的作用有所削弱，恰恰相反，高度自动化技术的发展要求调度人员在先进的自动化系统的协助下，充分、深入和及时地掌握电力系统的实时运行状态，做出正确的决策和采取相应的措施，使电力系统能够更加安全、经济地运行。为了有效地达到上述目的，应该使被控制的电力系统及其控制设备(调度自动化系统)与运行人员构成一个整体，图 3-44 是人机联系的示意图。从电力系统收集到的信息，经过计算机加工处理后，通过各种显示装置反馈给运行人员。运行人员根据这些信息，做出决策后，再通过键盘、鼠标等操作手段，对电力系统进行控制，这就是人机联系。系统越复杂、规模越大，对人机联系子系统的要求也就越高。人机联系子系统的常用设备一般包括 CRT 显示器、调度模拟屏、键盘和鼠标、有声报警、制表打印设备、屏幕拷贝设备、记录型仪表等。

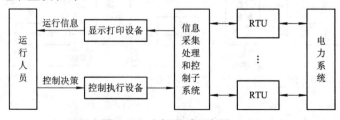

图 3-44 人机联系示意图

3.4 电工理论与新技术学科简介

3.4.1 电工理论发展概述

电工是应用电磁现象的技术科学的总称。它包括电磁形式的能量及信息的产生、传送、控制、使用、设备制造等多方面的内容。随着生产的发展和科学的进步，电工的内容不断丰富，形成了许多分支学科。各分支学科之间尽管有很多差别，但是有一个共同的基础，即电工理论。

在我国高等学校课程设置中，已经将"电路理论"与"电磁场理论"分成两门课程。"电磁场理论"发展史已在绪论中作过介绍，本节只介绍"电路理论"发展史。

近代电路与系统理论的形成和发展经历了从"经典"到"近代"的发展历程。20 世纪 30 年代以前，电路理论仅是物理学中电磁学的一部分。1938 年 Kerchner 和 Corcorant 在《Aterating Current Circuit》一书中首次引入过渡过程，从而使电路理论成为一门独立的课程体系，之后经典电路理论逐步建立起来。其时代背景是：电气工业迅猛发展，电压的传输等级达到 220 kV；电信工业形成了一个独立的部门，产生了许多复杂的电信网络，促使电路综合、频域分析等理论不断向前发展；自动控制技术的兴起以及二战时期的长足进步，使电力系统、通信系统和控制系统形成三足鼎立之势，它们的共同基础都是电路理论。

电路理论在方法论上经历了时域分析和频域分析的交替发展阶段。早期电路采用时域分析方法，但遇到高阶微分方程或输入比较复杂的情形时，在时域中求解相当困难。20 世纪 40 年代转向频域分析，60 年代计算机的广泛应用，使得求解微分方程的一些困难得以解决，因而时域分析又重新得到重视，时域、频域结合起来的理论也日臻完善。

战后年代，电力系统、通信系统和控制系统都取得了巨大的进步，特别是通信系统和控制系统发展更为迅速，并上升为新的理论体系，即"信息论"和"控制论"。通信和控制系统中信号是一种时间序列、带有随机性，并且具有一定的统计分布特征，这些特点给电路理论提供了一系列新的研究课题，加上计算机的诞生和逐步广泛应用，以及各种新型电子器件的出现，促进了 20 世纪 60 年代电路理论的巨大变革，产生了"近代电路理论"。它由如下几部分组成：非线性电路理论、时变电路理论、有源电路理论、多端和非互易电路理论等。它们有如下几个主要特点：

(1) 在时域分析方面，引入了 $\delta(t)$ 函数。$\delta(t)$ 函数的引入对电路的时域分析方法起到了巨大的推动作用。

(2) 在变换域分析方面，从频域分析发展到复频域分析，进一步发展到 z 域等，开辟了信号分析的崭新领域。

(3) 在时域—频域相结合的分析方法上，将小波变换理论引入时域—频域相结合的分析方法上，建立了时域—频域分析的一种有效手段。

(4) 在计算方法上也发生了深刻的变化，与计算机程序求解相适应，出现了各种特征电路的"通用"算法，使复杂电路的求解问题的特殊技巧大为降低。

(5) 代数拓扑的引入为计算机在电路方面的应用提供了可靠的理论依据。

(6) 动力学体系的引入，提出了非线性系统和时变系统的有效研究方法。

近代电路理论对电路规律性的认识提出了新的见解，认为最基本的电路定律应该是电荷守恒定律和能量守恒定律。只有在集中化的前提条件下，电荷守恒定律在电路中才以 Kirhoff 电流定律(KCL)的形式表现出来，能量守恒定律则以 Kirhoff 电压定律(KVL)的形式表现出来。由于电路现象的物理本质是电磁场，因此这种观点更能阐明电路中所发生的电磁过程，便于与经典力学中的质量守恒定律和能量守恒定律类比，建立统一的电路与系统理论。

新中国成立后，党和政府十分关心高等教育事业的改革与发展，在接收旧高校的同时，提出要学习苏联经验，全面改革教育、教学工作。俞大光院士在哈尔滨工业大学学习进修期间，与他人合作翻译了前苏联克鲁格院士所著的《电工原理(第 6 版)》，于 1953 年由龙门书局正式出版。这是国内最早出版的电工基础理论翻译教材，它对促进高等学校学习前苏联经验起了积极推动作用。1956 年，教育部在第二次教学经验交流会上对俞老师起草的《电工基础教学大纲》进行了讨论。不久，《电工基础教学大纲》由高等教育出版社正式出版，并推荐给各高等学校使用。1958～1961 年，俞大光编写的《电工基础》上、中、下册正式出版。《电工基础(修订版)》上、中册分别于 1964 年、1965 年由高等教育出版社正式出版，下册书稿也于 1965 年交稿，但由于"文革"的原因，被迫推迟到 1981 年才正式面世。

"文革"后，我国高等教育得到了迅猛发展，有影响的电工类教材和各类专著陆续面世，标志着我国的电工理论逐步走向成熟。

3.4.2 电工新技术的主要研究内容

如何将电工新技术的研究成果扩展为工业领域的应用是一个重要问题。因为新技术一般并不成熟和完善，把它应用于工业产品、工艺或方法，中间还有一段过程。其原因除了一些社会因素外，电工新技术本身也有些重要问题需要解决。一是稳定问题，例如，工业产品质量或工艺过程本身都要求均匀、稳定。二是要求成本低、能耗小。三是要有一定程度的生产规模。下面对几项电工新技术做简单介绍。

1. 高功率脉冲技术

高功率脉冲技术是把储存在电场或磁场中的能量迅速地以脉冲形式释放出来，并加以利用的技术。1925 年，德国 E.Marx 发明了利用"电容器并联充电、串联放电"来获得脉冲高电压大电流的 Marx 发生器。这一方法至今仍被广泛应用，用它在气体中放电可以产生高温等离子体、发射粒子束及 X 射线等；在空气中通过对金属丝放电来产生气体冲激波，可模拟核爆炸的冲击波；在液体中通过放电来产生水激效应，可用于近海区石油勘探等。

高功率脉冲技术主要应用于以下几方面：

(1) 抗核加固研究。高功率电子束应用于加固武器系统和部件的核辐射试验，可以提高武器的生存能力。高功率电子束加速器可提供模拟核爆炸的瞬发 γ 射线和 X 射线源，国产的闪光-I 在 1 m 处的 γ 照射量为 1000 R，窗口 γ 照射率为 4×10^{11} R/s，均匀照射面积为 15 mm × 15 mm，为在实验室内进行模拟的核辐射损伤机制研究和核加固技术研究提供了良好的条件。该装置主要参数易于控制，又能进行单个效应的多次重复试验，费用低廉。

(2) 闪光 X 射线照像。闪光 X 射线照像方法是爆轰物理的重要手段，它对掌握爆轰规律，验证计算程序，寻找最佳测试方案提供了依据。利用先进脉冲功率技术研制的闪光 X 射线机使爆轰物理研究向着更深层次的方向发展。

(3) 自由电子激光。自由电子激光具有功率高、效率高、波长短且可调、光束质量好等许多优点，可以广泛应用于生物、医学、材料科学等诸多领域，在国际上受到高度重视。自由电子激光研究要求提供低发射度和低能散度的高质电子束。中国工程物理研究院利用脉冲线加速器提供的 400～560 kV、1 kA、40 ns 的强流电子束，进行了有引导磁场的 Raman 型自由电子激光实验，采用双绕螺线管摇摆器，获得 8 mm 波 3 MW 的功率输出，继而进一步进行了引导磁场的自由电子激光实验，观测到了饱和现象，输出功率 7.5 MW，使我国的自由电子激光起步研究迈出了可喜的一步。

(4) 高功率微波。高功率微波由于在军事上有重要的应用，近年来受到了很大重视。用高功率电子束产生微波，波长范围比较宽(从 10 厘米到亚毫米波)。电子束和谐振腔或周期结构相互作用引起轴向聚束，或电子束在引导磁场中发生横同聚束，或者电子束和等离子体相互作用，都可以产生微波。这种方法产生的微波功率比通常微波管的要大。

高功率脉冲技术是一项跨世纪的科学技术，在军民两用的推动下，一定会结出丰硕的果实。

2. 超导电工技术

自从 1911 年荷兰物理学家翁内斯(H.K.Onnes)观察到水银在 4 K 下出现超导现象后，世界各国都竞相开展超导理论及其应用研究。20 世纪 60 年代出现实用超导材料，同时科学家提出并解决了一系列理论问题，使超导技术很快在实验室及某些科技、工业领域获得应用。

超导技术主要包括超导强磁技术和超导弱磁技术。超导技术在这两个方面所能达到的功能和水平是目前常规技术无法实现的，所以引起各国科技界的广泛重视。

超导强磁技术的发展给电工技术带来质的飞跃，许多过去无法实现的电工装备已成为现实，或即将成为现实。它可以在巨大的空间内产生很高的强磁场而几乎不消耗电能，从而为一些高技术(如核聚变、磁流体发电等)的实际应用和发展创造了有利条件。如果目前常规电工装备采用超导技术，则将大大改善性能。若同步发电机采用超导励磁绕组，则可以大大提高电枢绕组上的磁场强度，使电机的体积与重量明显减小，而且可使制造更大单机容量的同步电机成为可能。另外，由于超导绕组没有焦耳热损耗，因此节约的电能将是十分可观的。

由于超导技术的诱人前景，许多国家都在致力于开发其在电工领域的应用。早在 1965 年，美国就试制成一台立式旋转电枢的 8 kV·A 超导电机。1969 年，美国麻省理工学院试验成功一台 45 kV·A 的超导发电机模拟机组，从而证明了在发电机上采用超导励磁绕组的现实可能性。1972 年，美国西屋公司又研制出一台 5000 kV·A 的超导发电机。在此基础上，美国、前苏联、联邦德国等都曾计划在 20 世纪 80 年代试制几十万 kV·A 级的超导同步发电机。与此同时，美国还投入力量研究用于电力系统负荷调节的超导储能装置，试验证实了超导储能对提高电力系统稳定性的效果。

1) 超导电机

超导同步发电机具有比常规电机效率提高约 0.5%～0.8%、重量轻、体积可减小 1/3～1/2、单机容量可达 10^6 kV·A 以上、电机稳定性能好(同步电抗可减小到 1/4)等优点，因此，多年来许多国家都致力于超导同步电机的研究。但是，采用超导技术也给电机的设计、制造和安全运行带来一系列须解决的问题，如超导磁场绕组和电磁设计、超导绕组的阻尼屏蔽结构、电机的真空绝热和密封技术以及电机的致冷系统设计和液氦输送技术等。只有在这些技术问题得到完善解决并能保证电机长期安全可靠运行，超导电机才有可能在电力系统中获得实际应用。在解决技术问题的同时，超导电机的经济性也是须认真考虑的问题。日本日立公司和德国西门子公司认为，只有电机容量超过 10^6 kV·A，超导电机才具有经济性，而美国西屋公司和美国电力协会认为，电机容量只要超过 3×10^5 kV·A，超导电机即具有优越性。显然，超导同步发电机必须立足于大容量。但电机的单机容量又与电力系统密切相关。因此超导电机除了本身技术问题外，还将受到各国电力发展政策的制约。由于能源计划的变动，美、德等国原来计划 20 世纪 80 年代研制成几十万 kV·A 的超导同步电机，90 年代制成实用电机的计划已推迟或停止执行。前苏联已制成一台 3×10^5 kV·A 的超导同步发电机，但在低温试验中发现低温容器有漏泄问题，有待进一步改进。

　　迄今为止，超导同步发电机主要还只是转子励磁绕组采用超导材料，电机定子绕组由于是在 50 周工频下工作，在极细丝交流超导线出现以前都是采用常规导线。目前人们已开始研究定子绕组和转子绕组全部采用超导材料的全超导电机，这样超导电机的定、转子处于同一温度空间，消除了室温气隙，也无需单独的转子旋转容器，这不仅简化了电机结构，也简化了低温系统结构，提高了电机运行的可靠性。如果能进一步提高电机转子励磁绕组的磁通密度，并采用高温超导体作为磁屏蔽，还有可能免去铁芯和铁扼，将大大减轻电机的重量。目前德国和日本均在着手研制几十 kV·A 级的试验室全超导交流发电机。

　　使用高温超导绕组的旋转电机的主要部件见图 3-45。使用高温超导线材的磁场，绕组利用制冷装置辅助系统使之冷却到 35～40 K 左右。该低温制冷装置模块设置在一个固定的构架上，氦气用来冷却转子上的部件，定子绕组使用与传统绕组稍有不同的铜绕组。定子绕组不放在常规的铁芯齿中，由于它们会因高温超导绕组产生的强磁场而处于饱和状态。

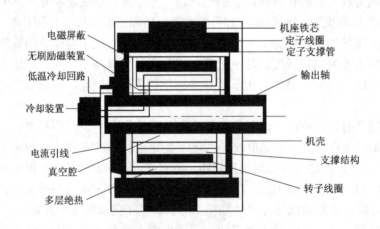

图 3-45　使用高温超导绕组的旋转电机的主要部件

2) 超导储能装置

　　超导储能装置是利用超导线圈直接将电磁能储存起来，在需要时再返还电网或其他负载。超导线圈没有焦耳损耗，可以长时间储存能量并可产生很强的磁场，其电流密度可比一般线圈高 1～2 个数量级，因此能达到很高的能量密度，约为 $10^5\,\text{J/cm}^3$。超导线圈储能效率高，可达 90% 以上；响应速度快，可达几到几十毫秒，所以有广泛的应用前景。例如，超导储能装置可以用来调节电力系统的尖峰负载，消除电力系统低频功率振荡，稳定电力系统的频率和电压；超导储能装置还可用于电力系统的无功功率补偿和功率因数调节，从而提高电力系统稳定性和功率输送能力；还可用作太阳能和风能的储能装置、备用电源或空间站电源；也可作为热核反应装置或军工装备的脉冲电源。超导储能技术是一种在电工领域很有发展前景的应用技术。

美国自 1969 年以来就开始研究用于电力系统负荷调节的超导储能装置，1982 年研制成功的储能量 30 MJ(8.4 kW·h 时)、最大功率 10 MW 的超导储能装置曾接入伯尼维尔电管局的一条 500 kV 交流输电线进行实验。1200 h 的现场试验证明，超导储能装置确实可起到抑制输电线路低频振荡和进行无功功率补偿的作用，系统总效率达 86%。但由于低温系统不够完善，尚未正式投入使用。

20 世纪 80 年代以来，美国曾对建造 5×10^6 kW·h 超导储能装置进行研究和方案论证。日、德等亦在认真进行超导储能的研究。根据近年来的研究，为改善电网质量和稳定频率，根据电网情况可以采用较小的储能装置(如 100 kW·h)，而对补偿尖峰负载等一般还需 10^6 kW·h 以上的储能装置。因此，日、美等国除研究大型超导储能装置外，同时也注意中、小型储能装置应用的可能性。

图 3-46 是清华大学设计的 20 kJ/15 kW 可控超导储能实验装置外形图。该装置可作为可控超导储能在电力系统中应用的实验研究平台。它包括一个储能量为 20 kJ 的低温超导磁体和一个 15 kW 的基于绝缘栅双极晶体管(IGBT)的电流型变流装置。

图 3-46　超导实验装置外形图

3) 超导变压器

在丝径不到 1 μm 的交流极细丝超导线出现以前，由于超导线在工频条件下交流损耗很大，因此超导变压器没有经济上的优越性。超导变压器的经济可行性与超导材料交流损耗减小的程度紧密相关，主要优点是重量轻、体积小，同时由于超导线采用高阻值材料作其稳定基底，故障下的短路电流较常规变压器小。分析表明，超导变压器的重量(铁芯和导线)仅为常规变压器的 40% 或更小，而且当容量超过 300 MV·A 时，有明显的经济优越性。

近年来，法、日等国已先后研制出几百 kV·A 至上千 kV·A 级的超导变压器。法国于 1988 年研制成一台 50 周单相超导变压器，其设计容量为 220 kV·A，电压比为 600 V/1040 V，铁芯磁感应强度为 1.8 T，变压器总重包括常温铁芯和线圈约 100 kg，仅为同容量常规变压器的 1/10。日本东芝公司这期间亦制成 500 kV·A、50 周超导变压器，其磁感应强度为 2.2 T。当前超导变压器一般采用室温铁芯并采用非金属低温容器的结构形式，由于低温容器和电流引线的热损，致使所研制的超导变压器的效率比预想的低。如法国 220 kV·A 超导变压器效率为 97.8%，而同容量常规变压器的效率可达 98.9%。因此，要使超导变压器获得实际应用，除须进一步减少交流损耗、提高超导线圈的稳定性外，还要注意研制低漏热非金属低温容器和改进电流引线设计，如采用高温超导电流引线。

目前研制的最大的超导变压器是由日本九州大学和东芝公司等研制的 1000 kV·A、60 周超导变压器，但由于有交流超导线退化比常规超导线严重，经过两轮试验，该变压器容量仅达 577 kV·A。因此要使超导变压器获得实际应用，还要进行深入的研究。另外，由于超导变压器磁通密度一般小于 2 T，因此高温超导体亦有可能应用于制造超导变压器。

在发现高温超导(HTS)材料以前，世界上就已经开展了低温超导变压器的研制工作。发现 HTS 材料以后不久，HTS 变压器就被列入了研发计划。

从世界第一台 HTS 变压器的问世至今，HTS 变压器的发展可以分为两个阶段。第一阶段为研究阶段，第二阶段为 α 型样机阶段。第一阶段研制的 HTS 变压器，容量均小于或等于 1 MV·A，电压等级均低于 20 kV。第二阶段研制的 HTS 变压器，容量均大于或等于 1 MV·A，电压等级均高于 20 kV，已经具有 α 型样机特性。图 3-47 是 10 MV·A 的 HTS 变压器的 α 型样机外形图。

图 3-47　10 MV·A HTS 变压器的 α 型样机外形图

4) 超导电缆

实现超导输电主要是解决超导电缆技术。超导输电是解决大容量、低损耗输电的有效途径。大城市用电日益增加，高压架空线深入城市负荷中心又受到许多因素的制约，因此须采用大容量电力电缆将电能输往城市负荷中心。但是，采用常规的油(水)冷电力电缆，会受其负荷能力和临界长度的影响而很难满足使用的要求。在这方面，超导电缆与常规电缆相比，有明显优点。

超导电缆有直流和交流两种形式。直流超导电缆由于没有交流损耗，在输送同样功率的情况下，直流电缆尺寸较小，因而价格较低，但电缆两端需要大型整流和逆变流装置，一般认为，输电距离达到 200 km 以上时才较为经济。交流超导电缆由于有交流损耗和绝缘层介质损耗问题，因而其额定功率受到限制。虽然综合技术经济比较表明，在输运大容量电能时(如 1000 MW 以上)，超导电缆有竞争能力，但考虑到超导电缆结构和绝热技术比较复杂，要获得实际应用还要做不少工作。

低温超导体一般以液氦作为冷却剂，液氦的价格很高，这就使低温超导电缆失去了工业化应用的可行性。使用高温超导材料制作超导电缆可以在液氮的冷却下无电阻地传送电能，由于液氮的价格低廉，因此使高温超导技术的大规模应用成为可能。我国的北京云电英纳超导电缆有限公司的生产能力和产品技术指标处于世界前列。

高温超导电缆的基本结构包括内支撑管、电缆导体、热绝缘层、电绝缘层等。内支撑管通常为罩有密致金属网的金属波纹管，可作为超导带材排绕的基准支撑物，同时用于液氮冷却流通管道。电缆导体由铋系高温超导带材绕制而成，一般为多层。热绝缘层通常由同轴双层金属波纹管套制，两层波纹管间抽真空并嵌有多层防辐射金属箔，其功能是使电缆超导导体与外部环境实现热绝缘，保证超导导体安全运行的低温环境。电绝缘层置于热绝缘层外面，因其处于环境温度下，故习惯上被称为常温绝缘超导电缆(或热绝缘超导电缆)；电绝缘层置于热绝缘层里面电缆运行时处于低温环境故被称为冷绝缘超导电缆。电缆屏蔽层和护层的功能与常规电力电缆类似，即电磁屏蔽层短路保护及物理、化学、环境防护等。

此外，高温超导电缆的结构中还可能包括一些辅助部件，例如电缆导体层间绝缘膜、约束电缆各部分相对位置的包层和调距压条、制冷系统、用于超导电缆和外部其他电气设备之间相互连接的电缆终端。图 3-48 是高温超导电缆系统图。

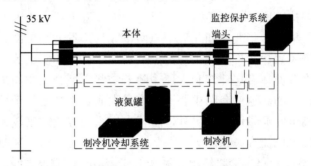

图 3-48　高温超导电缆系统图

5) 故障限流器

利用超导体在超导态时电阻为零和失超后呈现高电阻率的特点，可以有效地限制电力系统故障时的短路电流。随着电力系统容量的日益增大，充分、有效地限制故障短路电流，降低断路器的开断容量，是电力系统面临的实际问题。目前系统故障时主要是通过高压断路器切断短路电流，由于电力系统容量日益增大，因此断路器开断容量要足够大才能满足要求，但这将使断路器的结构更加复杂和价格更加昂贵。超导故障限流器利用超导体的超导/正常态转变特性，由零电阻快速转变到具有较高的电阻值，从而降低系统短路电流，降低高压断路器开断容量的要求。它动作时间快，大约几十微秒，可将故障电流限制在系统额定电流的二倍以内，比断路器开断电流小一个数量级左右，并可降低回路的过电压。它集检测、转换和限制于一体，是一种有效的电力系统故障"保护"装置。

超导限流器不仅可采用超导体超导/正常态转变的特性，还可采用超导材料的磁屏蔽特性研制成磁屏蔽型故障限流器。它主要由外侧初级常规导体绕组、中间次级超导空心圆筒和内侧铁芯等同心配装组成。正常情况下，超导圆筒处于超导态，从而对初级绕组电流起屏蔽作用，因此它呈现很低的阻抗。在故障情况下，超导圆筒由于过电流而失超，失去对磁场的屏蔽作用，从而呈现出很大的阻抗。原则上，它可以在一个周波(20ms)内将故障电流限制在二倍额定电流以内。

中国科学院电工研究所在高温超导限流器的原理探索和关键科学技术研究等方面做了大量的工作，2002 年研制成功我国第一台 380 V/25 A 新型高温超导限流器实验样机。图 3-49 为我国第一台高温超导限流器实验样机。

图 3-49　高温超导限流器实验样机

随着国民经济的持续增长，能源需求已日益增大，近十年来我国电力工业得到飞速的发展，华东、东北、华中、华北和西北五个电网已成为跨省大区电网。随着经济建设的迅速发展，我国近年来还兴建了许多化工、冶金、石油、机械和矿山等大型现代化企业，同时各城市也兴建了许多群体高层建筑和大厦。随着这些大型企业和高楼大厦的建成，供电系统出现了众多负荷中心。这些负荷中心不仅容量大而且不少还处于城市繁华地带，迫切需要解决输电和提高电网质量问题。另外，现代电力系统容量越来越大，其输电电压等级越来越高，相应的额定电流亦越来越大，一旦电力系统发生短路，其短路电流将可能超过 100 kA 以上，这种故障短路电流将给电力系统的安全运行造成很大威胁。在这些方面，超导技术都将有所作为。因此，一旦超导技术在电力领域中获得应用，不但会给电力系统的发展提供可靠的保证，而且将大大提高电力系统运行水平和降低损耗，从而创造巨大的经济效益。

3. 生物、医学中的电工新技术

医疗器械是指用于预防、诊断、治疗、护理、保健和康复等方面的仪器、设备和器具。医疗器械近三十年得到了极为迅速的发展。近代科技发展的历史表明，人类的许多科技成就首先被用于军事与国防上，而在和平时期则大量转向为人类健康服务的医学应用上。20 世纪 70 年代以来，全球趋向和平，特别是美国阿波罗登月计划完成后，大量优秀的电子工程师纷纷转向生物医学工程和医疗器械领域，从此在全球范围内，以医疗电子技术为先导的医疗器械出现了空前发展的局面。而 20 世纪 70 年代，随着微电子与计算机技术的发展，以及大量高科技成果涌入，则又使医疗器械步入了高科技发展的新阶段，并在 80 年代初形成了以 X-CT(计算机断层扫描)、MRI(磁共振)、超声成像、核成像四大成像技术为代表的现代医疗器械产业。目前的医疗器械已成为集许多学科科技成就的跨学科高科技行业。医疗器械工业在当前各发达国家的国民经济中均占有重要位置，被称之为"朝阳工业"。其市场的发展趋势可概括为"全球经济衰退，医疗器械市场坚挺"。美国是世界上最大的医疗器械生产、使用和出口国，日本、德国次之。整个美国的经济增长率并不高，但医疗器械工业的增长率一直保持在 7%以上，全世界平均增长速度也大体保持在这一水平上。

现代医疗器械发展的总趋势可以概括为"直观、无损、高效、经济"八个字。直观是指能直接观察人体内部状况；无损是指对人体无创伤或少有创伤；高效是指诊断准确率高，治疗效果显著；经济是指购置和使用费用低。

1) 医用成像装置

医用成像装置可用于详细观察和分析人体内部器官的结构，找出病灶的位置和大小，有的还可以进行器官功能判别。现代医学成像诊断装置和系统有 X 射线诊断装置、X-CT 装置、MRI、超声诊断装置、核医学成像装置、红外热成像装置、电子内窥镜以及图像存档和传输系统(PACS)等。

X 射线诊断装置是利用当 X 射线穿透人体时，由于人体组织对 X 射线的衰减程度不同，而在荧光屏或胶片上可形成不同对比度的投影图像，以此来诊断疾病。这是最早的医用图像诊断技术。现代 X 射线诊断技术的重要突破与发展有两个方面。其一，X 射线数字血管减影系统(DSA)，它将常规的 X 射线技术与现代计算机技术相结合，减除不必要的图像背景，清晰地显示临床诊断需要的血管影像。其二，数字摄影技术(CR)，它采用涂有荧光体微结晶平板(影像板)取代普通胶片，当 X 射线照射后能产生潜像，然后可通过激光扫描激发，使之重新产生与原激励强度成正比的光，经采样得到数字图像。这种影像板可用均匀光照射来消除潜像，从而可重复使用上千次。

X-CT 装置是通过 X 射束从各个方向对被探测的断面进行扫描，利用现代计算机技术对检测器获得的各个方向投影数据进行分析和处理，然后重建断层图像。X-CT 从 20 世纪 70 年代产生以来发展很快，现已发展到第 5 代。第 1～4 代主要是显示两维静止断层图像。第 5 代 CT 机又称之为动态空间重建装置(DSR)，这是一种全电子空间扫描系统，扫描速度小于 1 s，可同时获得多个断面的投影数据，能很快获得立体图像，既能对静止或慢动的肌体组织作高密度分辨率检查，又能利用快速扫描的特点对心脏和肺的动态功能进行观察研究。近年来又有更先进的螺旋式 CT 在临床上获得应用，它能在短时间内得到完整容积的扫描图像，能通过 X 射束围绕人体受检部位作螺旋性的扫描，迅速而连续地采集大量数据，重建三维彩色图像，既能得到任意位置的断面图像，也能显示内部病灶结构。图 3-50 是 CT 诊断机外形图。

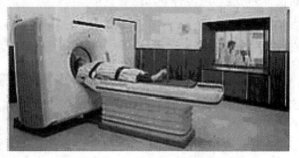

图 3-50　CT 诊断机(SCT-5000TX)外形图

磁共振成像装置(MRI)。电子、质子、中子都有自旋特性，当自旋的质子被置入一个外加磁场 B 时，就会绕着 B 方向进动。若人体内氢质子群被磁化后，再加一个与 B 垂直的交变射频磁场，则质子群将吸收能量，从低能态跃迁到高能态，其进动相位趋于一致。当交变磁场一切断，则质子群就在驰豫时间内释放出能量，产生用于 MRI 成像的信号。信号强度与质子密度、驰豫时间有关。由于 MRI 是对质子成像，因此对软组织的图像比较清晰，又由于它是根据几个参数不同的组合来构成不同参数对比度的图像，所以能观察到生理、生化及新陈代谢的动态信息。图 3-51 是磁共振诊断仪外形图。

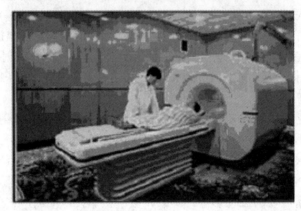

图 3-51　磁共振诊断仪(SMT-50X × 0.5X)外形图

　　超声诊断装置。超声诊断装置是通过检测人体组织和器官的超声波反射回波信息来构成图像的，直接显示出器官的形态和病灶，并用以实时动态地显示器官的运动状态。超声诊断装置的重要优点是无损伤、无痛苦、能反复进行检查。除对体内软组织的检查灵敏度较高外，现在还被用于骨组织的检测(超声骨密度仪)。超声诊断是医学成像诊断技术中发展最快的一种。下面介绍几种最先进的超声诊断仪。

　　通用多功能 B 超。这类 B 超具有电子线阵扫描、电子凸阵扫描、机械扇扫等三种扫描方式。内部的微机用于控制成像和进行测量计算，不仅可测量距离、面积、周长、速度、心率、比值，而且可计算心功能指标、妊娠周期，进行多普勒谱分析、直方图分析等，可使仪器获得从体表到深部的高清晰度、高分辨率断层图像。最先进的 B 超还采用了实时全范围动态聚焦、动态频率扫描和高密度探头技术，一机最多可配二十多种探头，可根据诊断部位和要求选用，并具有多种图像显示技术，以适应诊断上的不同需要。

　　彩色多普勒诊断仪。多功能彩色多普勒诊断装置可以获得颈部、心脏、腹部、妇科、胎儿、泌尿系统等的二维图像，还可在心脏回波断层图上叠加实时的二维血流信号。它能用于诊断先天性心脏病、估算心脏间隔缺损，观察返流、显示射血方向，获得血流动力学参数和彩色血流图。图 3-52 是全数字彩色多普勒超声诊断仪外形图。

　　彩色三维经颅多普勒显示仪。该仪器采用独特的颅脑血管扫描技术同步地对颅内血管的 X、Y、Z 三维空间坐标参数进行检测，通过计算机重建颅内血管三维超声动脉图，主要用以诊断脑血管疾病。

　　介入性超声诊断装置。该装置是将高频超声换能器置于导管头端，进入体腔后通过收/发高频超声波，最

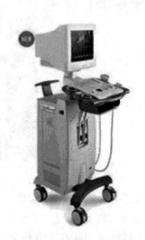

图 3-52　全数字彩色多普勒超声诊断仪
(Ruby DC-5)外形图

高频率可达 40 MHz，来获取高分辨率实时图像，以检查血管壁层及超薄断层的细微结构，并可与介入性治疗结合，实现诊断治疗一体化。

核医学成像装置。现代核医学已进入影像阶段，它以化学的、功能的显像为特点，与 X 射线、磁共振、超声构成互补的四大医学影像诊断手段。该类装置主要包括 γ 照相机以及由 γ 照相与计算机图像重建技术相结合的放射 CT。目前有两种放射 CT，即单光子放射计算机断层显像仪(SPECT)和正电子放射断层显像仪(PET)。

目前 SPECT 多采用旋转 γ 照相机的结构。γ 照相机是当前最好的位置灵敏探测器，可围绕病人旋转从各角度获取投影数据(放射性药物沿投影线的浓度分布)，然后由计算机重建出三维图像。

PET 与 SPECT 的区别在于，它采用的是衰变过程中释放正电子的短寿命放射性核素。这种正电子在人体组织中只能传播几毫米。当它与电子作用后，会产生一对能量相同、方向相反的 γ 光子，通过安放在人体两侧的符合探测器检测两个探测点连线上是否有释放正电子的核素存在。实际系统采用环形探测器阵列，以获得各个方向的投影数据，然后由计算机重建断面放射性核素的分布图。PET 探测效率及空间分辨率都较 SPECT 高，但也是最昂贵的 CT 装置。

红外热成像装置。它是利用人体体表辐射的红外线成像的装置。它用红外摄像头(IRCCD)获取视频信号，经放大、滤波送入计算机进行成像，可用以诊断与温度有关的疾病，如浅表肿瘤、乳腺癌、末梢血管疾病等。

医用电子内窥镜。医用内窥镜是一种直接插入人体器官内腔，能实时观察内腔表面形态的诊断仪器。它可得到逼真和直观的图像。除了各种类型的光学内窥镜外，美国在 20 世纪 80 年代中叶开发了电子内窥镜。它用 CCD(电荷耦合器件)摄像元件来代替光学内窥镜的导像束，由 CCD 将光能转变为电能，再经视频处理器对图像进行加工处理，将彩色图像显示在屏幕上，并可存储和传输。新开发的三维立体内窥镜系统还可直接观察到逼真的立体图像。

医学影像的融合技术。前述各种现代化影像技术，其成像的物理原理各不相同，因此作用也不完全相同，彼此只能互补，而不能取代。例如：PET 能很好地获取脑功能和代谢的诊断信息，对显示癫痫病灶、早期脑疾患较灵敏，但空间分辨率和组织对比分辨率均比 MRI 要低，可是 MRI 又显示不出癫痫病灶；X-CT 对钙化的显示很敏感，但对软组织对比分辨率较低，而 MRI 显示钙化不敏感，对软组织对比分辨率却最高，易于发现和显示肿瘤全貌；DSA 较 X-CT、MRI 能更清楚地显示颅内细小的血管分支，但不能显示周围结构。若将 DSA 与 MRI 或 CT 图像结合，则能显示出血管及周围结构。因此采用多种医学影像融合诊断技术，并建立相应的诊断标准，将有助于更全面地观察病变与周围组织结构的关系，早期发现病变并及时作出定性和定量诊断。

图像存档和传输系统(PACS)。随着图像诊断技术及通信网络技术的发展，一种以计算机为基础的图像存档和传输系统应运而生，并受到极大重视。这种系统利用新型存储介质如磁盘、光盘等取代传统的胶片，采用光缆网络进行高速传输，把各类医学图像存储、管理起来，并可根据需要在医院任何科室和部门间传递、调用和拷贝。它不仅可从根本上改变医学图像资源传统上的采集、存储、处理、传输方式，而且也为医学图像的综合利用以及发展综合的医学影像诊断学和融合技术提供了物质基础。图 3-53 是图像存档和传输系统结构图。

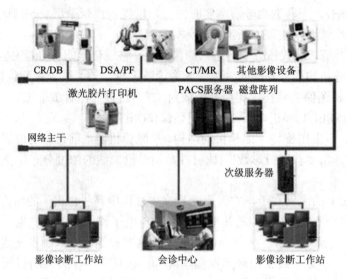

图 3-53　图像存档和传输系统结构图

2) 治疗仪器与设备

传统的治疗技术主要是靠药物和手术。现代医疗器械的发展使现代治疗技术出现了多元化的局面，利用各种物理因素的治疗仪器，在临床上发挥了越来越重要的作用。现代化治疗仪器按大的系列划分有放射治疗、微波治疗、射频治疗、超声治疗、激光治疗、毫米波治疗、红外治疗等仪器，以及各种利用声、光、电、磁、机械力的小型理疗仪器和设备。

放射治疗目前是除手术治疗之外的最主要癌疗手段。常用的放射治疗仪器有深部 X 射线治疗机、钴 60 治疗机、医用电子直线加速器、遥控后装近距放射治疗机以及近些年发展很快的 X 刀和 γ 刀等。

钴 60 治疗机和医用电子直线加速器是目前临床上比较主要的放射治疗仪器。新的医用电子直线加速器正在进一步拓展临床和外科的应用范围。近些年，将医用电子直线加速器配上立体定向放射外科组件(包括准直器、计算机控制台、治疗计划软件、定向架等)组成加速器放射外科系统，即 X 刀。它以直线加速器为照射源，利用头部立体定向系统，围绕患者头部病变部位由计算机控制做等中心旋转，使 X 射束集中于靶点，取得治疗效果，可无损伤地治疗颅内疾病、动静脉畸形和视网膜胚细胞瘤等。γ 刀是 1951 年瑞典神经外科教授莱克塞尔提出的。目前引进的第三代 γ 刀是把 201 个钴 60 放射源排列成球形，利用准直器使 7 射束聚集在病灶中心，使病变组织坏死，从而达到手术切除目的。γ 刀比较适用于脑部深层或敏感部位的良性肿瘤。1994 年我国的深圳奥沃公司开发成功了旋转式 γ 刀，它将放射源由静止工作状态变为动态旋转工作状态，利用动态几何聚集原理，使放射源的数目减少到 30 个，而效果不减。它不但能使聚集点达到采用 201 个放射源时的同样辐射强度，而且使健康组织的损伤被降到最小程度。旋转式 γ 刀的问世，引起了国内外的高度重视。

微波照射人体组织，其能量会被吸收并转变为热能产生温升。这种微波热效应是微波能用于治疗的生物学基础。微波热疗与其他热疗方法相比具有以下特点：具有透热作用，它能在作用深度范围内同时加热，迅速升温，其透入深度随微波波长增大而加深；热源不存在热惯性，控温灵活、迅速；能量集中，通过对辐射器形状与尺寸的合理设计，可进行局部加热，减少非治疗区的损伤。按照不同的输出功率和辐射器设计，可构成一系列用于不同医疗范围的治疗仪器。

微波手术装置采用针状、刀状等特殊的辐射器，具有较高的微波辐射能量，能对组织进行局部更高温度的加热，实现组织凝固、电切、电灼，主要应用于外科手术中，通常又称之为微波电刀，频率多采用 2450 MHz。微波电刀的优点是：出血少，特别适用于血液分布多的软组织手术，如肝、脾等；切口不需杀菌、消毒；由于局部凝固，对周围组织损伤较少。

射频治疗设备是通过射频电磁场对人体局部组织进行加热治疗的设备。它的特点是通过两电极间的射频电流产生热效应，能对人体深部组织产生作用。医用射频治疗设备的常用频率为 200～1000 kHz，产生治疗作用的生物热效应机理与微波、超声波等物理因素加温都是一致的。常用的现代化射频治疗设备有射频电刀、射频前列腺治疗仪、射频前列腺消融仪、射频心脏消融仪等。控温在 44～47℃ 的前列腺治疗仪多采用 200 kHz 的频率，而电刀、消融仪等多采用 500 kHz 的频率。

超声治疗设备是通过换能器将电能转化为机械能对病灶进行治疗的设备。早在半个世纪以前就已有超声理疗出现，主要是利用频率 1 MHz 左右、声强 0.5～2.5 W/cm^2 的超声波，通过热效应和机械效应对人体病变部位施治。近 20 年来超声外科兴起，开辟了一个强超声治疗技术的新领域。其代表性的进展表现在超声外科手术刀、超声波体外碎石机、无创性高强聚焦超声外科等方面。其中，外科手术刀主要有切割型、抽吸型和去脂型三种类型的手术刀。

4．可再生能源发电

可再生能源是当今备受重视的不枯竭、无污染的新能源。可再生能源资源十分丰富，而且它不受地域限制，可就地利用。可再生能源发电具有巨大的发展潜力和应用前景。

1）风力发电

风力发电经历了从独立运行到并网系统的发展过程。风电厂是风能开发利用效益最好的运行方式。风力发电的研究工作主要集中在提高单机的功率和效率；集中制造风机群，便于降低成本；扩大可利用风速范围；采用新材料；引进空气动力学和微电子技术，改良机组性能和装备、计算机监控系统等。目前，世界上最大的风电厂位于美国加利福尼亚州，年发电量约 22×10^8 kW·h。德国要在 20 年内关掉所有的核电站，用风电等其他形式的能源来代替。新疆达坂城风电二厂是我国目前最大的联网风电厂。

我国与先进国家相比还有许多差距。中国风电技术产业化面临的最大问题是大型机组关键技术，如系统设计和总装能力差，而进口机组成本高；在风电厂的选择、风电厂建设上，还缺乏科学的手段和标准规范。

柴窝堡——达坂城谷地年平均风速 6.2 m/s，有效风能 2000～3000 kW·h/m^2，是全国著名的风口之一，最大风速为 34 m/s，瞬间最大风速超过 40 m/s。柴窝堡风力发电厂是亚洲最大的风力发电厂，目前装机容量为 6.65×10^4 kW。数千座风车整齐地排列在戈壁上，颇为壮观。图 3-54 是风力发电厂外景图。

图 3-54　风力发电厂外景图

2) 太阳能发电

太阳能发电有两种方式，即光热发电和光伏发电。利用太阳能电池发电是太阳能利用中最有发展前途的一种技术，也是世界上增长速度最快和最稳定的技术产业之一。光伏发电的研究工作集中在新材料、新工艺、新设计等方面。制作太阳电池的材料主要有单晶硅、多晶硅、非晶硅以及其他新型化合物半导体材料。许多国家在太阳能电池研制方面都取得了实质性的进展，但由于现有理论的局限，要取得进一步的技术突破，还要走一段摸索的道路。光伏发电的技术关键是应用新原理，研究新材料，继续提高电池的转换效率和降低制造成本。图 3-55 是西藏 20 kV 供电系统外观图。

图 3-55　西藏 20 kV 供电系统外观图

目前，在世界上已建成多个兆瓦级的联网光伏电站，总装机容量约 1000 MW。我国太阳电池技术是在借鉴国外技术的基础上发展起来的，并进行了大量的研究和探索，取得了很大进展。我国已建成的容量最大的光伏电站是 100 kW 的西藏安多电站。

3) 地热能发电

所谓"地热"，就是地球内部蕴藏的热能。地质学上常把地热资源分为蒸汽型、热水型、干热岩型、地压型和岩浆型五大类。目前人类开发应用的，还仅限于蒸汽型和热水型两类。地热发电的前景取决于如何开发利用地热储量大的干热岩资源，其关键技术是能否将深井打入热岩层中。美国新墨西哥州的洛斯阿拉斯科学试验室正在对这一系统进行远景试验。目前，美国的盖塞斯地热发电站是世界上最大的地热发电站，装机容量达 2080 MW。我国在地热发电方面起步较晚，已建成的西藏羊八井地热发电站，装机容量达 25 000 kW。目前地热利用研发的重点和趋势，主要在于深部高温地热资源的勘探与井控技术、高温地热流体的传输技术和大型高温地热电站相关的技术以及防止地热系统的腐蚀结垢技术的研究。在地热利用中，能源利用率、资源的梯级开发和尾水回灌等技术方面有待进一步重视和提高，同时应注意防止可能引起的地面下沉的负效应。

4) 海洋能发电

海洋中蕴藏着多种形式的能量，如潮汐能、波浪能、温差能和盐差能等。潮汐能的开发利用历史悠久，技术基础成熟，其开发潜力和效益主要取决于具体坝址的工程和环境问题。从技术经济的可行性、可持续发展的能源资源以及地球环境的生态平衡等方面分析，将作为成熟的技术得到更大规模的利用。由 Blue Energy Canada Vancouver 和 BC 公司在菲律宾圣贝纳迪诺海峡建成的潮汐发电站(发电能力 2200 MW)是世界上最大的潮汐发电站，建设成本约为 28 亿美元。位于浙江省的江厦潮汐发电站是我国目前最大的潮汐发电站，装机总容量为 3200 kW。

5) 生物质能发电

采用农林生产的副产品及其加工残余物、牲畜粪便、城市垃圾等原料进行燃烧产生蒸汽发电，具有重大的环保意义。生物质能利用的转换方法有直接燃烧、生物转换(即将生物质通过微生物发酵的方法转换为液体燃料或气体燃料)和化学转换法(通过化学手段将生物质能转换成不同的燃料)。

目前，美国生物质发电站的总容量已达 1×10^7 kW，底特律拥有世界上最大的垃圾发电厂，日处理垃圾量 4000 t，发电能力 65 MW。在这方面，我国尚处于起步阶段，首座国产化设备的垃圾焚烧发电厂在温州市瓯海区并网发电，日处理生活垃圾 320 t，年发电量 2.5×10^7 kW·h。

当前利用生物质能的主要问题是能量利用率低，使用上也不合理。通过生物质热解气化技术，将有机废弃物通过高温缺氧热解，可以获得燃料气、生物油和生物炭，其关键技术是气化设备的设计和制作。目前，生物质致密成型技术的关键，是解决能耗高和挤压机螺杆头磨损快的问题。要使该技术走向商业化，还需做大量的科研工作。

6) 燃料电池发电

燃料电池是一种不经过燃烧，直接以电化学反应方式将富氢燃料的化学能转化为电能的发电装置。电解质有各种不同类型：磷酸型燃料电池的研究集中在提高可靠性和减少体积；固体氧化物型燃料电池的重要课题是材料的耐高温性及稳定性；熔融碳酸盐型燃料电池的开发在于其寿命，即在高温下液态电解质的腐蚀与渗漏问题以及发电特性的改善；还有碱性氢氧燃料电池和质子交换膜燃料电池。磷酸型燃料电池是目前技术最成熟、应用最广泛和商业化程度最高的燃料电池。

目前，世界上几乎所有的经济发达国家都在投巨资研究开发燃料电池发电技术。运行中的磷酸型燃料电池电站超过百座，容量最大的是东京电力公司的五井电厂(11 MW)。

我国自 20 世纪 60 年代就开始了各种燃料电池的实验室研究，在质子交换膜燃料电池技术方面已取得了较大的进展。中国科学院和国家科技部都将其列为重大项目。但由于刚刚起步，国家投入经费少，没有产业界的参与，因此研究水平还较低，距离实用化、商业化应用还有较大距离。至今我国还没有燃料电池发电站的成功应用实例。

可持续发展是新世纪发展的主题，能源作为经济运行的血液，已成为经济界、科技界及各国政府优先考虑的问题。中国的能源基本上是自给自足的，还处于封闭状态，这使我国经济发展受世界市场变化的影响较小，避免了受世界能源危机的冲击。但是人口的绝对增长是一个不能回避的问题，面对人口、能源和环境三大国际性难题，中国迟早要面临能源过渡和参加世界能源大循环的。

5．等离子体技术

物质可分为固态、液态、气态和等离子态四种状态。等离子体是由大量带电粒子(电子和离子)以及中性粒子(分子和原子)组成的电离气体。固体被加热时，其粒子的热运动加剧，当粒子热运行的动能超过其间的结合势能时，则要发生所谓的相变，物质由固态变成液态。温度继续升高，物质由液态变成气态。温度再升高，气体分子热运动再加剧，由于分子间的碰撞结果而产生原子；原子之间碰撞产生电子和离子；或者发生更多类型的碰撞，由此而形成由大量带电粒子和中性粒子组成的所谓的电离气体，这就是等离子体，它是物质存在的第 4 种形态。在物理学中，等离子体的定义为：等离子体是由大量带电粒子及中性粒子组成的表现出具有集体行为的似中性体系。等离子体可分为高温等离子体和低温等离子体。高温等离子体一般指温度在几百万度到几亿度之间的等离子体。在这种温度下，物质已成为完全电离的等离子体。在等离子体物理学中，通常用能量的单位电子伏来表示等离子体的温度，一个电子伏相当于 11 600 K 的温度。当等离子体的温度很高时，某些轻物质，例如氘、氚等，可以在其中发生热核聚变反应，所以又把这种等离子体称为热核等离子体。热核等离子体的温度为几千电子伏到几十千电子伏。温度低于几十电子伏的等离子体为低温等离子体。在这里"高温"和"低温"是相对而言的，实际上，低温等离子体的温度可达几十万度，从日常的意义上来说，这个温度已经是很高的了。非中性等离子体是指那些不满足似中性条件，但满足其他条件的等离子体。如电子束、离子束和电子气都属于这种等离子体。

1) 高温等离子体的应用

研究高温等离子体的主要目的是实现受控核聚变。核聚变反应是指在一定的条件下，由较轻的原子核聚合成较重的原子核的过程。在这个过程中要释放巨大的能量，所以聚变又称为热核聚变，并把所产生的能量叫做聚变能。聚变能的研究起源于关于恒星的起源、演变和灭亡的研究，人们发现聚变反应是太阳和恒星的主要能量来源。在地球上，氢弹爆炸是一种不可控的热核聚变反应，瞬间放出巨大的聚变能量，可造成人民生命财产的大量破坏。从氢弹爆炸开始，人们就想到和平利用聚变能，怎样控制巨大的聚变能按人类的意志有序地释放出来，为人类造福，这就是受控核聚变研究的任务。

目前人们主要利用氘-氘和氘-氚聚变反应。产生聚变能的元素主要是氘，海水含有大量的氘，在每升水中含有 0.03 g 的氘。地球上有 1.38×10^{18} m^3 的水，氘的总储量约为 4×10^{13} t。经聚变后，每克氘可释放出 10^5 kW·h 的能量。目前世界上每年约消耗 7×10^{13} kW·h 的能量，相当于消耗 700 t 的氘。如果受控核聚变研究成功，据以上数据估算，海水中的氘所释放出的能量可供人类几百亿年之用，可以说聚变能是人类用之不尽、永恒的能源。

2) 低温等离子体的应用

(1) 在微电子科学中的应用。在微电子制造业中，低气压的辉光放电等离子体可用于刻蚀、沉积、溅射等工艺。刻蚀工艺是微电子制造中不可缺少的一项工艺，用它来形成连线及图形。较早的时候采用酸、碱溶液进行刻蚀，这种方法称为湿法刻蚀。湿法刻蚀所得到的图形边缘比较粗糙，很难刻蚀线宽在 3 μm 以下的图形。为了提高集成电路的集成度，例如刻蚀 0.13 μm 的线宽图形，只能采用基于等离子体的干法刻蚀技术。图 3-56 是中科院微电子研究所研制的多功能磁增强反应离子刻蚀机。

图 3-56 中科院微电子研究所研制的多功能磁增强反应离子刻蚀机

(2) 在环保科学中的应用。当前，人类正面临着有史以来最为严重的环境危机。空气污染、臭氧层破坏、酸雨危害、全球变暖与海平面上升、淡水供给不足与水源严重污染、土壤流失与土地沙漠化、森林资源减少、生物物种锐减等，严重威胁着世界经济的发展、人类的健康和社会的安定，亟待世界各国、各行各业行动起来，解决日益严重的环境危机，从而走上持续发展的道路。

近年来，国内外正在大力研究低温等离子体、热等离子体、脉冲功率技术及电子束技术在环境保护中的应用，试图解决有毒有害气体，特别是 SO_2 和 NO_X、难降解高分子有机废水、污水、污泥、放射性废料和剧毒废料处理等严重的环境问题，可望在不久的将来得到解决。其中，脉冲电晕放电等离子体化学方法是 20 世纪 70 年代发展起来的，被认为是解决 SO_2 和 NO_X 问题的最有发展前途的新技术，它们具有联合脱硫脱硝、高效率、可回收资源、无二次污染、可与静电除尘器联合使用等优点。

脉冲电晕放电等离子体还可用来消除汽车尾气中的有害物质，产生环保工业中非常有用的臭氧。它还可使废水中的有害物质氧化和分解，起到脱色、除臭、杀灭细菌和病毒、除酚等水中的有害物质的作用。图 3-57 为金华市中荷环保科技有限公司流光放电等离子体机。

图 3-57 金华市中荷环保科技有限公司
流光放电等离子体机

(3) 在材料、冶金及加工中的应用。电弧等离子体的温度从几千摄氏度到几十万摄氏度，是一种非常优异的热源。电弧等离子冶炼技术和其他电炉冶炼技术相比，具有如下优点：电能转变为高热焓气体热能的效率高；电弧等离子体能提供比常规熔炼方式更高的温度和更干净、更集中的热量；在集中的高强度热源条件下，冶金过程大大加快，反应进行更彻底；实现某些在一般条件下不能进行的反应，制取有特殊性能、特殊结构的材料，可强化许多现有的过程。等离子冶炼过程容易控制，操作稳定、简单，电源设备不复杂，废气量少。在当前环境保护要求日益严格的条件下，等离子冶炼技术是降低成本、减少污染的一种很有前途的方法。目前，等离子冶炼技术已用于矿石和精矿的热分解、熔炼、氧化、还原等过程，并且已有用于碳钢或合金钢生产的容量达 30~40 t 的直流电弧等离子体炉。等离子体炉还可用于铁合金的生产、难熔金属和合金的熔化等领域。

利用热等离子体可以在材料及零件的表面喷涂上一层耐磨的、抗腐蚀的、耐高温的涂层，提高其耐磨损、耐腐蚀、耐高温性能。某种新型的航空发动机中，有 5000 多个零件都采用等离子体喷涂技术改进过性能。用等离子体喷涂的方法还可以制备高温超导体的薄膜，制备医学与生物工程中人工关节等抗人体排斥涂层。利用热等离子体可以生产出许多具有特殊性能的超细粉和超纯粉，如各种碳化物、氧化物与金属粉，可用于制造切削工具、结构陶瓷和耐温零部件。超细粉可用于粉末冶金，能够制造出几乎不需要再进行机械加工的零件，大大简化了制造过程。

3.4.3 电工理论与新技术在电气工程领域的地位和作用

电工理论与新技术学科主要研究电网络、电磁场和基于新原理、新材料等的电工新技术的理论、方法及其应用。它既是电类学科特别是电气工程学科的基础学科，又可成为边缘学科与交叉学科的生长点，对电气工程学科的发展和社会进步具有广泛的影响和巨大的作用。

电气工程一级学科下设的电机与电器、电力系统及其自动化、高电压与绝缘技术、电力电子与电力传动等二级学科所涉及的基础理论均在电工理论与新技术学科研究范围内。同时电工理论与新技术学科又是生物医学工程、环境科学与工程、计算机科学与技术、信息与通信工程、电子科学与技术、控制科学与工程等一级学科的理论基础。

3.4.4 我国电工科学的现状与发展

电工科学在科技体系中占有特殊的重要地位。它既是国民经济的一些基本工业，如能源、电力、电工制造业等依靠的技术科学，又是另一些基本工业，如交通、铁路、冶金、化工、机械等行业必不可少的技术支持，还是一些高科技和新技术中的重要科技组成部分。在与生物、环保、自动化、光学、半导体等民用和军工技术的交叉发展中，电工科学又是形成尖端技术和新技术分支的促进因素。在一些综合性高科技成果中，如导弹、卫星、核弹、空间站、航天飞机等同样必须有电工科学的技术和新产品。总之，在国防和工农业发展以及人民生活水平的提高过程中，电工科技的进步具有广泛的影响和巨大的作用。

1. 电工科学的概念及发展

电能是以电磁场为载体存在于客观世界中的一种物质。研究电能及其应用的技术科学称为电工科学。也就是说，电工科学是研究电磁现象及其应用的科学。以电工科学中的理论和方法为基础而形成的工程技术称为电工技术。其中主要的电力技术，例如发电、输电、变电、配电、用电的技术和电力设备制造技术等是研究能量与电磁场运动的科学技术。有关的电子技术，如调节、保护、控制电能的自动化技术和相应电子装置的制造技术等是研究信息与电磁场运动的科学技术。

我国商代甲骨文中就有"电"的字符，四大发明之一的指南针就是静磁应用的最好例子。到19世纪末，麦克斯韦以严格的数学形式描述了电磁场及其运动规律，形成了完整的宏观电磁场理论，奠定了电工科学理论基础。在此期间，电工理论的发展也促成了大量实用技术及其产品的发明，如电灯、电报、电话、电影、发电机、输电线、三相电动机、广播、电视等，为工业革命提供了新的动力，促进了社会生产力的迅速发展，成为人类的第4次技术革命。所以电工科学既是一门历史悠久、对人类文明进步和技术发展影响巨大的成熟科学，又是受生产发展和高新技术影响而不断向纵深发展的科学。它孕育了许多新兴学科产生和发展，本身又不断地从新兴学科中吸取营养，丰富和更新自己的内涵，具有旺盛的生命力。

近年来，科学技术发展中的"边缘生长"和"交叉渗透"等大趋势和高技术的发展，使电工科学又呈现出兴旺的态势。新兴的半导体技术、集成电子技术和控制技术等在电力技术中交叉形成了新的"电力电子技术"(或称功率半导体技术)。电力电子技术已成为世界范围内的重要节能技术。此外，电工科学和其他科学之间的多学科交叉又形成了电工科学中一个新兴的大分支——"电工新技术"。例如电工科学与流体力学、低温物理、量子力学、电子科学、材料科学、数学等多学科交叉形成了超导电工技术、磁流体发电技术、高功率脉冲技术、等离子体技术、电接触和电加工技术等。这些电工新技术既促进了电工理论发展，又开拓了电工技术的应用范围和服务领域。电力电子学、人工神经元网络、模糊控制和智能控制等新理论和新方法的出现，柔性输电方式、机电一体化等新技术和新应用的出现，高温超导材料和有机半导体材料等新材料的出现，说明电工学科正呈现出迅猛发展的势头。

2. 电工科学的结构及与其他科学的界面

根据国家基金委的学科分类，新型发电方式和能量转换(例如电能与化学能转换、电磁辐射与电能转换)方式将归入能源科学，计算机在管理自动化中的应用归入管理科学，都未列入电工科学。电工科学与其他科学以及各分学科之间的区别和分工的界面，有的比较清楚，有的就比较模糊。那些新分支学科(如电力电子技术、电工新技术)和其他科学(如电子科学、微电子科学、控制科学、自动化科学等)的分界面变化比较多，甚至呈现犬牙交错、模糊不定的状况。如果当前还可以用"电工新技术"来包含电工技术新发展的几个主要技术，那么电工科技的发展将会很快突破这个限制，那时就需要重新考虑电工科学的新分支学科的构成。此外，高新技术还正在不断地向几个老分支学科冲击，促进它们不断变化和发展，如电力系统的自动控制技术、电机的电机一体化技术、交流调速拖动技术、电磁兼容、高压输电以及绝缘技术，它们的微观机理和宏观特性所提出的一系列的严重挑战和冲击，已成为学科发展的重要动力。例如到处存在的工频电磁场对人体机能影响的研究和讨论，最近又提出它对诱发癌症的怀疑；太阳活动周期所引起的地磁暴对电力设施的破坏作用；柔性输电技术和电气汽车技术提出的多学科协同研究的新要求；从能源和环境出发的更有效地利用太阳能、风能、水能等可再生能源所提出的新技术要求等。电磁兼容技术、电工环境技术也可能发展为新的共性分学科。由此可见，电工科技的内涵、学科结构、与其他学科的界面、分支学科的分层分类、前沿可能的生长点和突破点，以及前沿分支学科和共性分支学科的变化等，都是一个动态的发展过程。

3. 电工科学在我国的发展

我国解放以后电力工业发展迅速，尤其在近年来我国加工业对电力需求的急剧增长，电力工业的发展更为迅速。同时带动电工制造行业飞速发展，目前已能生产 600 MW 的火电机组和 500 kV 电压等级的大型变压器，SF_6 断路器和氧化锌避雷器也进入了世界先进行列。电工科学在输变电建设、电气化、电力系统及其控制等方面都取得了显著的进步和提高。

在电力电子和电工新技术领域中，我国从 1962 年试制出第一个晶闸管起，到目前已能批量生产电流达 1650 A、电压为 4500 V 的晶闸管，已进入了研制生产和应用快速、全控器件或设备的阶段。在磁流体发电、核聚变研究和电工高技术的范围内，我国也从空白状态发展到形成多个相互配合的研究基地和重点试验室，并取得了一些引人注目的研究成果，例如，1983 年建成的 8 MV 闪光 -I 强电流脉冲电子束加速器、1990 年建成的 4 MeV 感应直线加速器、各种激光器、各种等离子体装置、超导技术、医疗用电工技术、电接触技术、新型电测量技术等。

但是，国民经济的迅速发展，对电工科学不断提出了新课题，例如优化规划和决策技术，减少能耗和节电技术，先进而完善的设计、运行和控制技术，电工制造的新工艺、新材料和新方法等，电工新兴技术必将和广泛的工业应用更好地结合，使其成为其他工业的支持手段，同时带动自身的发展。

4. 电工科学发展中的学科特点

21 世纪，我国发电装机容量将达到 3×10^8 kW，将建成全国联合电力系统，并将进一步向具有中央一级调度管理及分层自动化调度控制系统的全国统一电力系统阶段过渡，其输送技术、运行技术、仿真技术、控制技术等将具有更强大的功能。展望未来，电力电子技术等新技术以及新材料、新工艺在电工和电力行业中的应用将向纵深和更大范围发展，电工新技术的交叉应用和向外渗透范围将更为扩大，并将促进一些新的分支学科的形成和发展。

总之，一些主要依靠体力劳动的生产环节将向主要依靠脑力劳动转变，智力密集型生产将取代劳动密集型生产，成为创造社会财富的主要形式。电工科学所提供的各种基础研究、应用基础研究和应用研究的新成果，将对我国科技事业和国民经济的发展具有特殊的作用。因此，电工科学的发展将体现以下几个学科特点：

(1) 基础科学、技术科学和生产技术紧密结合，协调发展。电工科学是一门技术科学，它与其所依赖的基础理论(如电磁学、力学、数学、化学等)和指引并支持的生产技术(包括设计、工艺、产品开发等)是一条链子，既有分工又有联系。基础科学要阐明自然现象的内在本质和联系，并进行科学的加工和概括；生产技术要解决产品生产过程中的工艺技术、材料选用及生产措施等；而技术科学则在于阐明各种新技术应用基础中的规律性，包括原理上的可能性、技术上的现实性、方法上的先进性、经济上的可行性、应用上的可靠性等。

基础科学、技术科学和生产技术三者缺一不可，忽视任一环节都会造成重大的损失和影响。既要注意加强基础科学的研究，又要重视生产技术、技术科学的开发。否则，可能造成生产中的大量损失、浪费和恶性事故的发生。所以三者协调一致发展，才能使电工科学作出应有贡献。

(2) 需要合理的科技储备。科技储备不仅应注意电工生产中的现实问题和未来发展中的要求，还应充分注意到科技发展中的新挑战，例如新的数学理论(离散数学、变分原理、函数空间、微分几何等)、新方法(辨识方法、综合场分析法、人工智能、人工神经元网络、模糊控制和智能控制方法、模拟退火法、基因算法等)、新技术(微电子技术、计算机技术、电力电子技术、电工新技术等)的应用和发展。我国电工科技不仅应有能跟踪新发展的科技储备，而且更应注意那些适于我国国情的具有实用远景的科技储备。这些科技储备将决定我国科技进步中的一些"制高点"，将影响到我国以科技为基础的综合国力的发展。

(3) 学科发展中的交叉和渗透作用。当代学科发展中的相互交叉、渗透现象已成为科技发展的重要促进因素。电工科学中近些年来新出现的大量新分支、新技术、新方法和新理论就是明证。从事电工行业的科技人员应特别注意发展边缘上的科技"生长点"，有计划地学习新知识，借鉴相关的新成果，促进多学科交叉及渗透。科技界内部应尽量保证信息畅通，使一切创造发明、学位或学术论文、科研成果等都具有可靠的信息支持。例如近年来由举世闻名的三峡工程牵动而开展的能源规划技术、电源优化规划技术及所建立的通用数学模型和软件包，不仅体现了多学科联合攻关，而且还引入了社会科学中的经济学等学科。其成果不仅对三峡论证工作起了作用，而且可服务于大量的能源和电力规划项目。

近年来，国家科委组织的"星火"、"火炬"等综合开发计划，国家教委、中科院和电机及电工两大学会组织的大量国际和国内学术活动，重点试验室向外开放，博士后流动站的建立，向国外派遣访问学者和研究生等，都有利于电工学科和其他学科之间的纵、横向交叉发展。

(4) 注重提高电工科技人员的素质。我国在解放以后已逐步形成了一支庞大的电工科技队伍，但技术力量不够强，教育和培训的内容及方法都急需要改进。例如基础理论教育应扩充并与电工新技术相适应，实验技术和计算技术应加强，应发展、扩充和更新专业课程内容，及时引进新思想、新理论等，重要的电工教学、科研基地应引入其他基础科学方面的人才。电工科研的各部门和各层次机构之间，除交流信息、加强协作、促进发展生产力、提高经济效益外，还应加强人才培养、交流和协作，以收到优势互补之功效。

3.5 高电压与绝缘技术学科简介

3.5.1 高电压与绝缘技术领域的发展现状

随着我国经济的快速发展，国民经济建设中涉及电气工程尤其是高电压与绝缘技术专业的重大工程被提上议事日程。当前，面对电力供应严重不足的局面，我国正大力发展电力工业。据统计，我国的发电容量 1980 年为 3.006×10^{11} kW·h；1995～1996 年，年发电量跃居到世界第二位，而且增长迅速，2002 年我国的年发电量已达 1.6×10^{12} kW·h。按照装机容量，1996 年底我国发电设备的装机容量已达 2.13×10^{10} kW，居世界第二位；2002 年更是达到了 3.153×10^{11} kW。随着国家电力工业的战略布局，西电东送工程正在蓬勃展开。随着电力需求的日益增长，为解决高电压、大容量、长距离送电和异步联网等交流输电难以实现的现状，直流输电由于其传输功率大、线路造价低、控制性能好等特点，作为重点输电工程已在国内大力开展。在电气化铁路事业中，目前高速铁路是国家的发展重点，随着京沪高速铁路的论证，中国已经开始新一轮高速电气化铁路的建设。同时，城市轨道交通的建设，包括地铁和城市轻轨，这些都为高电压与绝缘技术专业的研究人员从事科研工作提供了前所未有的机遇和挑战。一方面，在高电压输电领域的推动下，合成高分子材料迅速代替天然材料，这也成为电气设备的主要研究与开发热点；另一方面，功能电介质(包括铁电、压电材料)开始崭露头角，无线电技术为其主要应用背景。到 20 世纪末，计算机及光电子信息技术的蓬勃发展，又推动电介质的研究开发进入到了微波与光频波段。在 21 世纪中，纳米材料技术将大大促进功能电介质的发展，将给传统绝缘介质学科找到新的突破点；而包括从极低频至光频波段的电介质理论和测试技术的发展成就，将会在生物学科与技术领域起到举足轻重的作用。青藏铁路(格拉段)的建设，也提出了在高海拔、永冻土地区如何进行有效的防雷接地工程等一系列的新课题。随着我国国防事业的发展，脉冲功率技术也得到了迅猛发展，这其中涉及到的有关材料、运行、评估等问题，也是高电压与绝缘技术专业科研工作者面临的新问题。

中国得天独厚的地理资源以及国家经济的迅速发展，为当今科研工作者提供了前所未有的机遇和挑战。高电压与绝缘技术学科跨度广阔，涉及物理、化学、材料、电气等，理论研究深至凝聚态物理，工程应用到电气设备的监测与评估。该学科综合性很强，既有多学科的交叠与成果积累，又有科研与工程的结合。

3.5.2 高电压与绝缘技术学科方向的主要研究内容

高电压与绝缘技术是以实验研究为基础的应用技术，主要研究在高电压作用下各种绝缘介质的性能和不同类型的放电现象，高电压设备的绝缘结构设计，高电压实验和测量的设备及方法，电力系统的过电压、高电压或大电流产生的强电场、强磁场或电磁波对环境的影响和防护措施，以及高电压、大电流的应用等。高电压技术对电力工业、电工制造业以及近代物理的发展(如 X 射线装置、粒子加速器、大功率脉冲发生器等)都有重大影响。

高电压绝缘及其实验主要研究高电压绝缘的基本理论，其中包括气体、固体和液体绝缘的基本绝缘特性及击穿机理，电气设备绝缘特性进行检测的各种实验方法包括实验的基本原理、实验设备、实验接线和实验方法。电力系统过压及其防护主要研究电力系统过电压的基础理论，分析雷电过电压及各种内部过电压的基本特性及其防护措施和防护方法。

高电压技术主要包括高电压绝缘与过电压保护两部分。高电压技术的试验包括一些常规试验，例如气体放电、液体放电、绝缘电阻的测量、泄漏电流的测量、电晕放电、介质损耗角的测量、交流耐压等。

高电压技术中的新技术、新方法不断涌现，最为突出的是电力电子技术的高速发展和特高压技术的研究，前者重点研究怎样利用电子技术实现对强电的控制、测量和参数记录，而后者着重研究特高压技术对我国 21 世纪电力工业发展的影响。

1. 高电压与绝缘技术的发展

1752 年，富兰克林进行了著名的风筝引电试验，从而证明雷电与摩擦所产生的电荷性质是一样的，这实际上是一种高电压试验。1895～1896 年，W.K 伦琴发现 X 射线并将其用于人手骨骼摄像时就已应用了高电压技术。1911 年，E.卢瑟福根 α 粒子轰击金箔引起散射而提出原子模型时也应用了高电压技术。1931 年，范德格拉夫发明了高压静电起电机(见图 3-58)曾被用作正离子加速器或高穿透性 X 射线发生器的电源。

(a)　　　　　　　　　　　　　(b)

图 3-58　范德格拉夫高压静电起电机

(a) 巨型起电机(MIT 网站)；(b) 小型起电机

高电压是相对于低电压而言的，对于电力系统来说，1～220 kV 称为高压，而 220～800 kV 称为超高压(EHV)，1000 kV 以上称为特高压(UHV)。电压等级的技术与高电压技术密切相关，维持高电压安全运行要有非常高的技术，电气绝缘担负着维持高电压长期安全的作用。绝缘体是相对于导体而言的，绝缘体电阻率很高(可达 $10^9 \sim 10^{22}\ \Omega \cdot cm$)，通常流过的泄漏电流非常小，可以忽略不计。

作为一门与国民经济密切相关的技术科学，高电压技术是因输电工程和高电压设备的需要而蓬勃发展起来的。1891 年，德国建造了从腊芬到法兰克福长 175 km，电压为 15.2 kV 的三相交流输电线路，虽然输送功率只有 200 kW，但这却开了高电压技术在输电工程中实际应用的先河。随着人类生产活动的不断发展、生活水平的不断提高，高电压技术不仅在物理研究和输电工程方面得到了越来越快的发展，而且还深入到人们生产与生活的许多方面。电视机，霓虹灯，复印，废水、废气处理，人体内结石破碎，静电防护等，无不应用了高电压技术的成果。而绝缘技术是电气领域安全、稳定、可靠运行的基础，高电压下绝缘材料的开发、绝缘结构的设计和绝缘功能的试验等都是维持电力运行的基础技术，支持着电力技术的发展。高电压与绝缘技术已成为电气工程及其自动化的一个重要分支。

发电厂发出的电能都要用输电线送到用户(如图 3-59 所示)。交流发电机发出的 6～10 kV 的电压，经变压器升压，通过主干输电线送到需求地附近的高压或超高压变电站，再经过降压，送到二级变电站或特别高压用户变电站中，然后通过二级输电线送到配电变电站中，经过配电变压器降压，输送到用户。为适应这一要求，必须尽可能提高输电电压，因为电流大时，在输电线电阻上引起的热损将增大。提高输电电压，可以提高输电功率，降低损耗。

图 3-59　高压电力输送

　　就世界范围而言，输电电压等级经历了交流 6 kV、10 kV、35 kV、60 kV、110 kV、150 kV、220 kV 的高压，287 kV、330 kV、400 kV、500 kV、735～765 kV 的超高压(EHV)，直至 1150 kV 的特高压(UHV)(工业实验电路)。与此同时，高压直流输电技术也得到了快速发展，电压由 ±100 kV、±250 kV 发展至 ±750 kV。自 20 世纪 60 年代以来，为了适应大城市电力负荷增长的需要，以及克服城市架空输电线路走廊用电的困难，地下高压输电发展迅速(由 220 kV、275 kV、345 kV 发展到 400 kV、500 kV 电缆和六氟化硫管道线路)；同时，为减少变电占地面积和保护城市环境，气体的绝缘金属封闭组合电器(GIS)得到越来越广泛的应用。当前，我国的交、直流输电电压已高达 750 kV 和 ±500 kV。由于我国国土辽阔，能源分布不均匀，动力资源和一些负荷中心相距遥远，"西电东送"和"北电南送"必然成为我国 21 世纪的送电格局，因此我国必将成为世界上少数几个发展 1000 kV 及以上特高压(UHV)输电技术的国家之一。

　　绝缘是高电压技术及电气设备结构中的重要组成部分，其作用是把电位不等的导体分开，使其保持各自的电位，没有电气连接。具有绝缘作用的材料称为绝缘材料，即电介质。电介质在电场作用下，有极化、电导、损耗和击穿等现象。

　　高电压绝缘应用于国民经济的许多领域，其中最大量的是用于电力系统，随着电力系统电压等级的进一步提高，有关电气设备绝缘的问题也日益重要。当作用电压超过临界值时，绝缘将被破坏而失去绝缘作用。电力系统的发展，建立在对电介质的电晕、放电、击穿现象，输变电设备及其绝缘、过电压的防护和限制、高电压试验技术，以及静电场、电磁场对环境的影响等方面进行深入研究的基础上，这些研究促使高电压与绝缘技术不断发展，并逐步形成为一门学科。

　　从 20 世纪 60 年代开始，高电压与绝缘技术加强了与其他学科的相互渗透和联系，在不断吸取其他科技领域的新成果，促进自身的更新和发展的同时，也使高电压与绝缘技术方面的新进展、新方法更广泛地应用到诸如大功率脉冲技术、激光等离子体、受控热核反应、原子物理、生态与环境保护、生物医学、高压静电工业应用等科技领域，显示出了强大的生命力。

　　例如，靠高电压放电使中性分子电离或产生离子，或使离子附着于某物，或产生臭氧，在净化环境的有关技术上有各种应用；另外，超高压电子显微镜和 X 射线发生装置等，技术上若没有高电压也是实现不了的。高电压在电极边缘处形成高电场，而绝缘膜极薄时，即使在低电压下也容易形成高电场。以超大规模集成电路(ULSI)为代表的元器件小型化，给层间绝缘带来了苛刻的工作条件。

随着计算机、微电子、材料科学等新兴学科的出现，高电压与绝缘技术这门学科的内容也正日新月异地得到改造和更新。当前，数据采集和处理、光电转换、新型传感技术、计算机和微处理机等已大量应用于高电压测试技术；数字及模拟计算机的仿真技术、随机信号处理和概率统计理论等已进入与系统过电压、绝缘和绝缘水平相配合的领域，这些新兴理论和技术的应用将极大地推进高电压与绝缘技术学科的发展。

2．高电压与绝缘技术的主要研究内容

高电压与绝缘技术学科研究高电压的产生，在高电压下绝缘介质及其系统的特性，电气设备及绝缘，电气系统过电压及其限制措施，高电压试验技术，电磁环境及电磁污染防护，以及高电压技术的应用等。其主要内容可分为四部分：各类电介质在高电场下的特性，电气设备绝缘试验技术，电力系统过电压与绝缘配合，高电压技术在各个领域的应用等。

输电电压的提高需要生产相应的高压电气设备，这就需要对各类绝缘电介质的特性及其放电机理进行研究(图 3-60 所示为高压放电现象)，而其中对气体放电机理的研究是研究其他材料放电机理的基础。设备额定电压的提高使绝缘材料和绝缘结构的研究成为很重要的问题。当前，各种高抗电强度气体如六氟化硫(SF_6)和各类有机高分子合成材料等新型绝缘材料的出现为制造高压电气设备提供了广阔的前途。再如利用 SF_6 气体作为绝缘的变电所(GIS)，已可使体积缩小至空气绝缘时的 1/20。另外，用高性能的电力电缆向大城市进行地下送电已成为可能。

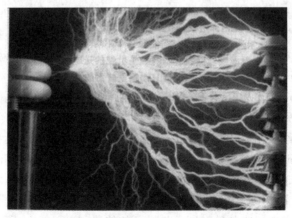

图 3-60　实验室产生的高压放电现象

除设备以外，建设高压输电系统还面临着许多高电压技术课题，诸如高压输电线路的不对称故障及输电线路电晕对通信的干扰、高压电电磁场对周围环境和人体的影响、电力系统的过电压等。电力系统过电压是危害电力系统安全运行的主要因素之一，系统的过电压来自两个方面。其一是由雷电和雷击电力系统所引起的，称为大气过电压。研究大气过电压的成因及限制措施是高电压技术研究的主要内容之一。虽然人们对雷电的研究已有几十年的历史，但是到目前为止，人们对雷电的成因、机理及其参数的认识还远未达到完善

的境界。系统的另一类过电压是由系统内部的电磁能量转换所引起的，例如切合空载线路和系统参数配合不当而引起的谐振等称为内部过电压，其幅值随输电电压的提高而上升，一般约为 2.0～4.5 倍相电压，因此，随着输电电压的提高，内部过电压已逐渐成为具有决定意义的因素，对超高压电力系统尤为突出。研究内部过电压的成因及限制内部过电压的措施，研究新型的能够限制内部过电压的避雷器(例如氧化锌避雷器)已成为超高压电力系统中面临的主要课题。

为了保证电力系统的安全运行，需对电气设备绝缘在过电压作用下的性能进行研究，以及对各类绝缘试验(包括耐压试验)技术进行研究。在高电压技术中，作用电压(包括各种电压和过电压)和绝缘是对立统一的。高电压靠绝缘支撑，电压过高又会使绝缘破坏，绝缘的破坏性放电使高电压消失。因而，对作用电压的研究和绝缘特性的研究是同时进行的，过电压和绝缘这对矛盾需要用技术经济的综合观点来处理。电力系统的设计、建设和运行都要求工程技术人员在各种电介质和绝缘结构的电气特性、电力系统中的过电压及其防护措施、绝缘的高电压试验等方面具有必要的知识。事实上，有关绝缘的研究，包括在各种电压、不同条件下的绝缘性能，破坏性放电的过程、机理和影响因素，绝缘设计、绝缘结构、电场分析等已成为高电压技术领域丰富的内容和高电压与绝缘技术中主要理论建立的基础。

高电压与绝缘技术是一门实践性很强的学科，因此各种类别冲击(包括雷电冲击和过电压冲击)以及直流和工频交流等的高电压、大电流发生装置的研究及其测试技术也是本学科的基本内容之一。

1) 高电压绝缘与电气设备

对电气设备，如发电机、变压器、断路器、电容型设备、架空输电线路、电缆、气体绝缘金属封闭组合电器(GIS)的绝缘结构要考虑材料选用、结构设计和工艺过程三个方面。这就需要根据材料科学、高电压技术物理基础理论、电磁场计算试验技术、绝缘特性、力学、绝缘材料工艺技术等多方面的知识，合理解决电气设备的绝缘结构问题，确保电气设备的经济合理和安全运行。

绝缘的作用是将电位不等的导体分隔开，从而都能保持各自的电位。绝缘是电气设备结构中的重要组成部分，具有绝缘作用的材料称为电介质(绝缘材料)，这些材料构成了电气设备的绝缘结构。绝缘常常是电气设备的薄弱环节，是运行中不少设备事故的发源地，当作用电压超过临界值时，绝缘将被破坏而失去绝缘作用。工作电压越高，绝缘的费用在设备成本中所占比例将越大，设备的体积和质量也越大，如不采用新技术则将无法构成设备绝缘。研究绝缘，改善绝缘，不仅是经济问题，更是安全问题，因而努力采用先进技术，既经济合理又安全可靠地解决各种高压电气设备的绝缘问题是十分重要的。

电气设备绝缘除应能耐受正常工作电压的长期作用以外，还必须能耐受过电压的作用。为确保电气设备能安全可靠地运行，一方面应分析过电压的幅值、波形等参数，采取有效措施降低或限制作用于设备的过电压；另一方面应设法保证及提高绝缘结构的耐受电压。这两方面构成高电压与绝缘技术的主要内容，而后一方面(包括如何提高设备绝缘的耐受电压、设计出先进的绝缘结构、引用新型绝缘材料、改进制造工艺等)是高电压绝缘研究的主要内容。

电气设备中使用的绝缘有气体、液体和固体绝缘，或把它们构成组合绝缘使用。金属导体加高电压在长时间通电流使用时性能几乎不劣化，但带高压的绝缘体多为高分子材料，随着加压时间延长，绝缘性能有下降倾向。因此，高电压系统对提高绝缘材料的长期特性、绝缘设计合理化和运行中电机电器的绝缘诊断等理论和技术都有很高的要求。主要的电气设备的绝缘如下：

(1) 发电机。发电机是将机械能转变成电能的机械，发电机绕组通常采用环氧粉云母作绝缘。

(2) 变压器。变压器是根据电磁感应定律，将交流电变换为同频率不同电压交流电的电气设备。电力变压器主要采用油-纸绝缘，近年来也开始发展树脂固体绝缘和六氟化硫等其他绝缘的变压器。

(3) 断路器。断路器是能接通、分断线路正常工作电流，并在电路异常时分断故障电流的机械式开关电器。按灭弧介质的不同，断路器可分为油断路器、空气断路器、六氯化硫断路器和真空断路器等。

(4) 电容型设备。为了将处于高电压的导体从电气设备或建筑物中引出，需要采用套管。对较高电压(例如 110 kV 以上)的套管必须采取均压措施，即在绝缘体内增设一些均压极板，这种套管称为电容套管。这些设备以及电力电容器通常称为电容型绝缘设备。它们主要采用油-纸绝缘。

(5) 架空输电线路。架空输电线路是用绝缘子将输电导线固定在立于地面杆塔上的一种输电线路。对电压等级较高的输电线路，因导线表面电场强度较高，容易产生电晕，增加能量损耗，并形成电磁污染。这时须采用分裂导线，即将一根导线用几根电位相等、但相互间有一定间隔的导线代替，这样可以提高输电线路的电晕起始电压。

(6) 地下输电线路。敷设在地下、用于传输电能的导线称地下输电线路，多用于城市居民区或需要跨越河流、海峡等架设架空输电线路有困难的地区。实用的地下输电线路是电力电缆。电力电线是将绝缘的导电线芯置于密封护套中构成的绝缘导线。

(7) 气体绝缘金属封闭组合电器。气体绝缘金属封闭组合电器是按照变电所的主接线要求，将包括断路器、隔离开关、互感器、避雷器、母线、出线套管等在内的电器元件组装在接地金属外壳内的组合电器上。外壳内充有 0.4～0.5 MPa 的六氟化硫气体，作为绝缘和灭弧介质，如图 3-61 所示。

图 3-61　气体绝缘金属封闭组合电器

2) 高电压试验技术

防备电力系统电压等级的不断提高,绝缘成为电气设备中的薄弱环节。当由于某一部分设备绝缘遭到损坏而引起事故时,电力系统就不能安全可靠运行,给国民经济造成了巨大损失。电气设备只有具有经济可靠的绝缘结构,才能够可靠地工作。首先必须掌握各类绝缘材料在电场作用下的电气性能,尤其是在强电场中的击穿特性及其规律,而对气体放电机理的研究是研究其他绝缘材料放电机理的基础。另外,电气设备耐受电压的能力将决定其是否能安全可靠地运行。高电压试验是研究击穿机理、影响因素、电气强度以及检验电气设备耐受水平的最好方法。对电气设备的绝缘进行试验,消除隐患,防患于未然。为此,就必须掌握电力系统绝缘常规试验的原理和方法以及产生交直流冲击电压的基本方法和设备及测量手段。

(1) 液体和固体介质的绝缘强度。绝缘介质除气体外,还有液体、固体。液体绝缘介质,除了做绝缘外,还常做载流导体或磁导体(铁芯)的冷却剂,在开关电器中可用作灭弧材料。固体介质可作为载流导体的支撑或作为极间屏障,以提高气体或液体间隙的绝缘强度。因此,对液体、固体物质结构以及它们在电场作用下所产生的物理现象进行研究,能使我们了解并确定它们的电场强度及其他性能。

(2) 电气设备绝缘试验。工程上的电介质在电场作用下的主要物理现象(如极化、电导、损耗和击穿等),不能从理论上得到圆满的解释,这样在很大程度上要依靠试验技术进行解释和判断。同时,为了保证电气设备的安全运行,需对设备进行各种试验。通过试验,掌握电气设备绝缘的情况,保证产品的质量或尽早发现绝缘缺陷从而进行相应的维护与检修,防患于未然,以保证设备的安全运行。电气设备的出厂试验、安装时的交接试验和运行中定期进行的预防性试验,都是为了这一目的。

电气设备的绝缘缺陷一般可分为两类。第一类是集中性缺陷。这是指电气设备在制造过程中形成的绝缘局部缺损(例如,固体介质中内含气泡、杂质等);在运输或运行中绝缘受到局部损伤,如电缆中含有气泡发生局部放电而损坏;由机械损伤而受潮等。这一类绝缘缺陷在一定条件下会发展扩大,波及整体。第二类是分布性缺陷。这是指高压电气设备整体绝缘性能下降,如电机、变压器等绝缘全面受潮、老化、变质等。

绝缘内有了缺陷后,其特性往往要发生变化。因此,可以通过试验测量绝缘的特性及其变化,把隐藏的缺陷揭露出来,以判断绝缘状况。高压绝缘的试验方法很多,可分为两类。一类是非破坏性试验,或称为检查性试验、特性试验。它是指较低电压下或用其他不损伤绝缘的方法来测定电气设备绝缘的某些特性及其变化情况,如测量绝缘电阻、电容比值、介质损耗因数等参数,以间接判断绝缘状态,从而判断在加工制造过程和运输过程中出现的绝缘缺陷。另一类是破坏性试验,或称为耐压试验。它是模拟设备在运行过程中实际可能碰到的危险过电压状况,对绝缘加上与之等价的高电压来进行试验,从而考核绝缘的耐压强度。这类试验对绝缘的考核是严格的,能揭露那些危险性较大的集中性缺陷,它能保证绝缘有一定的水平或裕度,但在试验中可能对绝缘造成损伤或击穿,因而称之为破坏性试验。为了避免在试验中损坏设备,破坏性试验是在非破坏性试验之后进行的。如果在非破坏性试验时已发现绝缘有不正常情况存在,则须查明原因并消除后,方可进行耐压试验。由于放电理论不够完善,还不能从检查性试验中推导得出绝缘的击穿电压是多少,因此必须进行耐压试验才能最终判断电气设备能否继续投入运行,所以,两者是相辅相成的。

随着电力系统电压等级的不断提高，各种非破坏性试验如带电试验法、非电量测试法等得到了很快发展。对于综合判断设备的绝缘状况、及时发现绝缘缺陷是极为有利的，可以提高综合判断的可靠性。

非破坏性试验的方法很多，如测量绝缘电阻及泄漏电流、介质损耗、局部放电色谱分析，射线及超声探测绝缘缺陷等。各种方法对不同的绝缘材料和结构形式的有效性各不相同，能够判断的绝缘缺陷也各不相同。在具体判断某一电气设备的绝缘状况时，应根据多种非破坏性试验的结果，注意与历史资料并与同类设备进行比较，综合判断，从而较为确切地判断绝缘缺陷。

电气设备绝缘试验主要包括绝缘电阻及吸收比的测量、泄漏电流的测量、介质损耗角正切值 $\tan\theta$ 的测量、局部放电的测量、绝缘油的色谱分析、工频交流耐压试验、直流耐压试验、冲击高压试验和电气设备的在线监测技术等。图 3-62 所示为球隙放电试验。

图 3-62　球隙放电试验

3.5.3　高电压与绝缘技术的发展趋势

1. 高压输电技术的发展

有一种悲观的论点认为，输电电压达到百万伏的特高压级水平后不会再有更高的电压等级，那时高电压技术就不再发展。这显然是一种误解。且不说目前国际范围只有俄罗斯有一条特高压输电线路在运行，特高压输电技术还有很多课题需要研究；即使在现有的高压和超高压输电系统中，由于新材料和新技术的应用而促使高电压技术进一步发展，后一点已经反映在一些高电压技术新教材之中。从我国的情况看，发展超高压和特高压输电技术更是任重而道远。以三峡水电站为例，装机容量为 18.2 GW 的世界最大电站的输电电压仅为交流 500 kV 和直流 ±500 kV，比早已投入运行的巴西伊泰普水电站(12.6 GW)的输电电压(交流 750 kV 和直流 ±600 kV)还低，仅此一点就可以看出我国在高压输电技术方面与国际先进水平的差距。除高压远距离输电外，近年来分布式发电也在发展，这与国际社会对清洁的"可再生能源"利用的重视和对大电网在战时与强地磁爆下供电可靠性的担忧有关，然而高压输电无疑仍将占主导地位，因而这方面的技术需求仍将是高电压技术发展的主要动力。随着新型输电方式的出现，如柔性交流输电技术、紧凑型输电线路和轻型高压直流输电技术，不断有新的高电压技术课题需要解决。

2．高电压技术在非电力领域中的应用

近 20 余年来高电压技术在非电力领域中的应用日广，因而其地位与作用已不同于当初从电力工程中派生出来的情况。

电气绝缘的放电和击穿实际上并不取决于外施电压，而是由电场强度决定的。因此高电压技术的核心内容是强场中的电介质现象。显然这方面的知识对解决其他领域中的有关技术问题也是有用的，例如微电子器件的电压虽然很低，但其电介质中的电场强度却可能很高；又如在航空航天技术中会出现由于气压很低而使电气绝缘处于空气放电的极小值附近而导致绝缘事故的情况。

电磁兼容(EMC)是一个涉及多门学科的重要技术课题，它不仅受到国际学术界和工业界的广泛关注，而且在有些国家如欧共体已由政府用法律加以规定。研究和解决电磁兼容问题的技术人员有各种不同的专业背景，其中高电压工作者有明显的技术优势，因为高电压工作者对消除电磁干扰的主要措施即电磁屏蔽、接地和滤波是很熟悉的。无怪乎荷兰的艾因霍恩工业大学的高压研究组已改名为高电压与 EMC 研究组；德国斯图加特大学的高电压实验大厅中已建立了一个国家授权的电气产品 EMC 检测实验室。上述两所大学与德国卡尔斯鲁厄大学的高压专业教授均讲授单独设课的电磁兼容，后一大学的 A.J. 施瓦勃教授还在讲稿的基础上由著名的 Springer 出版社出版了《电磁兼容》教科书。

脉冲功率技术是一个发展十分迅速的技术领域，它不仅可用以获得强脉冲电离辐射及强激光和高功率微波，并在核辐射效应模拟和惯性约束聚变研究等方面发挥十分重要的作用，而且广泛应用于民用工业，如油井解堵、烟气净化和辐射消毒等。大功率脉冲的产生和测量都涉及高电压技术问题，如 Marx 发生器、脉冲形成与传输线及气体放电开关等都是高电压工作者熟悉的内容。

高电压技术近年来在医疗、食品工业和生物工程中也已得到应用。如俄罗斯已获得卫生部认可将高电压技术产生的毫米波用于治疗。用脉冲电场对牛奶和果汁进行消毒的效果明显优于传统的消毒方法，因而得到美国军事部门的支持。用脉冲电场对细胞膜进行可逆的穿孔可用于克隆技术，将含有克隆基因的 DNA 通过脉冲电场形成的细胞膜微孔注入细胞，比非电的细胞膜穿孔方法有明显的优点。

3．学科之间的融合和交叉

高电压技术学科和其他学科之间的融合和交叉将在两个方面展开。一是高电压技术学科自身的发展要不断地吸收其他学科的新技术、新成果。例如，信息技术、新材料、先进制造技术等，都会在高电压技术领域得到广泛应用和迅速发展。二是高电压技术将在环境保护、材料科学、电磁环境和生物医学、新能源等领域发挥重要影响，

1) 新材料、新技术、新方法的推动

材料学科是发展最快的领域之一。相比而言，电工是一个较为成熟的学科领域。但是，新材料在此领域的应用，却有可能带来革命性的变化。有机硅橡胶材料在外绝缘领域的应用就是突出的实例。众所周知，高压输电线路的绝缘子曾是电瓷一统天下，尽管电瓷材料有耐老化性能好等很多优点，但是易破碎、抗拉强度低、笨重、生产耗能高等是电瓷材料先天的弱点，特别是耐污闪性能不好，已成为电力系统安全运行的一大隐患。硅橡胶等有机材料由于重量轻、易加工、耐污闪性能好，已在线路外绝缘上得到成功推广应用。以硅

橡胶材料为伞裙护套，环氧玻璃纤维引拔棒为芯棒的线路悬式合成绝缘子，目前在我国线路绝缘子市场上挤占 1/3 天下，而且有进一步发展壮大的趋势。已在线运行的 80 余万只线路合成绝缘子经受住多年恶劣气候条件的严峻考验，事实表明，其耐污闪能力明显高于电瓷或玻璃绝缘子，在防止污闪事故发生，保障电力系统安全运行方面发挥了显著作用，受到电力运行部门的欢迎。可以预测，硅橡胶材料也将在变电站外绝缘(如棒型支持绝缘子、绝缘套管)等方面得到应用推广。

高温超导材料、新型磁性材料、新型合金及新型绝缘材料将会在高电压电工设备上得到及时而迅速的推广应用。新材料的发现和应用将推动高电压技术的发展，关注材料学科的发展并积极将新材料引入高电压技术，加强两个学科之间的融合和交叉，将是高电压学科发展的新动力。

以信息科学为代表的高新技术将是高电压技术学科发展的又一动力。新型传感技术、信息的采集和处理、网络技术、自动化技术、纳米技术、现代通信技术、微电子技术、计算机集成制造系统技术等，都将在高电压技术领域获得广泛应用，并将在推动高电压学科进步上发挥显著影响。

2) 在环保、材料、生物医学、新能源等领域的应用

(1) 在环保领域的应用。环境保护和可持续发展已提到了基本国策的认识高度，我国政府对环境保护问题始终十分重视，并为此投入巨额资金。环境保护课题都是多学科交叉的问题，需要相关学科紧密合作。高电压技术学科在环保领域应用前景很广。例如，烟气的脱硫脱硝和除尘问题。我国是燃煤大国，燃料结构决定了我国在今后相当长的时间内，发电、供暖等所需能源仍是以燃煤为主。我国大气中的 SO_2 有 87%来自燃煤。煤的清洁燃烧问题是迫切需要解决的课题。在烟气排放前，用高压窄脉冲电晕放电方法对烟气进行处理，可取得较好的脱硫脱硝效果。此技术是应用上升前沿陡、脉冲窄的高压放电得到 5～20 eV 的高能电子打断周围气体分子的化学键而生成氧化性极强的 OH、O、HO_2、O_3 等自由原子、自由基等活性物质，可同时脱除 SO_2 和 NO_2，在氨注入的条件下，可生成化肥。这一技术的投资较低，估计仅为湿法脱硫的 50%，被认为是 21 世纪最有前景的脱硫脱硝技术。现在，日本、美国、意大利、俄罗斯等国都开展了此方法的研究。意大利已建造出中试装置，在威尼斯附近的 Marghera 热电厂进行了工业性试验，日本也在建工业试验装置，我国也对此方法进行了积极研究。

汽车尾气已成为造成我国特大型城市大气污染的最重要因素之一，治理汽车尾气已成为解决大城市空气污染的首要任务。降低尾气中有毒、有害气体含量有许多技术手段，除用传统的催化剂方法清除汽车尾气中的有害物质外，国际上正大力开展用高压脉冲放电产生非平衡态等离子体去处理汽车尾气的研究，其指导思想是放电等离子体产生的物理及化学作用加上催化剂的协同作用，较之单纯的催化剂作用具有更好的效果及性能价格比。在美国加州于 1998 年 10 月召开的美国汽车工程师学会(SAE)会议上专门讨论了这一课题。在环境工程领域对污水的处理有很多方法，如物理法、化学法、生物法等，有些高浓度废水，如造纸厂、印染厂等排放出的废水中有很多难降解成分，用上述传统方法很难处理。高电压技术有可能会对此问题的解决提供帮助，清华大学电机系和环境系合作，用水中高压脉冲放电的方法对多种染料进行了处理，取得较好的降解和脱色效果。高电压技术对污水处理特别是难降解废水处理方面会大有帮助。

用高电压技术对固体废弃物中有毒有害物质的处理，也是一项值得研究的课题。如用高电压技术产生模拟闪电，在无氧状态下以强光、高达 5000℃ 的热能、强带电粒子流破坏有毒、有害废弃物，使其被分解成简单分子，经急冷中和后不会再次形成剧毒合成物，可经济地将废弃物转化成具有高稳定性的玻璃体物质、有价金属、富氢气体，用此技术已成功处理了化工废渣、医疗废物、被染污泥土等多种有害固体废弃物。

高电压技术在灭菌消毒方面也有广泛用途。在利用高压脉冲放电产生的非平衡态等离子体中，各种带电粒子和中性粒子之间发生复杂的物理及化学反应，产生高浓度的臭氧和大量的活性自由基，可以有效降解蔬菜和水果上残有的农药，将其还原成绿色食品。此外，高电压技术在饮用水处理、水果保鲜以及食品、饮料的加工上都有成功的应用实例。

(2) 在材料领域的应用。等离子化学是国际上科研的前沿和热点问题之一，目前，世界上许多实验正在探索用等离子体聚合的方法来制造具有特殊功能的薄膜。等离子体聚合所形成的薄膜在结构上与常规薄膜不同，在性能上会出现新的特性。例如，等离子聚合膜的交联度可以很高、致密性好，因而具有机械强度高、耐热性好、耐化学侵蚀性强等优点。等离子聚合膜的介电常数可以很大，可用于集成电路芯片的制造，等离子聚合膜的电导率也可以较高，适用于作防静电的绝缘保护膜。利用低温等离子技术研制新型半导体材料，也是前沿课题之一。

(3) 在生物医学领域的应用。高压电磁场对人体和生物的影响问题受到世界各国的普遍关注。研究结果显示，在某些条件下电磁场会对人体或生物有不利影响。对于生活在高压输电线路附近的居民健康是否会受高压电磁场有害影响的问题，有正反两方面的研究报道，存在很大争议。也有的研究结果表明，在某些电磁场环境中(特定的场强及频率范围内)，电磁场对人体或生物有益，例如，用高压静电场处理某些作物的种子，可使品种改良，获高产效果。高压静电场对某些作物的生长也有促进作用，可使作物增产。研究表明，静电场或脉冲电磁场对促进骨折愈合有明显效果。营造适当电磁场环境也能医治骨质疏松，清华大学电机系和生物系对此问题进行了深入研究，证实了适当的电磁场条件确实能促进成骨细胞的生长，此技术有应用于临床医疗的前景。某些医学诊断或治疗仪器的研制也要用到高电压技术，甚至有些仪器的核心技术就是高电压技术，有些高电压技术专家深入到生物医学专业领域，研制出多种医学诊治仪器。

目前，电磁环境学已成为国际上的研究热点之一，研究内容除电磁场对人体或生物的影响外，还包括电磁环境对广播电视、邮电通信、电子设备、计算机网络等系统的干扰及危害，以及综合防护措施。具体包括 3 方面的研究内容：

① 进行各种系统或设备所处的电磁环境分析；

② 研究电磁环境对各种系统或设备干扰、危害的作用机理；

③ 根据电磁环境分析的结果，提出综合的电磁干扰防护措施。

(4) 在新能源领域的应用。受控核聚变、可再生能源(如太阳能发电、风力发电、燃料电池等)新技术在 21 世纪会有飞跃性发展。受控核聚变的实现将为人类提供用之不竭的清洁能源，从根本上解决能源、环境、生态的持续协调发展问题，并已成功实现了在大型托卡马克磁约束聚变装置上的点火条件，证实了聚变反应堆的科学现实性。预计 21 世纪中能建成第一座实用核聚变电站。聚变反应堆的发展主要依赖核技术和电工新技术的结合，属于高电压技术范畴的大能量脉冲电源技术，等离子控制技术的进步将起关键作用。

高电压技术在 21 世纪仍会有很大发展，特别是经济高速发展的中国，对高电压技术仍有迫切需求。我国更高一级输电电压等级问题已提上议程，电力系统的安全稳定、电力供应的优质可靠等任务都对高电压技术学科有迫切需求，科技的发展离不开学科的融合和交叉，可以预计，信息、材料等学科的新技术、新方法会在高电压技术学科得到迅速应用，高电压技术也将在环保、材料、生物医学、新能源等领域得到蓬勃发展。

习　题

3-1　简述电力电子技术的发展历程。

3-2　电力电子技术的主要应用领域有哪些？

3-3　简述电力传动控制技术的发展趋势。

3-4　交、直流调速系统的特点是什么？

3-5　简述电机的工作原理。

3-6　电机的用途有哪些？

3-7　电机有哪些类型？

3-8　简述电机的应用领域。

3-9　简述几种常用电机的启动方法。

3-10　交流调速系统的主要控制方法有哪些？

3-11　电机控制系统有哪些主要类型？

3-12　简述电器的分类。

3-13　常用低压电器有哪些应用领域？

3-14　简述电力系统的组成和特点。

3-15　为什么电力系统要尽可能提高输电电压？

3-16　当前我国最高的交、直流输电电压是多少？

3-17　隔离开关与断路器各起什么作用？

3-18　简述发电厂和变电所的类型及特点。

3-19　电力系统有哪几种接线方式？

3-20　简述微机继电保护的特点。

3-21　电力系统过电压是怎样分类的？

3-22　简述电工新技术的主要研究内容。

3-23　简述高电压与绝缘技术的主要研究内容。

3-24　电气设备绝缘试验的目的和主要内容是什么？

3-25　避雷针与避雷器有何区别？

3-26　电力系统的新发展有哪些？

3-27　简述高电压试验技术的研究内容。

第4章 电气工程技术的应用举例

4.1 雷达伺服控制技术

4.1.1 雷达技术

雷达的一个标志，就是高高竖起的一块用金属制成的板，或一个天线架。如果把雷达比喻成"侦察兵"，那天线就是它的眼睛。雷达操作时，天线就要不停地转动。天线的作用是把雷达中产生的无线电波按照一定的方向向外发射出去，并把反射回来的无线电波接收下来。正因为天线所起的作用好像人的眼睛一样，所以雷达要注视和侦察整个天空的状况，天线就要不停地转动，用一个驱动马达使天线作 360° 的旋转，这样它就能在 360° 范围内进行"搜索"。

4.1.2 雷达伺服系统

雷达伺服系统是雷达的重要组成部分，它对发现目标、跟踪目标以及精确地测量目标的位置和其他参数都起着重要作用。特别是雷达伺服系统精度会直接影响雷达的测角精度。随着雷达技术的发展，对雷达伺服控制系统也提出了更高的要求。

1. 伺服控制技术发展简况

伺服控制技术的发展是和控制理论及控制器件的发展紧密相连的，功率驱动装置的发展历史就是伺服控制技术的发展历史。世界上第一个伺服系统是由美国麻省理工学院辐射实验室于 1944 年研制成功的火炮自动跟踪目标伺服系统。这种早期的伺服系统采用交磁电机扩大机——直流电动机式的驱动方式。由于交磁电机的频率响应差，电动机转动部分的转动惯量及电气时间常数都比较大，因此响应速度比较慢。

第二次世界大战期间，由于军事上的需要，武器系统和飞机的控制系统以及加工复杂零件的机床控制系统均提出了大功率、高精度、快响应的系统要求。首先液压伺服技术迅速得到发展，到了 20 世纪 50 年代末、60 年代初，有关电液伺服计算的基本理论日趋完善，电液伺服系统被广泛应用于武器、军舰以及航空、航天等军事部门和高精度机床控制。伴随机电伺服系统元器件性能的突破，尤其是 1957 年可控的大功率半导体器件——晶闸管问世，由它组成的静止式可控整流装置无论在运行性能还是在可靠性上都表现出明显的优势。自 20 世纪 70 年代以来，国际上电力电子技术突飞猛进，推出了新一代的开和关都能控制的"全控式"电力电子器件，如晶闸管、大功率晶体管、场效应管等。与此同时，稀土永磁材料的发展和电机技术的进步，相继研制出了力矩电机、印制绕组电机、无槽电机、大惯量宽调速电机等执行元件，并与脉宽调制式变压器相配合，进一步改善了伺服性能。

控制技术的发展不断对伺服系统的性能提出更高的要求，近年来，随着数字技术和计算机技术的高速发展，新型传感器件的大量涌现，使得伺服驱动控制技术有了显著进步。特别是将计算机与伺服系统相结合，使计算机成为伺服系统中的一个环节，在伺服系统中利用计算机来完成系统的校正，改变伺服系统的增益、带宽以及完成系统管理、监控等任务，使伺服系统向智能化、数字化的方向发展。

2. 伺服系统的组成原理

伺服系统是用来控制被控对象的某种状态(一般是转角和位移)，使其能自动地、连续地、精确地复现输入信号的变化规律。伺服系统组成框图如图 4-1 所示。它由检测装置(用来检测系统的输出信号)、放大装置、执行部件、信号转换电路和补偿装置以及相应的能源设备、保护装置、控制设备和其他辅助设备组成。

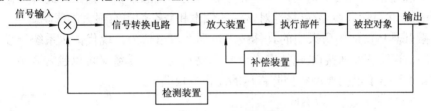

图 4-1　伺服系统组成框图

3. 伺服系统的控制方式

从控制方式看，最常用的两种控制方式如下。

1) 按误差控制的系统

如图 4-2 所示，按误差控制的系统由前向通道 $G(s)$ 和负反馈通道 $F(s)$ 构成，也称闭环控制系统。系统闭环传递函数为

$$\Phi(s) = \frac{G(s)}{1 + G(s)F(s)} \tag{4-1}$$

将系统输出速度 v(或角速度)转变成电压信号 U_f 反馈到系统输入端，用输入信号 U 与 U_f 的差来控制系统。按误差控制的系统历史最长，应用也最广。

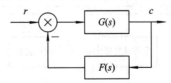

图 4-2　按误差控制的系统

2) 按误差和扰动复合控制的系统

按误差和扰动复合控制的系统采用负反馈和前馈相结合的控制方式，也称开环-闭环控制系统，如图 4-3 所示。

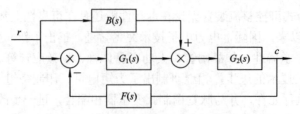

图 4-3　按误差和扰动复合控制的系统

其系统的传递函数为

$$\Phi(s) = \frac{[B(s) + G_1(s)]G_2(s)}{1 + G_1(s)G_2(s)F(s)} \tag{4-2}$$

式中，$B(s)$ 代表前馈通道的传递函数。

　　无论是速度伺服系统，还是位置伺服系统，都可以采用复合控制形式，它的最大优点是引入前馈 $B(s)$ 后，能有效地提高系统的精度和快速响应，而不影响系统闭环的稳定性。

　　雷达系统的结构和造价差别很大：有的既复杂又昂贵，像波音公司的 E-3A 空中警戒和控制飞机上使用的雷达；有的既简单又便宜，像测量车速的警用手持式雷达。简单地说，雷达的成本和复杂性与其平均发射功率和接收天线孔径的乘积成正比。此外，雷达的工作环境(人为环境和自然环境)及可靠性对雷达的成本和复杂性也有很大的影响。

　　如果撇开具体雷达中所采用的具体技术，那么可以认为，现代雷达系统一般由三部分组成：硬件、软件及外部接口(包括操作员)。雷达的各个分系统又可以包含其中一部分或几部分。图 4-4 示出了现代典型相控阵雷达的简化方块图。

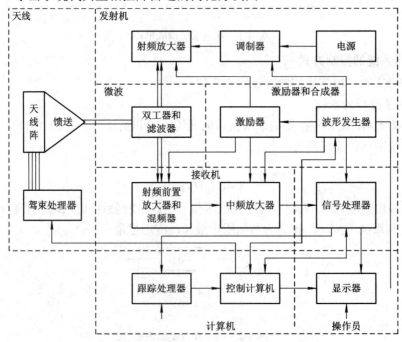

图 4-4　现代典型相控阵雷达的简化方块图

　　如图 4-4 这样配置，可以表示在计算机控制下的三维多功能雷达。在图 4-4 中之所以将整个方块图划分成几个主要的功能分系统，是为了说明传统上是如何组织雷达工程领域内的各个技术学科的。控制计算机及程序负责天线波束控制、波形生成、系统定时、信号处理、选通脉冲生成以及显示器、处理器控制等工作。然而，工作顺序却和常规脉冲雷达的工作顺序基本相同，控制计算机负责管理所有工作。

在计划好发射之后，控制计算机向调制器发出数字指令，由后者向射频放大器输送高电压脉冲，射频放大器同时接收主控振荡器传来的合成载波频率信号(即射频驱动信号)。由此而得到的高功率射频脉冲经微波传输线(波导)传给双工器，然后传给天线，由天线将信号辐射出去。双工器充当微波开关，一方面避免发射高发射功率电平进入接收机，另一方面又允许接收回波脉冲信号。驾束处理器控制天线移相器的移相值，移相器的移相值决定了发射/接收波束的方向(指向)。接收时，回波脉冲信号由天线传到射频前置放大器及混频器，此时，射频回波脉冲信号被转换成中频信号。中频信号在由数字信号处理器(DSP)处理之前要放大并滤波。数字信号处理器包含有包络检波器，包络检波器要改变脉冲波形，以便信号在显示器上显示并供进一步的处理使用。如果雷达使用的是脉冲多普勒波形，那么在数字信号处理器内还要对信号进行快速傅立叶变换处理，从而可以得到目标的径向速度。

控制计算机及软件可根据敏感环境优化雷达资源的使用(例如，通过重新配置接收路线及增益值来防止干扰饱和)，使雷达操作起来具有很大的灵活性。随着计算机控制雷达操作的到来，本来就很重要的系统工程变得更为重要。但是从作战角度来看，整个雷达系统中的各个部分是同等重要的，并不存在哪一部分比另外的部分更重要的问题。

4.1.3 雷达伺服控制技术的新发展

近年来，随着对自动控制理论研究的逐渐深入、电力电子技术的不断进步、计算机技术的高速发展、新型传感器件的大量涌现，雷达伺服驱动控制技术有了显著进步。现从以下几个方面谈谈雷达伺服控制技术新的发展和变化。

1. 从直流伺服驱动系统向交流伺服驱动系统的发展趋势

20 世纪以来，在需要可逆、可调速与高性能的电气传动技术领域，相当长的时期内几乎都是采用直流电气传动系统。电力电子学、微电子技术、现代电机控制理论和计算机技术的发展，为交流电气传动产品的开发创造了有利条件，使得交流传动逐渐具备了宽调速范围、高稳速精度、快速动态响应等良好的技术性能，并实现了交流调速装置的产品系列化。由于交流伺服驱动系统具有良好的技术性能，因此它取代直流电动机调速传动已是必然的发展趋势。

稀土永磁交流伺服系统是这类系统的代表，按照工作原理、驱动电流波形和控制方式的不同，稀土永磁交流伺服电动机可分为两种基本的运行模式：一种是方波电流驱动的稀土永磁交流伺服电动机；另一种是正弦波驱动的稀土永磁交流伺服电动机。前者又称为稀土永磁无刷直流伺服电动机，简称方波电动机；后者又称为稀土永磁无刷交流伺服电动机或稀土永磁三相同步伺服电动机，简称正弦波电动机。这两种电动机的共同特点是：主要用于中小功率系统，电动机转子采用稀土永磁材料励磁，如钐钴(SmCo)合金、钕铁硼(NdFeB)合金等，使电动机体积和重量大为减小，结构简单、运行可靠、效率高、免维护是其主要特点，在性能上已达到甚至超过了直流伺服装置，而且在坚固性、可靠性等方面比直流伺服装置更优越。该系统众多的优点，使其在军事装备、工业机器人、数控机床等领域具备广阔的应用前景。

2．从模拟伺服系统向数字伺服系统的发展趋势

在一些国家的很多应用场合，数字伺服系统已经代替了模拟伺服系统。在我国，数字伺服系统的研究已由实验室研究阶段步入应用阶段，在许多行业已批量生产。数字伺服系统在大多数应用场合取代模拟伺服系统将是必然趋势，产生这一趋势的原因是自动控制理论和计算机技术是数字伺服系统技术两个最主要的依托。自动控制理论的高速发展为数字伺服系统研制者提供了不少新的控制规律以及相应的分析和综合方法。计算机技术的飞速发展为数字伺服系统研制者提供了实现这些控制规律的现实可能性。以计算机作为控制器、基于现代控制理论的伺服系统，其品质指标无论是稳态还是动态都相应达到了前所未有的水平，比模拟伺服系统高得多。计算机之所以能实现这些控制规律是由于它精度高、运算速度快、存储容量大、输入/输出功能强以及具有很强的逻辑判断功能。

所谓雷达伺服系统的数字化，就是将计算机(主要是微处理机)作为雷达伺服系统的一个环节来进行系统的控制。过去在研制雷达伺服系统时，初步设计后，一般需要建立和实物相近的试验台(至少是缩小比例的试验台)，反复进行调整试验来达到系统指标。这样做，需要大量的硬件，因此研制周期很长。如果运用一些专用的程序进行计算机仿真，不仅能够大大节约时间，节省大量的专用试验设备，而且还能够在众多的方案中找到最佳设计。

由于计算机、大规模集成电路的飞速发展，计算机的性能不断提高，价格迅速下降，16 位、32 位微处理机逐渐普及，为雷达伺服系统数字化提供了物质基础。伺服系统中数字计算机主要完成的工作包括通过软件来实现正割、PID 等各种补偿，进行方位和俯仰位置环、速度环的闭合工作状态的转换，变带宽、改变系统的型次(例如一阶无静差系统和二阶无静差系统的相互转换)，变增益、消摆，进行滤波、预测，提供精确的雷达输出数据来实现复合控制、最优控制等。采用数字计算机后，对于提高测角系统的测角精度，提高伺服系统的精度，提高自动化程度，减少操纵人员，缩短雷达的反应时间，减少硬件装置，提高可靠性、可维护性，对雷达适应不同用户需要而应具有的灵活性等方面具有重要意义。

雷达伺服系统数字化以后，会带来一系列无法比拟的优点，而成为雷达伺服技术发展的重要方向。预计不久的将来，大部分雷达将采用计算机控制。

3．从经典传统伺服控制向现代伺服控制的发展趋势

多少年来一直沿用古典理论来进行雷达伺服系统的分析与设计，并为广大技术人员所掌握，无疑这是一种有力的工具，今后仍将被广泛使用。但是，20 世纪 60 年代前后发展起来的现代控制理论适应计算机的发展，具有许多古典理论难以比拟的优点。随着计算机技术的发展，现代控制理论在雷达伺服系统中将得到广泛的应用。现代控制理论中的重要部分——线性系统、最优控制、卡尔曼滤波、系统辨识等重要理论都是分析、设计雷达伺服系统的新的重要工具。

众所周知，在分析和设计系统时，首先必须建立数学模型。应用古典理论来分析伺服系统时，一般根据牛顿定律、基尔霍夫定律等基本定律来建立雷达伺服系统的数学模型。但是由于许多因素难以一一考虑，许多参数难以精确确定，这种数学模型常常不能很好地反映系统的实际情况，有时甚至会得出错误的结论；若根据系统的输入/输出，应用系统辨识的方法，便有可能建立更加符合实际而又比较简单的数学模型，但这种数学模型必须通过动力学理论进行严格推导，使输入、输出关系得到良好的拟合。

应用现代控制理论中的独特技术，对于提高雷达的轴角精度和伺服系统的精度具有重要意义。在雷达测角系统中采用滤波和数字技术将滤波和伺服两者分离，使整个系统由一个窄频带的接收滤波部分和一个宽频带的伺服驱动部分组成，前者提供精确的雷达输出数据，后者只承担对目标的指向跟踪，可大大提高伺服系统的精度。这种方法就是人们所说的计算机辅助跟踪。当所用的滤波器是最优滤波器时，还可实现最优控制。

4．向更高精度发展的趋势

位置测量元件是闭环控制系统中的重要部件，它的作用是检测位移并发出反馈信号。一个设计完善的闭环伺服系统，其定位精度和测量精度主要由检测元件决定，因此高精度伺服系统对测量元件的质量要求是相当高的。

在国内，以前雷达伺服系统测角元件主要使用旋转变压器或电感移相器，为了提高精度常常采用粗精双通道组合编码的方式。常见的组合方式有机械传动的粗精组合和电气变速的粗精组合(多极旋转变压器或电感移相器)。通过粗精组合后的测角精度可以达到几个角秒左右，由于受到器件本身制造工艺的限制，用此种方法的测角精度很难进一步提高。模拟测速元件则主要采用测速发电机。我们知道，测速发电机的测速精度一般只能达到千分之几的水平，而且还存在纹波，另外其工作在较高的转速时，还得考虑非线性问题。随着光电技术和加工技术的提高，光电式编码器的制造精度越来越高，甚至可以达到零点几角秒的程度。编码器精度的提高，为我们更精确地测量伺服系统的位置、速度等参数提供了有利条件。

在雷达扫描线稳定装置中，随着陀螺研制、制造水平的提高，动力调谐陀螺、液浮陀螺、气浮陀螺、压电陀螺精度也进一步提高，光纤陀螺、激光陀螺等新型陀螺的使用，使伺服系统对雷达的稳定精度也有了很大的提高。另外，如前面所讨论的，现代控制理论中独特技术的应用，大大提高了雷达的轴角精度和伺服系统的精度。

由于现代化战争的需要，对雷达的灵活性、适应性提出了更高的要求，比如在运动中的战车、军舰或飞机上要求雷达搜索、跟踪目标，甚至与卫星实时通信。这对雷达伺服系统是严峻的考验，需要雷达设计工作者不断学习和运用新技术、新理论来提高设计水平。

展望未来，计算机技术的高速发展使现代控制理论在伺服系统中的应用得到了有力保证，电力电子技术的不断进步、新型传感器件的发展及新特电机的出现，使得雷达伺服控制技术必将向数字化、模块化、智能化的方向发展。

4.2 数控机床电气控制技术

4.2.1 数控机床的发展

1．数字控制技术与数控机床的产生和发展

微电子技术、自动信息处理、数据处理以及电子计算机的发展，给自动化技术带来了新的概念，推动了机械制造自动化的发展。

采用数字控制(数控)技术进行机械加工的思想，最早是于 20 世纪 40 年代初提出的。当

时,美国北密执安的一个小型飞机工业承包商帕尔森兹公司(Parsons Corporation)在制造飞机框架及直升飞机叶片轮廓用样板时,利用全数字电子计算机对轮廓路径进行数据处理,并考虑了刀具直径对加工路径的影响,使得加工精度达到较高的程度。

1952 年,美国麻省理工学院成功地研制出一套三坐标联动,利用脉冲乘法器原理的试验性数字控制系统,并把它装在一台立式铣床上,当时用的电子元器件是电子管,这就是第一代数控系统,即世界上第一台数控机床。

1959 年,计算机行业研制出晶体管元器件,因而数控系统中广泛采用晶体管和印刷电路板,从而跨入第二代数控系统。1959 年 3 月,由克耐·杜列克公司(Keaney&Trecker corp)发明了带有自动换刀装置的数控机床,称为"加工中心"。

从 1960 年开始,其他一些工业国家,如德国、日本都陆续开发、生产及使用了数控机床;1965 年出现了小规模集成电路。由于它的体积小、功耗低,使数控系统的可靠性得以进一步提高,数控系统发展到第三代。

第三代数控系统都是采用专用控制计算机的硬逻辑数控系统,装有这类数控系统的机床为普通数控机床(简称 NC 机床)。

1967 年,英国首先把几台数控机床联接成具有柔性的加工系统,这就是最初的 FMS(Flexible Manufacturing System,柔性制造系统)。之后美、欧、日也相继进行开发和应用。

随着计算机技术的发展,小型计算机的价格急剧下降。小型计算机开始取代专用数控计算机。数控的许多功能由软件程序实现。这样组成的数控系统称为计算机数控系统(CNC)。1970 年,在美国芝加哥国际机床展览会上,首次展出了这种系统,称为第四代数控系统。

1970 年前后,美国英特尔公司开发和使用了微处理器。1974 年,英、日等国首先研制出以微处理器为核心的数控系统。近 30 多年来,微处理机数控系统的数控机床得到了飞速发展和广泛应用,这就是第五代数控系统(MNC)。

20 世纪 80 年代初,国际上又出现了 FMC(Flexible Manufacturing Cell,柔性制造单元)。

FMC 和 FMS 被认为是实现 CIMS(Computer Integrated Manufacturing System,计算机集成制造系统)的必经阶段和基础。

2. 我国数控机床发展情况

我国从 1958 年开始研究数控技术,一直到 20 世纪 60 年代中期都处于研制、开发时期。当时,一些高等院校、科研单位研制出了试验性样机。这一研制工作开始也是从电子管着手的。

1965 年,国内开始研制晶体管数控系统。20 世纪 60 年代末至 70 年代初研制了劈锥数控铣床、数控非圆齿轮插齿机、CJK-18 晶体管数控系统及 X53K-1G 立式数控铣床。

从 20 世纪 70 年代开始,数控技术在车、铣、钻、镗、磨、齿轮加工以及电加工等领域全面展开,数控加工中心在上海、北京研制成功。但由于电子元器件的质量和制造工艺水平差,致使数控系统的可靠性、稳定性未得到解决,因此未能广泛推广。在这一时期,数控线切割机床由于结构简单、使用方便、价格低廉,在模具加工中得到了推广。

20 世纪 80 年代,我国从日本发那科(FANUC)公司引进了 5、7、3 等系列的数控系统,直流伺服电机和直流主轴电机技术,以及从美国、德国等国引进了一些新技术,并进行了商品化生产。这些系统可靠性高、功能齐全,推动了我国数控机床的发展,使我国的数控机床在性能和质量上产生了一个质的飞跃。

1985 年，我国数控机床的品种有了新的发展。数控机床品种不断增多，规格齐全。许多技术复杂的大型数控机床、重型数控机床都相继研制出来。为了跟踪国外技术的发展，北京机床研究所研制出了 JCS-FM-1、2 型的柔性制造单元和柔性制造系统。这个时期，我国在引进、消化国外技术的基础上，进行了大量开发工作。一些较高档次的数控系统(五轴联动)、分辨率为 0.02 μm 的高精度数控系统、数字仿型数控系统、为柔性单元配套的数控系统等相继开发出来，并造出了样机。

现在，我国已经建立了以中、低档数控机床为主的产业体系。进入 21 世纪后将进一步向高档数控机床发展。

3. 数控技术的发展水平和趋势

随着科学技术的发展及制造技术的进步，社会对产品质量和品种多样化的要求愈来愈加强烈。中、小批量生产的比重明显增加，要求现代数控机床成为一种高效率、高质量、高柔性和低成本的新一代制造设备。同时，为了满足制造业向更高层次发展，为柔性制造单元(FMC)、柔性制造系统(FMS)以及计算机集成制造系统(CIMS)提供基础设备，也要求数控机床向更高水平发展。这些要求主要由数字控制技术的发展来实现。数控技术体现在数控装置、伺服系统、程序编制、机床主机等方面。

1) 数控装置

推动数控技术发展的关键因素是数控装置。由于微电子技术的发展，当今占绝对优势的微型计算机数控系统发展非常快。技术发展概况如下：

(1) 数控装置的微处理器已经由 8 位 CPU 过渡到 16 位和 32 位 CPU。频率由原来的 5 MHz 提高到 16 MHz、20 MHz 和 32 MHz，并且开始采用精简指令集运算芯片 RISC 作为主 CPU，进一步提高了运算速度。采用大规模和超大规模集成电路和多个微处理器，使结构模块化、标准化和通用化，其数控功能根据用户需要可进行任意组合和扩展。

(2) 具有强大功能的内装式机床可编程控制器，用梯形图语言、C 语言或 Pascal 语言进行编程。在 CNC 和 PC 之间有高速窗口，它们有机地结合起来，除能完成开关量的逻辑控制外，还有监控功能和轴控制功能等。

(3) 配备多种遥控接口和智能接口。系统除配有 RS-232C 串行接口、光纤维和 20 mA 电流电路等外，还有 DNC 接口，可以实现几台数控机床之间的数据通信，也可以直接对几台数控机床进行控制。现代数控机床为了适应自动化技术的进一步发展，适应工厂自动化规模越来越大的要求，纷纷采用 MAP 等高级工业控制网络，实现不同厂家和不同类型机床的联网要求。

(4) 具有很好的操作性能。系统具有"友好"的人机界面，普遍采用薄膜软按钮的操作面板，减少指示灯和按钮数量，使操作一目了然。大量采用菜单选择操作方法，可使操作越来越方便。CRT 显示技术大大提高，彩色图像显示已很普遍，不仅能显示字符、图形，还能显示三维动态立体图形。

(5) 数控系统的可靠性大大提高。大量采用高集成度的芯片、专用芯片及混合式集成电路，提高了硬件质量，减少了元器件数量，从而降低了功耗，提高可靠性。新型大规模集成电路采用了表面安装技术(SMT)，实现了三维高密度安装工艺。元器件经过严格筛选，建立由设计、试制到生产的一整套质量保证体系，使得数控装置的平均无故障时间(Mean Time Between Failures，MTBF)达到 10 000～36 000 h。

2) 伺服系统

伺服系统是数控机床的重要组成部分。与数控装置相配合，伺服系统的静态和动态特性直接影响机床的定位精度、加工精度和位移速度。现在，直流伺服系统被交流数字伺服系统代替。伺服电机的位置、速度及电流环都实现了数字化，并采用了新的控制理论，实现了不受机械负荷变动影响的高速响应系统。其发展的技术如下：

(1) 前馈控制技术。过去的伺服系统是把检测器信号与位置指令的差值乘以位置环增益作为速度指令。这种控制方式总是存在着追踪滞后误差，这使得在拐角加工及圆弧加工时精度恶化。所谓前馈控制，就是在原来的控制系统上加上速度指令的控制，这样可使追踪滞后误差大大减小。

(2) 机械静止摩擦的非线性控制技术。对于一些具有较大静止摩擦的数控机床，新型的数字伺服系统具有补偿机床驱动系统静摩擦的非线性控制功能。

(3) 伺服系统的位置环和速度环均采用软件控制。为适应不同类型的机床、不同精度和不同速度的要求，可预先调整加、减速性能。

(4) 采用高分辨率的位置检测装置。如采用高分辨率的脉冲编码器，内有微处理器的细分电路，使得分辨率大大提高。增量位置检测为 10 000 P/r；绝对位置检测为 1 000 000 P/r。

(5) 补偿技术得到发展和广泛应用。现代数控机床利用 CNC 数控系统的补偿功能，对伺服系统进行了多种补偿，如轴向运动误差补偿、丝杠螺距误差补偿、齿轮间隙补偿、热补偿、空间误差补偿等。

3) 程序编制

数控机床的零件程序编制是实现数控加工的主要环节。编程技术的发展有以下几方面的特点：

(1) 脱机编程发展到在线编程。传统的编程是脱机进行的。由手工、电子计算机以及专用编程机来完成，然后再输入给数控装置。现代的 CNC 装置有很强的存储和运算能力，把很多自动编程机具有的功能植入到数控装置里，使零件的程序编制工作可以在数控系统上在线进行，实现了人机对话。在手工操作键和彩色显示器的配合下，实现程序输入、编辑、修改、删除。数控系统具有了前台操作、后台编辑的前后台功能。

(2) 具有机械加工技术中的特殊工艺方法和组合工艺方法的程序编制功能。除了具有圆切削、固定循环和图形循环外，还有宏程序设计功能、会话式自动编程、蓝图编程和实物编程功能。

(3) 编程系统由只能处理几何信息发展到几何信息和工艺信息同时处理的新阶段。新型的 CNC 数控系统中装入了小型工艺数据库，使得在在线程序编制过程中，可以自动选择最佳刀具和切削用量。

4) 机床主机

数控机床机械结构适应数控技术的发展，采用机电一体化的总体布局。为提高生产率，一般都采用自动换刀装置，自动更换工件机构、数控夹盘和数控夹具等。为了提高数控机床的动态性能，伺服系统和机床主机进行了很好的机电匹配。同时，主机进行了优化设计。

5) 数控机床的检测和监督

数控机床加工过程中进行检测与监控越来越普遍，因为数控机床上装有各种类型的监控、检测装置。例如红外、声发射(AE)、激光检测装置，它们可对刀具和工件进行监测。发现工件超差、刀具磨损、破损，都能及时报警，并给予补偿，或对刀具进行调换，保证了产品质量。

现代的数控机床都具有很好的故障自诊断功能及保护功能。软件限位和自动返回功能避免了加工过程中出现的特殊情况而造成工件报废和事故。

6) 自适应控制

数控机床增加更完善的自适应控制功能是数控技术发展的一个重要方向。自适应控制机床是一种能随着加工过程中切削条件的变化，自动地调整切削用量，实现加工过程最佳化的自动控制机床。数控机床的自适应控制功能由检测单一或少数参数(如功率、扭矩或力等)进行调整的"约束适应控制"(Adaptive Control Constraint，ACC)，发展到检测调控多参数的"最佳适应控制"(Adaptive Control Optimization，ACO)和"学习适应控制"(Trainable Adaptive Control，TAC)。

4.2.2 数控机床的伺服系统

1. 伺服系统的组成

数控机床伺服系统是以机床移动部件的位置和速度为控制量的自动控制系统，又称随动系统、拖动系统或伺服机构。在 CNC 机床中，伺服系统接收计算机插补软件生成的进给脉冲或进给位移量，经变换和放大转化为工作台的位移。

伺服系统是数控装置和机床的联系环节，是数控系统的重要组成部分。伺服系统的性能，在很大程度上决定了数控机床的性能。例如，数控机床的最高移动速度、跟踪精度、定位精度等重要指标均取决于伺服系统的动态和静态性能。因此，研究与开发高性能的伺服系统一直是现代数控机床的关键技术之一。

数控机床伺服系统的一般结构如图 4-5 所示，这是一个双闭环系统。轮廓加工精度与速度控制和联动坐标的协调一致有关。在速度控制中，要求高的调速精度及较强的抗负载扰动能力，即对静态、动态精度要求都比较高。

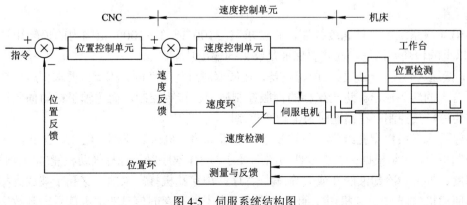

图 4-5 伺服系统结构图

(1) 稳定性好。稳定是指系统在给定输入或外界干扰作用下，能在短暂的调节过程后，达到新的或者恢复到原来的平衡状态。对伺服系统要求有较强的抗干扰能力，保证进给速度均匀、平稳。稳定性直接影响数控加工的精度和表面粗糙度。

(2) 快速响应。快速响应是伺服系统动态品质的重要指标，它反映了系统的跟踪精度。为了保证高的轮廓切削形状精度和低的表面加工粗糙度，要求伺服系统跟踪指令信号的响应要快。这一方面要求过渡时间要短，一般在 200 ms 以内，甚至小于几十毫秒；另一方面要求超调要小。这两方面的要求往往是矛盾的，实际应用中要采取一定措施，按工艺加工要求作出合理的选择。

(3) 调速范围宽。调速范围 R 是指生产机械要求电机能提供的最高转速 N_{max} 和最低转速 N_{min} 之比，即

$$R = \frac{N_{max}}{N_{min}}$$

式中，N_{max} 和 N_{min} 一般指额定负载时的转速，对于少数负载很轻的机械，也可以是实际负载时的转速。

在数控机床中，由于加工用刀具，被加工材质及零件加工要求的不同，为保证在任何情况下都能得到最佳切削条件，就要求伺服系统具有足够宽的调速范围。目前，最先进的水平是，在进给速度范围已可达到脉冲当量为 1 μm 的情况下，进给速度在 0~240 m/min 范围内连续可调。但对于一般的数控机床而言，要求进给伺服系统在 0~24 m/min 进给速度下都能工作就足够了，而且可以分为以下几种状态：

在 1~24 000 mm/min 范围，即 1~24 000 调速范围内，要求速度均匀、稳定、无爬行，且速降要小；在 1 mm/min 以下时，具有一定的瞬时速度，而平均速度很低；在零速时，即工作台停止运动时，要求电机有电磁转矩，以维持定位精度，使定位精度满足系统的要求。也就是说，应处于伺服锁止状态。

以上是对整台数控机床的位置伺服控制而言。如前所述，位置伺服控制系统由速度环和位置环组成。如果对速度控制也过分地追求像位置控制那么大的调速范围而又要稳定可靠地工作，那么速度控制系统将会变得相当复杂。这将提高成本，也将降低可靠性。一般来说，对于要求速度范围内为 1~20 000 的位置控制系统，当总的开环位置增益为 20 时，只要保证速度单元具有 1~1000 的调速范围就完全可以满足要求。这样，可使速度控制单元线路既简单又经济可靠。目前，代表当今先进水平的速度控制单元的技术已达到 1~100 000 的调速范围。

主轴伺服系统主要是速度控制，它要求 1~100 或 1~1000 范围内的恒转矩调速和 1~10 以上的恒功率调速，而且要保证足够大的输出功率。

(4) 低速大转矩。机床加工的特点是，在低速时进行重切削。因此，要求伺服系统在低速时要有大的转矩输出。进给坐标的伺服控制属于恒转矩控制，而主轴坐标的伺服控制在低速时为恒转矩控制，在高速时为恒功率控制。

数控机床一般由穿孔纸带、数控装置、伺服机构、机床等几部分组成。穿孔纸带用来记录控制指令，它是根据待加工零件的图纸尺寸、动作次序以及各种辅助机能(如主轴转速、进给速度、换刀、冷却液的开或关等)编好程序，用穿孔机打出来的。穿孔带被放到相当于人眼的阅读机(如光电阅读机)中，阅读机就把纸带上所寄存的信息变成电信号送到数字控制

机或专用计算机中。数字控制机是数控机床的运算和控制部分。它接收由穿孔带输入的数据和指令，然后进行数字运算和逻辑运算，并将运算的结果以有规律的电脉冲形式送到伺服机构中，驱动机床作相应的运动。所以数字控制机相当于人的大脑，是机床工作的指挥中心。伺服机构是数控机床加工时的执行部件，相当于人的手脚。主轴伺服系统一般为速度控制系统，除上面的一般要求外，还具有以下的控制功能：

(1) 轴与进给驱动的同步控制。该功能使数控机床具有螺纹(或螺旋槽)加工能力。

(2) 准停控制。在加工中心上为了自动换刀，要求主轴能进行高精度的准确位置停止。

(3) 角度分度控制。角度分度有两种情况：一是固定的等分角位置控制；二是连续的任意角度控制。任意角度控制属于带位置环的伺服系统控制，如在车床上加工端面螺旋槽，在圆周面加工螺旋槽等。这时主轴坐标具有了进给坐标的功能，称为"C"轴控制。"C"轴控制可以用一般主轴控制和 C 轴控制切换的方法实现，也可以用大功率的进给伺服系统代替主轴系统。

为了满足对伺服系统的要求，对伺服系统的执行元件——伺服电机也相应提出高精度、快反应、宽调速和大转矩的要求，具体是：

(1) 电机从最低进给速度到最高进给速度范围内都能平滑运转，转矩波动要小，尤其在最低转速时，如 0.1 r/min 或更低转速时，仍有平稳的速度而无爬行现象。

(2) 电机应具有大的、较长时间的过载能力，以满足低速大转矩的要求。比如，电机能在数分钟内过载 4～6 倍而不损坏。

(3) 满足快速响应的要求，即随着控制信号的变化，电机应能在较短时间内达到规定的速度。快的反应速度直接影响到系统的品质。因此，要求电机必须具有较小的转动惯量和较大的堵转转矩，以及尽可能小的机电时间常数和启动电压。进给电机必须具有 400 rad/s^2 以上的加速度，才能保证电机在 0.2 s 以内从静止启动到 1500 r/min。

(4) 电机应能承受频繁的启动、制动和反转。

2．伺服系统的分类

1) 按调节理论分类

(1) 开环伺服系统。开环伺服系统(见图 4-6)即无位置反馈的系统，其驱动元件主要是功率步进电机或电液脉冲马达。这两种驱动元件工作原理的实质是数字脉冲到角度位移的变换，它不用位置检测元件实现定位，而是靠驱动装置本身，转过的角度正比于指令脉冲的个数，运动速度由进给脉冲的频率决定。

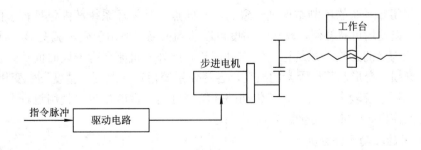

图 4-6　开环伺服系统

开环伺服系统的结构简单，易于控制，但精度差，低速不平稳，高速扭矩小，一般用于轻载、负载变化不大或经济型数控机床上。

(2) 闭环伺服系统。闭环伺服系统是误差控制随动系统(见图 4-7)。数控机床进给系统的误差是 CNC 输出的位置指令和机床工作台(或刀架)实际位置的差值。闭环伺服系统运动执行元件不能反映运动的位置，因此需要有位置检测装置。该装置测出实际位移量或者实际所处位置，并将测量值反馈给 CNC 装置，与指令进行比较，求得误差，以此构成闭环位置控制。

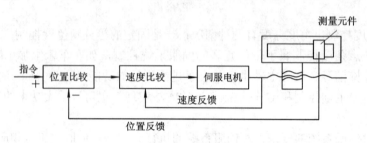

图 4-7　闭环伺服系统

由于闭环伺服系统是反馈控制，反馈测量装置精度很高，因此系统传动链的误差、环内各元件的误差以及运动中造成的误差都可以得到补偿，从而大大提高了跟随精度和定位精度。目前闭环系统的分辨率多数为 1 μm，定位精度可达 ±0.01～±0.05 mm，高精度系统分辨率可达 0.1 μm。系统精度只取决于测量装置的制造精度和安装精度。

(3) 半闭环系统。半闭环系统的位置检测元件不直接安装在进给坐标的最终运动部件上(见图 4-8)，而是中间经过机械传动部件的位置转换，称为间接测量。亦即坐标运动的传动链有一部分在位置闭环以外，在环外的传动误差没有得到系统的补偿，因而伺服系统的精度低于闭环系统。

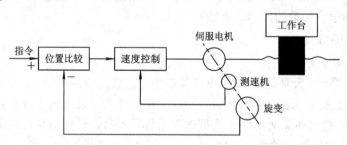

图 4-8　半闭环系统

半闭环和闭环系统的控制结构是一致的，不同点只是闭环系统环内包括较多的机械传动部件，传动误差均可被补偿，理论上精度可以达到很高。但由于受机械变形、温度变化、振动以及其他因素的影响，系统稳定性难以调整。此外，机床运行一段时间后，由于机械传动部件的磨损、变形及其他因素的改变，容易使系统稳定性改变，精度发生变化。因此，目前使用半闭环系统较多。只在具备传动部件精密度高、性能稳定、使用过程温差变化不大的高精度数控机床上才使用全闭环伺服系统。

2) 按使用的驱动元件分类

(1) 电液伺服系统。电液伺服系统的执行元件为液压元件，其前一级为电气元件。驱动元件为液动机和液压缸，常用的有电液脉冲马达和电液伺服马达。数控机床发展的初期，多数采用电液伺服系统。电液伺服系统具有在低速下可以得到很高的输出力矩，以及刚性好、时间常数小、反应快和速度平稳等优点，然而，液压系统需要油箱、油管等供油系统，体积大。此外，还有噪声、漏油等问题，故从 20 世纪 70 年代起电液伺服系统逐步被电气伺服系统代替。只是具有特殊要求时，才采用电液伺服系统。

(2) 电气伺服系统。电气伺服系统全部采用电子器件和电机部件，操作维护方便，可靠性高。电气伺服系统中的驱动元件主要有步进电机、直流伺服电机和交流伺服电机，它们没有液压系统中的噪声、污染和维修费用高等问题，但反应速度和低速力矩不如电液伺服系统高。现在电机的驱动线路、电机本身的结构都得到很大改善，性能大大提高，已经在更大范围取代了电液伺服系统。

3) 按使用直流伺服电机和交流伺服电机分类

(1) 直流伺服系统。直流伺服系统常用的伺服电机有小惯量直流伺服电机和永磁直流伺服电机(也称为大惯量宽调速直流伺服电机)。小惯量伺服电机最大限度地减小了电枢的转动惯量，所以能获得最好的快速性。这类伺服电机在早期的数控机床上应用较多，现在也有应用。小惯量伺服电机一般都设计成高的额定转速和低的惯量，所以应用时，要经过中间机械传动才能与丝杆相连接。永磁直流伺服电机能在较大过载转矩下长时间工作以及电机的转子惯量较大，能直接与丝杆相连而不需中间传动装置。此外，它还有一个特点是可在低速下运转，如能在 1 r/min 甚至在 0.1 r/min 下平稳地运转。因此，这种直流伺服系统在数控机床上获得了广泛的应用，自 20 世纪 70 年代至 80 年代中期在数控机床上的应用占绝对统治地位，至今，许多数控机床上仍使用这种电机的直流伺服系统。永磁直流伺服电机的缺点是有电刷，限制了转速的提高，一般额定转速为 1000～1500 r/min，而且结构复杂，价格较贵。

(2) 交流伺服系统。交流伺服系统使用交流异步伺服电机(一般用于主轴伺服电机)和永磁同步伺服电机(一般用于进给伺服电机)。由于直流伺服电机存在着一些固有的缺点，因此其应用环境受到限制。交流伺服电机没有这些缺点，且转子惯量较直流电机小，使得动态响应好。另外，在同样体积下，交流电机的输出功率可比直流电机提高 10%～70%。还有，交流电机的容量可以比直流电机造得大，达到更高的电压和转速。因此，交流伺服系统得到了迅速发展，已经形成潮流。从 20 世纪 80 年代后期开始，大量使用交流伺服系统，到今天，有些国家的厂家已全部使用交流伺服系统。

4) 按进给驱动和主轴驱动分类

(1) 进给伺服系统。进给伺服系统是指一般概念的伺服系统，它包括速度控制环和位置控制环。进给伺服系统完成各坐标轴的进给运动，具有定位和轮廓跟踪功能，是数控机床中要求最高的伺服控制。

(2) 主轴伺服系统。严格来说，一般的主轴控制只是一个速度控制系统，主要实现主轴的旋转运动，提供切削过程中的转矩和功率，且保证任意转速的调节，完成在转速范围内的无级变速。具有 C 轴控制的主轴与进给伺服系统一样，为一般概念的位置伺服控制系统。此外，刀库的位置控制是为了在刀库的不同位置选择刀具，与进给坐标轴的位置控制相比，性能要低得多，故称为简易位置伺服系统。

5) 按反馈比较控制方式分类

(1) 脉冲、数字比较伺服系统。该系统是闭环伺服系统中的一种控制方式。它是将数控装置发出的数字(或脉冲)指令信号与检测装置测得的以数字(或脉冲)形式表示的反馈信号直接进行比较，以产生位置误差，达到闭环控制。脉冲、数字比较伺服系统结构简单，容易实现，整机工作稳定，在一般数控伺服系统中应用十分普遍。

(2) 相位比较伺服系统。在相位比较伺服系统中，位置检测装置采取相位工作方式，指令信号与反馈信号都变成某个载波的相位，然后通过两者相位的比较，获得实际位置与指令位置的偏差，实现闭环控制。相位伺服系统适用于感应式检测元件(如旋转变压器、感应同步器)的工作状态，可得到满意的精度。此外，由于相位伺服系统具有载波频率高、响应快、抗干扰性强等优点，很适于连续控制的伺服系统。

(3) 幅值比较伺服系统。幅值比较伺服系统是以位置检测信号的幅值大小来反映机械位移的数值，并以此信号作为位置反馈信号，一般还要将此幅值信号转换成数字信号才与指令数字信号进行比较，从而获得位置偏差信号，构成闭环控制系统。

在以上三种伺服系统中，相位比较和幅值比较系统从结构上和安装维护上都比脉冲、数字比较系统复杂和要求高，所以一般情况下脉冲、数字比较伺服系统应用较广泛，而且相位比较系统又比幅值比较系统应用得多。

随着微电子技术、计算机技术和伺服控制技术的发展，数控机床的伺服系统已开始采用高速、高精度的全数字伺服系统，使伺服控制技术从模拟方式、混合方式走向全数字方式。由位置、速度和电流构成的三环反馈全部数字化，软件处理数字 PID，使用灵活，柔性好。数字伺服系统采用了许多新的控制技术和改进伺服性能的措施，使控制精度和品质大大提高。

4.2.3 数控机床电气控制电路实例

TK1640 数控机床如图 4-9 所示。该机床采用主轴变频调速、三挡无级变速和 HNC-21T 车床数控系统，机床为两轴联动，配有四工位刀架，可满足不同需要的加工。它具有可开闭的半防护门，确保操作人员的安全，机床适于多品种、中小批量产品的加工，对复杂、高精度零件更能显示其优越性。

图 4-9　TK1640 数控机床

1. TK1640 数控机床的组成

TK1640 数控机床传动简图如图 4-10 所示。该机床由底座、床身、主轴箱、大拖板(纵向拖板)、中拖板(横向拖板)、电动刀架、尾座、防护罩、电气部分、CNC 系统、冷却装置、润滑装置等部分组成。

机床主轴的旋转运动由 5.5 kW 变频主轴电动机经皮带传动至 I 轴，经三联齿轮变速将运动传至主轴 II，并得到低速、中速和高速三段范围内的无级变速。

z 坐标为大拖板左右运动方向，其运动由 GK6063-6AC31 交流永磁伺服电动机与滚珠丝杠直联实现；x 坐标为中拖板前后运动方向，其运动由 GK6062-6AC31 交流永磁伺服电动机通过同步齿形带及带轮带动滚珠丝杠和螺母实现。

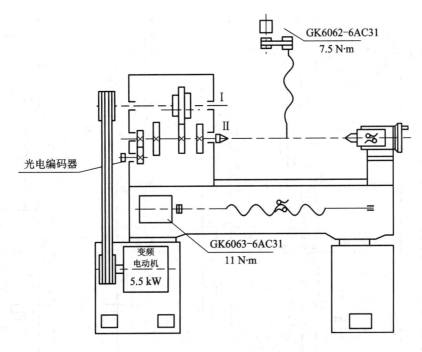

图 4-10　TK1640 数控机床传动简图

螺纹车削为保证主轴转一圈，刀架移动一个导程，在主轴箱的左侧安装了一个光电编码器。主轴至光电编码器的齿轮传动比为 1 : 1。光电编码器配合纵向进给交流伺服电动机，保证主轴转一圈，刀架移动一个导程(即被加工螺纹导程)。

2．TK1640 数控车床电气控制电路分析

1) 机床的运动及控制要求

TK1640 数控机床主轴的旋转运动由 5.5 kW 变频主轴电动机实现，与机械变速配合得到低速、中速和高速三段范围的无级变速。z 轴、x 轴的运动由交流伺服电动机带动滚珠丝杠实现，两轴的联动由数控系统控制。加工螺纹由光电编码器与交流伺服电动机配合实现。除上述运动外，还有电动刀架的转位，冷却电动机的启、停等。

2) 主回路分析

图 4-11 是 TK1640 数控机床电气控制中的 380 V 强电回路。

图 4-11 中 QF1 为电源总开关。QF3、QF2、QF4、QF5 分别为主轴强电、伺服强电、冷却电动机、刀架电动机的空气开关，它们的作用是接通电源及短路、过流时起保护作用，其中 QF4、QF5 带辅助触头，该触点输入到 PLC，作为 QF4、QF5 的状态信号，并且这两个空开的保护电流为可调的，可根据电动机的额定电流来调节空开的设定值，起到过流保护作用。KM3、KM1、KM6 分别为主轴电动机、伺服电动机、冷却电动机交流接触器，由它们的主触点控制相应电动机；KM4、KM5 为刀架正反转交流接触器，用于控制刀架的正反转。TC1 为三相伺服变压器，将交流 380 V 变为交流 200 V，供给伺服电源模块。RC1、RC3、RC4 为阻容吸收，当相应的电路断开后，吸收伺服电源模块冷却电动机、刀架电动机中的能量，避免产生过电压而损坏器件。

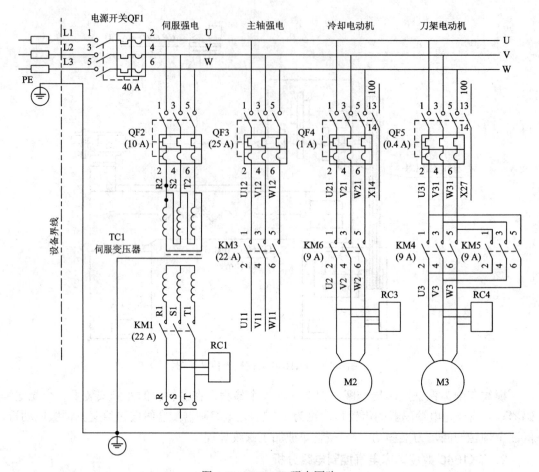

图 4-11　TK1640 强电回路

3) 主轴电动机的控制

图 4-12、图 4-13 分别为交流控制回路图和直流控制回路图。

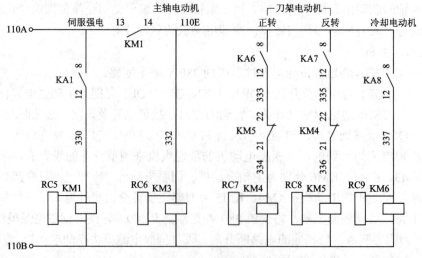

图 4-12　TK1640 交流控制回路

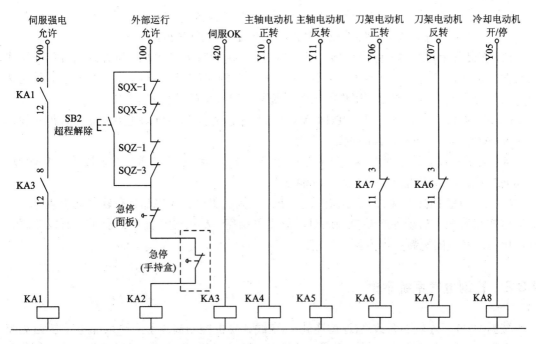

图 4-13　TK1640 直流控制回路

在图 4-11 中，先将 QF2、QF3 空气开关合上，当机床未压限位开关、伺服未报警、急停未压下、主轴未报警时，KA2、KA3 继电器线圈通电，继电器触点吸合，并且 PLC 输出点 Y00 发出伺服允许信号，KA1 继电器线圈通电，继电器触点吸合，KM1 交流接触器线圈通电，交流接触器触点吸合，KM3 主轴交流接触器线圈通电，交流接触器主触点吸合，主轴变频器加上 380 V(AC) 电压。当有主轴正转或主轴反转及主轴转速指令时(手动或自动)，在图 4-13 中，PLC 输出主轴正转 Y10 或主轴反转 Y11 有效、主轴转速指令输出对应于主轴转速的直流电压值(0～10 V)至主轴变频器上，主轴按指令值的转速正转或反转；当主轴速度到达指令值时，主轴变频器输出主轴速度到达信号给 PLC 主轴转动指令完成。主轴的启动时间、制动时间由主轴变频器内部参数设定。

4.3　轧钢及冶炼电气控制系统

4.3.1　轧钢过程的计算机控制系统

工业自动化根据生产过程的特点可分为两大类。第一类是化工、轻工、炼油、冶炼自动化，这一类过程由于其对象为惯性大的热工、化工过程，所需的控制周期一般为 300～500 ms。第二类是轧钢自动化，其对象为机电、液压系统，由于对象惯性小、响应快，要求控制周期为 2～20 ms。这两类对象所用系统的结构完全不同。轧钢自动化，特别是带钢热连轧自动化具有"二高"特点(即具有高速控制能力和高速通信能力)，这使得目前能提供带钢热连轧计算机控制系统的厂家仅有四、五家(如美国 GE、德国 SIEMENS、日本三菱等)。

在设计和集成适用于带钢热连轧的计算机控制系统时，应遵循以下原则：

(1) 系统应具有开放性。硬件及软件的开放性是当前的发展趋势。

(2) 在硬件上以 VME 总线及 PCI 总线为基础，无论哪个厂生产的符合这两种标准总线的硬件模块都可以用于这个系统。这不仅在集成系统时可选择各类 CPU、I/O 模块，使用接口模块范围扩大，而且方便了用户将来对系统的扩展及备品备件的采购。

(3) 在软件上除过程机采用 OPEN VMS 操作系统外，基础自动化控制器及人机界面站采用 VxWORK、Windows NT 等操作系统。

(4) 采用具有多种标准总线接口的通信网卡，能在系统中通过通信网连接基于 VME 总线及 PCI 总线的过程机控制器及人机界面站。

(5) 所有选用的计算机、控制器中的 CPU 及人机界面站(PC)都具有软件向上兼容的可能，这样在若干年后硬件产品被淘汰时，只需更换高一档的硬件而不需要重新开发控制软件，使用户系统的更新更为方便。

4.3.2 轧钢电气系统举例

鞍钢 1700 半连轧翻新改造(连铸连轧)的全线计算机控制提出了两种系统配置方案(见图 4-14 和图 4-15)。图 4-14 为一个较为完整的基于区域控制器群结构、适用于带钢热连轧的分布式计算机控制系统。整个系统分为 4 或 5 个控制器群(包括连铸则为 5 个群)，每个群由一台区域主管与过程机通信。区域主管通过区内高速光纤内存映像网与机架控制器连接(机架控制器仅承担各设备及工艺参数的反馈闭环控制)。

1#、3#、8#为轧件跟踪及轧件运送、模轧；2#、4#、9#、17#为人机界面；7#为 PLC 热板卷箱控制；5#、6#为控制器，用于连轧可逆轧制；0#~15#为 VME 总线(多 CPU)控制器，用于 F1~F6 控制；16#为 PLC，用于 CTC 这一系统结构充分考虑了各个区内控制功能间存在较强的耦合和高速通信(1~2 ms)的要求。

图 4-15 为一个较完整的基于"超高速网"结构。整个系统由十多台 PLC 及多 CPU 控制器组成基础自动化级。过程机(APLHA 机)亦直接连接在超高速网上。各控制器分工可以按机架，亦可以按功能分配。加热炉、粗轧、卷取应按设备设立控制器，而精轧则宜以功能来设立控制器。基础自动化级中为每个区设有一台人机界面控制器，以便和人机界面的 OPS(操作员站)交换数据，并通过远程通信线与一批 OPS、远程 I/O 连接。这两种系统配置各有优缺点，一般认为新建系统最好采用区域控制器群结构，而现有计算机控制系统改造则可以采用超高速网结构以适应老系统一般采用平辅式结构的特点，使软件结构可以不作大的改动。自行集成适用于热连轧的计算机控制系统。无论采用哪一种结构都能充分满足高速控制能力和高速通信能力的要求，但价格上仅为引进系统的 1/4，这将为我国轧钢自动化技术立足国内创造良好条件。

1#、8#VMEbus PLC 用于轧件跟踪；2#、4#、9#、15# VMEbus PLC 用于人机界面控制；3#VMEbus PLC 用于炉区 APC；5#VMC 多 CPU 控制器用于粗轧机控制；6#VMEbus PLC 用于热板卷箱控制；7# VMEbus PLC 用于飞剪控制；10#、11#、12#、13# VMCbus 多 CPU 控制器用于 AGC、ASC、LPC；14#VMEbus PLC 用于 CTC；16#VMEbus 多 CPU 控制器用于实时仿真器。

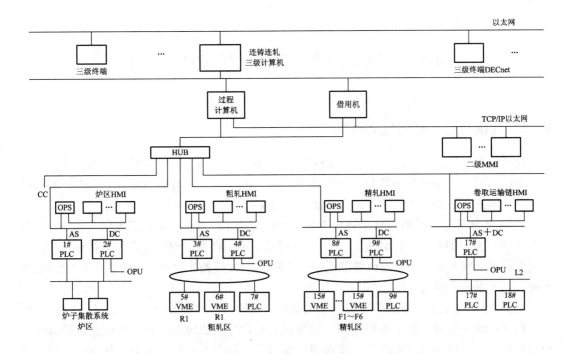

图 4-14 自行集成的基于区域控制器群的系统配置

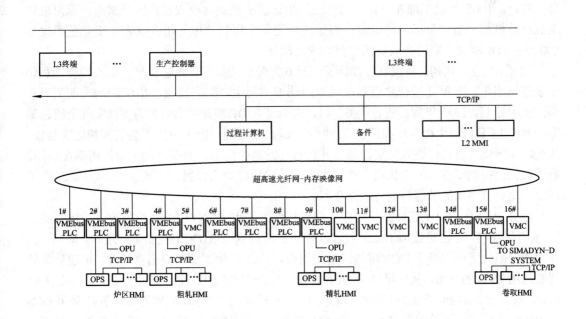

图 4-15 自行集成的基于超高速网的系统配置

4.4 电气工程技术在化工行业中的应用

4.4.1 我国化工自动化发展概况

我国化工生产过程自动化起步于 1953 年。在此之前，从上海天原化工厂和大连化工厂等几个厂来看，自动化极为落后，只有几台瑞士产的环天平流量表、水银流量表、毫伏计和一台基地式调节器，全靠笨重体力劳动来维持生产。

自 1953 年开始，从前苏联引进化工装置，建立吉化、兰化、太化三大化工基地，并分别于 1957 年、1958 年、1961 年投产。企业自动化水平很低，使用仪表多、重复繁琐，调节系统只有一些非主要参数定值调节系统，主要参数(如变换炉温度、合成塔温度)没有自调系统，高压系统全靠人工操作。

20 世纪 60 年代初，我国自行设计了如衢州合成氨厂等一批 5 万吨合成氨厂。这些厂原设计自动化水平较低，除了各种检测、计量仪表和信号联锁装置之外，自调系统只有压力和液位两种，采用调节器实现单回路调节；氯碱厂也只有温度计、压力表和液位调节，其他全靠手工操作。

1965 年，兴平化肥厂、泸州天然气化工厂从意大利、英国引进 5 万吨合成氨装置，自动化程度较高，全厂设一个中控室，采用气动、电动单元组合仪表，自动调节回路有 50 套。兴平化肥厂还配用了一套 ARCH21000 型直接数字控制仪(DDC)。从此我国化工自动化进入仿制时期。1965 年化工部在兰化公司化肥厂用计算机控制氨合成过程进行试点，提出最优工况计算机控制奋斗目标。同时推广石家庄化肥厂采用气动单元组合仪表、工业色谱仪和100 点巡回检测仪，实现合成氨集中控制的自动化。

20 世纪 70 年代初，我国自行设计了一批 6 万吨合成氨厂，并建立起一批乙烯装置和化工装置，用电、气单元组合仪表实现以单回路调节为主，配有比值、串级控制实现工段和车间集中控制。1975 年后，随着从美、日、法引进以 DDZ-Ⅱ型系列表为主，实现全流程集中控制的 13 套自动化程度较高的 30 万吨/年合成氨装置和一批大中型乙烯装置和化工装置，从此，我国化工自动化进入发展时期，并积极开发新的应用，如四川化工总厂用 Fox3 计算机进行优化控制试点，泸天化用常规仪表完成一段转化炉出口温度、驰放气、氢/氮、水/碳四套自动调节系统的节能自动化改造项目。

1981 年吉化公司化肥厂在氨合成生产过程率先采用 CENTUM 系统监控合成塔温度、氢/氮和驰放气，这也是我国工业部门首次使用分散控制系统(DCS)控制生产过程。随后，又在河南安阳化肥厂召开了 DCS 现场应用交流会，1988 年化工部还提出今后改、扩建化肥装置要选用 DCS 的设想，从此推动了 DCS 在化工生产中的应用。老厂改造也好，新引进的化肥、乙烯装置、氯碱装置也好，基本上采用了 DCS 控制生产过程，同时乙烯装置还采用 DCS 和上位机构成二级计算机控制系统。裂解炉采用 SCC+DDC 控制方式，乙烯压缩、分离、汽油加氢等采用 SCC+SPC 控制方式。

20 世纪 80 年代末以来，随着微电子技术发展和现代控制理论应用扩大，开始考虑高级先进控制策略，在沧州化肥厂、云南天然气化工厂等采用优化操作、优化管理的管控一体的自动化试点，乙烯厂开始建立裂解炉等 23 个数学模型和 19 套最佳设定点的先进控制系统，通过模拟优化、局部优化达到最佳操作。在这段时期内，小化肥厂自动化有所发展，或多或少用了一些数量不等的自调系统和检测仪表。有约 5%的厂用了 DCS，有 60%的厂用了 IPC(工业计算机)和 PLC(可编程控制器)。特别是造气炉自控系统更新较快，有 78.43%的小化肥厂已用 PLC 加油压系统取代落后的自动机，但是大量使用的仪表仍是气动、电动单元组合仪表。

综上所述，40 多年来化工自动化的变迁可用图 4-16 来表示。目前化工自动化从整体水平来看，其先进水平已达到国外同类型 20 世纪 90 年代初的自动化水平。

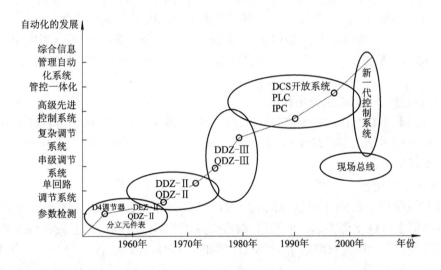

图 4-16　我国化工自动化的发展

4.4.2　化工自动化现状

1. 常规仪表应用状况

常规仪表是化工自动化的重要检测工具，通用性很强，广泛用于化工企业的流量、压力、液位、温度等工艺参数的检测和控制。40 多年来，化工系统随着仪表技术的发展而不断更新换代。20 世纪 50 年代末，化工自动化只是采用机械式、基地式仪表和部分气动仪表；60 年代广泛采用 Ⅰ 型电气动单元组合仪表；70 年代中期 Ⅱ 型电气动单元仪表成为化工生产检测和控制的主流产品；80 年代初开始采用Ⅲ型电气动组合仪表。目前化工系统使用了 20 多种型号变送器和 30 多种型号调节器。不管变送器也好，调节器也好，有一种明显趋势是电动电子仪表逐步取代气动仪表，成为化工生产的主要检测控制工具。气动仪表由于具有安全可靠、防爆、维护方便、价格便宜等优点，化工企业一些恶劣环境和小型化工企业仍在使用气动仪表，如小型化肥厂使用气动仪表约占仪表使用量的 32.98%。第二种明显趋势是电动Ⅲ型表用量增加，电动 Ⅰ 型、Ⅱ 型表用量减少或趋向淘汰。

2．分析仪表应用状况

分析仪表是检测化工生产中化学成分不可缺少的工具，特别是随着环境保护、提高产品质量和节约能源的要求，分析仪表的作用越来越明显。20世纪60年代前后，化工企业基本上靠人工取样，实验室人工分析得出结果指导生产；70年代，随着电子技术发展和生产要求，采用红外、热导、磁氧等工业流程分析仪表进行在线分析、开环指导，代替实验室的间断分析；80年代较多地应用了在线工业流程分析仪表，把成分信号引入调节系统和计算机系统。合成氨和氨加工生产中，采用气相色谱仪等分析器分析原料气、转化气、合成气的各种组分含量控制氢氮比、水碳比、氨碳比，把设定值保持在最佳值上；石油化工生产中，采用色谱仪分析裂解炉出口裂解气、乙烯、丙烯等组分含量；其他化工厂中的聚氯乙烯、氯碱、农药生产中，分析器都被作为有效成分检测工具；在节约能源中，一些耗能大的锅炉、煤加热器的燃烧控制、精馏过程中的产品组分分析都用了不少分析器。目前化工系统所用的各种型号的分析器较多，据不完全统计，化工企业所用的工业流程分析器达30多种，一个30万吨/年乙烯厂需用20～30种不同型号分析器，一个30万吨/年合成氨厂要用30～40套分析器。上海焦化厂还用在线Q3000工业质谱仪作定量分析煤气化中各种组分及含量。

3．分散控制系统(DCS)应用状况

分散控制系统(DCS)自1975年问世以来，已经发展了几代。我国化工系统于1981年首先应用。由于DCS具有运行安全可靠、使用方便、灵活、直观等特点，应用领域不断扩大，应用水平不断提高。

1) DCS应用数量

1997年我国化工系统(不包括石化)用了713套DCS系统，比1995年统计数增加37.45%，是工业各部门应用DCS最多的工业部门，约占全国工业部门用DCS总套数2066套的34.5%，中国石化总公司占全国工业部门用DCS总套数的19.2%，冶金工业占12.8%。化工系统所用的DCS引进的较多，有美国、日本、德国、英国、意大利、澳大利亚等国家14个公司的不同型号的产品，约占总套数的73.77%，其中日本横河公司和美国霍尼韦尔公司为最多，分别占23.42%和17.81%。近年国产DCS应用有很大发展，应用套数和范围不断扩大，以表4-1中"浙江浙大中控自动化公司"和"北京和利时自动化公司"为代表的DCS产品占有化工市场的一定份额，产品性能和可靠性提高很快，得到用户好评，但只占DCS应用总套数的26.23%。2005年中国化工行业的DCS市场规模达到10.6亿元，同比增长26%。2006年化工行业的DCS市场增长在10%以上，市场规模接近12亿元。目前DCS应用已渗透到化肥、氯碱、有机化工、纯碱、硫酸、碳黑等各个行业。据不完全统计，大型化肥厂、乙烯厂100%采用DCS控制生产，中型化肥厂有65.38%已用DCS控制生产。各行业所用DCS套数和比例见表4-1。

2) 应用水平

20世纪80年代中期，化工系统所应用的DCS基本上是替代常规模拟仪表的作用，DCS功能没有充分发挥。如以自动化水平较高的30万吨/年合成氨为例，20世纪80年代中，泸天化、云天化、川化、沧化等引进DCS装置，只起着电动Ⅲ型表所具有的作用，即单回路及串级调节、显示，显示画面也很少，模拟仪表盘仍保留作为辅助监控作用，以备万一。表4-2显示了DCS在化学工业各行业应用数统计情况。

表 4-1 DCS 在各工业部门应用数统计

公司名称	型号	各工业部门应用套数	化学工业	石化总公司企业	冶金工业	电力工业	轻工工业	油田	机电	医药	其他
日本横河公司	CENTUM	166	50	63	12	4	4		3		30
日本横河公司	μXL	286	117	49	59	15	11	5(煤)	11	8	11
美国霍尼韦尔公司	TDC3000(TPS)	316	97	82	31	11	51	7	14(纺)	2(煤)	21
美国霍尼韦尔公司	S9000	98	30	4	33	2	11	19	6(纺)		18
美国福克斯波罗公司	I/A	157	43	32	32	10	8		6(纺)		7
美国福克斯波罗公司	SPECTRUM	45	5	26	4	5			2(纺)	1	2
美国费希尔-罗斯蒙特公司	PROVOXRS3	120	63	37		4		9	3(纺)		4
美国贝利公司	IMFI90 NO90	153	21	11	29	60	7	25(建材)			
日本山武霍尼韦尔公司	TDCS3000	88	48	29	2	4	3	2			
美国燃烧公司	MOD300	55(炼油28)	18	22	2	4		7			2
德国西门子公司	TEL EPERM	111	28	18	23	15	13	5			9
美国西展公司	WDPF	101	6		17	77					1
浙大中控自动化公司	SUPCANJX	143	98	4	9	9	9	4		4	19
北京和利时自动化公司	HS-DCS	104	30	11	3	28	9	4		7	12
浙大智能控制公司	IMDS	20	4				2	2(煤)		9	3
浙江威盛自动化公司	FB-2000	56	30	2	7	3	7	6		2(煤)	5
化工部自动化所	HZ ICS-2000	16	16								
冶金部自动化院	SMARCON EIC-2000	14	5	2	1		2				
航天部测控公司	友力-2000	7	4	1							
其他公司	10										10
总计		2066	713	393	264	251	128	91	25(纺)14	4(煤)29(医)	144
所占比例(%)		100	34.5	19.2	12.8	12.15	6.19	4.4	1.20(纺)	1.4(医)	6.97

表4-2 DCS在化学工业各行业应用数统计表

公司名称	型号	总套数	氮肥	磷肥	氯碱	PVC	焦化	化工	纯碱	有机	炼油	乙烯	其他
日本横河公司	CENTUM	50	17		1	4				25		2	1
日本横河公司	μXL	117	48	1	7	4	2(橡)	5	5	19	10		16
美国霍尼韦尔公司	TDC3000(TPS)	97	21	2	2	2	7	12	2	37	4	2	6
美国霍尼韦尔公司	S9000	30	8		6		3	8	2(炭黑)	3			
美国福克斯波罗公司	I/A	43	7				5	1		30			
美国福克斯波罗公司	SPECTRUM	5	2							3			
美国费希尔-罗斯蒙特公司	PROVOXRS3	63	19			8	2	10	9(炭)	14		1	
美国贝利公司	IMFI90 NO90	21	5		4				1(炭)	11			
日本山武霍尼韦尔公司	TDCS3000	48	16			2	1			25	1(乙烯)		3
美国燃烧公司	MOD300	18	6		1			1		10			
德国西门子公司	WDPF	28	2	1		2				13	3		7
美国西屋公司		6	3					1		2			
北京利时自动化公司	HS-DCS	30	14					1	1	11			3
浙大中控自动化公司	SUPCANJX	98	22		7	11		14		24	6		14
浙大智能控制公司	IMDS	4											4
浙江威盛自动化公司	FB-2000	30	4	3	3	1	1	6	3	5	4(炭)		
化工部自动化所	HZICS-2000	16	1		3					7			5(轮胎)
冶金部自动化院	SMARCDM EIC-2000	5								5			
航天部测控公司	友力-2000	4	1								3		
总计		713	196	7	34	34	21	59	23	244	31	5	59
所占比例(%)		100	27.5	0.98	4.77	4.77	2.95	8.27	3.2	34.22	4.35	0.70	8.27

20 世纪 80 年代末，注重 DCS 功能的开发应用，利用现代控制理论，探讨先进控制策略，实现多变量控制、优化控制和工艺装置联锁保护。30 万吨/年乙烯厂还应用多参数预估控制，以能量核算为核心的产品质量保证控制系统。

4．IPC(工业个人计算机)和 PLC

IPC 和 PLC 使用方便，价格便宜，能用于程序控制、顺序控制和连续生产过程控制。特别是 IPC，不仅能用于过程控制，还能作为上位机用。因此，IPC 和 PLC 应用范围越来越广泛，化工生产中连续或间断生产中都有应用实例，如小型化肥厂造气生产 78.43%的厂已用 PLC 控制。据不完全统计，氯碱厂所使用的 IPC 在 DCS、IPC、PLC 三者比例中占 58.98 %、PLC 占 17.97%；中型氮肥厂所使用的 IPC 占 39.67%、PLC 占 28.1%。表 4-3 示出了 DCS、IPC、PLC 在化工行业中的应用套数比例。

表 4-3　DCS、IPC、PLC 在化工行业中的应用套数比例

	DCS/(%)	IPC/(%)	PLC/(%)
大型化肥厂	19.51	21.95	58.53
中型化肥厂	32.23	39.67	28.1
小型化肥厂	15.24	33.33	9.5
氯碱厂	23.03	58.98	17.97

5．管理控制一体化现状

随着科学技术和市场竞争的需要，人们对自动化发展日益重视，企业自动化范围扩大，它已成为应包括企业管理自动化、生产过程自动化和实验室自动化在内的综合自动化体系，因此，企业管理和生产过程控制融为一体是必然的趋势，化工部在"八五"期间，把管理控制一体化列入规划，并在沧州化肥厂实行试点，国务院重大办在云南天然气化工厂进行试点，并取得阶段性成果。另外，福建炼油化工有限公司、吉化公司有机厂、盘锦乙烯工业公司、河北沧州化工厂等也做了大量工作。

4.4.3　化工过程控制简介

化工过程控制又称过程控制，是化工生产过程自动控制的简称。从广义化工自动化看，化工自动化包括两大方面：一是适应于化工过程的控制理论及其策略；二是用于实现控制理论及其策略的工具，即适用于化工过程控制的装置。

在 20 世纪 50 年代，曾采用化工自动化一词来概括化工生产过程的检测和控制两方面的内容，近年来倾向于将检测与控制分为两个概念。化工过程控制主要是研讨控制理论在化工生产过程中的应用，包括各种自动化系统的分析、设计和现场的实施、运行。

化工过程控制是一门较新学科。在 20 世纪 40 年代以前，虽然生产过程中已采用自动化装置，但其设计和运行都是根据经验进行的，没有系统的理论指导。直至 20 世纪 40 年代中期，才开始把在电工中已较成熟的经典控制理论初步应用到工业控制中来。20 世纪 50 年代早期，在生产上出现高度集中控制的自动化装置。到 20 世纪 60 年代，高等院校化工系有较完整的教材，出现了控制系统的分析、设计和复杂的新型控制方案的文献资料，以及以计算机为控制工具，利用现代控制理论进行多变量优化性质的设计研究论文和学术报

告。但是，由于当时计算机的投资大，可靠性差，因此没有在生产上发挥计算机控制的作用。直到 20 世纪 70 年代后期，微型计算机问世，在经济性和可靠性方面都有很大进展，在生产上发挥巨大的作用。同时，计算机善长于逻辑判断、程序时序性的工作，因此除控制外，信号报警、生产调度、安全管理、自动开停等都可纳入计算机程序。

1. 化工过程控制的特点

化工过程控制与一般化工方法最大的区别是动态和反馈。在过程控制中把各种工艺及计算所依据的平衡状态称稳态。但是，实际生产总是在稳态附近波动而变化的。当生产达到稳态时，一个干扰出现后，被控制的变量就会偏离稳态，然后在控制作用下又逐步回至稳态，这个偏离了稳态又回复到稳态的过程称动态过程。在很多情况下，回复过程是振荡式的，可以回到原来起始的稳态，也可以回到另一个新的稳态。多数控制系统的质量指标都是直接从这一动态过程曲线出发而制定的。很多工艺设备的设计也是按可能出现的最大偏离的动态条件进行，而不能都按稳态计算进行。生产中出现的控制措施不力、操作裕度有限等，往往是由于设计依据不当所造成的。

2. 化工过程控制中的反馈

自动控制的成功和发展关键在于信息的反馈。在一个控制系统中，当控制器采取控制措施后，如果能够把控制效果的信息送回到控制器进行比较，则可以决定下一步如何进行校正。这种将控制效果信息送回到控制器的概念称反馈；这种信息通路称反馈回路。有反馈回路的系统称闭环控制系统；否则称开环控制系统。采用反馈是提高控制质量的关键措施，改变反馈的大小、形式或规律，对控制质量有不同的影响，甚至可以将不可控的非稳定系统改进为控制质量颇佳的稳定系统。所以称反馈是控制系统的心脏。

20 世纪 60 年代兴起的现代控制理论，采用能表征微分方程组的矩阵方程式描述系统，并用函数的形式表达各种新的控制指标，因而可以通过严格的运算进行系统的分析和设计。当系统设计满足一个控制指标的极值(极大或极小)时，就得到所谓的最优控制。由于现代控制理论克服和补充了经典控制理论中的很多缺陷，并能用于多变量系统，因此在化工过程控制中得到了很好的应用。

3. 化工过程控制技术的应用

在工艺成熟的生产过程中，化工过程控制是提高产量和质量、节约原料和能源、改善劳动强度和节省劳力等方面有力的手段。中国近年来在控制规律、控制方案、实施技术以及大规模的集中控制方面，从借用、开发到创新都做了不少工作，有一定数量的成功案例，经济效益也比较显著。近年来，还开始运用数学模型方法，探讨和推广现代控制理论在化工过程控制中的应用，已有一些创见性的成果。结合微型计算机的推广应用，不少项目开展了计算机控制和调度管理的研究，有些已经取得了成功，使生产的技术水平和经济效益都有较大的提高。

在化工生产中，对各个工艺生产过程中的物理量(或称工艺变量)有着一定的控制要求。有些工艺变量直接表征生产过程，对产品的数量和质量起着决定性的作用。例如，精馏塔的塔顶或塔釜温度，一般在操作压力不变的情况下，必须保持一定，才能得到合格的产品；加热炉出口温度的波动不能超出允许范围，否则将影响分馏效果；化学反应器的反应温度必须保持平稳，才能使效率达到指标。有些工艺变量虽不直接地影响产品的数量和质量，然而保持其平稳却是使生产获得良好控制的前提。例如，用蒸气加热反应器或再沸器，在蒸气总压波动剧烈的情况下，要把反应温度或塔釜温度控制好将极为困难；中间储槽的液位高度和气柜压力必须维持在允许范围之内，才能使物料平衡，保持连续的均衡生产。

有些工艺变量是决定安全生产的因素。例如，锅炉汽包的水位、受压容器的压力等，不允许超出规定的限度，否则将威胁生产的安全。还有一些工艺变量直接决定产品的质量，例如，某些混合气体的组成、溶液的酸碱度等。对于以上各种类型的变量，在化工生产过程中都必须加以必要的控制。为了实现控制的要求，可用两种方式，一是人工控制，二是自动控制。后者是在人工控制的基础上发展起来的，使用了自动化仪表等控制装置来代替人的观察、判断、决策和操作。

下面举例来说明什么是自动控制系统。生产蒸气的锅炉设备在电厂、化工厂中是常见的。要保证锅炉正常运行，维持锅炉水位为规定数值是很重要的。水位过低易烧干锅炉而发生严重事故，水位过高则又易使蒸气夹带水分，因此要求自动控制锅炉水位高低，以保证其正常运行。当蒸气耗汽量与锅炉进水量相等时，水位保持在规定的数值上，若锅炉的给水量不变，当蒸气负荷突然增加或减少时，将会使水位下降或上升；或者，当蒸气负荷不变而给水水压发生变化时，也会影响水位。为此设置的自动控制系统由气动单元组合仪表组成，如图 4-17 所示。检测元件和变送器的作用是检测水位高低，当水位高度与正常水位之间出现偏差时，调节器就立刻根据偏差进行控制，去开大或关小给水阀门，使水位恢复到规定数值。要实现对锅炉水位的自动控制，至少必须要有检测元件(包括变送器)、调节器、调节阀及锅炉等四个部分，它们组成一个简单的自动控制系统。温度、流量、压力、成分的控制系统同样也是由这四部分组成的。将图 4-17 画成带控制点的工艺流程图则如图 4-18 所示。

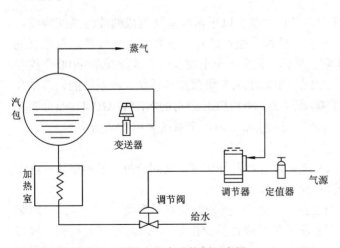

图 4-17　锅炉水位自动控制示意图

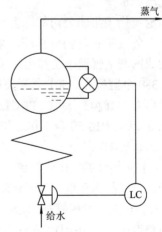

图 4-18　锅炉带控制点工艺流程图

4.4.4　典型化工过程控制方案

沧州化肥厂用计算机和 DCS 实现了合成氨和尿素装置管控一体化，其主要内容包括以下几部分。

1. 合成氨装置的计算机控制和操作优化

以单产能耗量最低为优化目标函数，采用系统数学模型参数的在线修正、大系统分解-协调优化方法和输出逻辑处理等技术，实现了合成氨装置的在线操作优化。在基础控制级以 DCS 为基础，成功地实现了水/碳、氢/氮、一段转化炉出口温度、辅锅燃烧、氨合成塔温度、驰放气、大机组防喘振量等十多套节能型复杂控制系统。通过上位机与 DCS 的双向通信，实现了数据在线采集，对工艺系统的定时优化计算、优化值的定时输出和二级优化闭环控制。

2. 尿素装置的计算机控制和操作优化

针对尿素生产过程的高度复杂性，引入先进的神经网络理论，分别建立了主要单元设备的神经网络模型。以尿素氨耗最低为目标，采用人工智能优化方法，建立了集优化决策、故障诊断、工况预测等各项功能于一体的实时专家系统。在基础控制级，成功地实现了氨/碳配料比、尿素负荷、氧含量、尿素合成塔液位、一段蒸发温度、二氧化碳负荷等多套节能型复杂控制系统。

3. 智能化联锁和生产保护专家系统

利用 CEN/TUM 集散控制系统在国内首家实现了大型合成氨和尿素全装置智能化联锁保护。其内容包括现场智能化联锁改造和具有模拟仿真、故障检测与诊断、操作培训等功能的生产保护专家系统，通过画面显示、声光报警和信息提示功能，向操作人员发出警告。

4. 生产管理决策

根据总体目标要求，针对合成氨和尿素生产状态的在线实时数据库和历史数据库，建立相应的能量和物料管理系统。在建立全厂信息采集和通信系统基础上，实现现场、车间级和全厂调度级构成的三级网络，并以实时多任务方式运行，极大地提高了企业生产决策的速度和水平。

沧州化工集团公司的综合信息管理自动化系统由以下两个系统组成的控制系统构成，即由财务、销售、物资管理、采购、质检、能源、生产统计、工资、人事管理、总裁查询等构成的网络管理系统和由离子膜电解、单体、聚合三个车间 8 台工业控制单元(90 个控制点、380 个监视点、501 个开关量输入/出点)构成的 DCS 集散控制系统。该系统的管理部分由 3 台 COMPAQ 公司的 PROLANT1500 服务器、NOVELL 公司的 NETWARE4.0 及分布在1200 m 范围内的 50 台工作站组成。为确保安全正常运转，全系统采用冗余结构。

该系统的特点是：

(1) 实用性强、操作简单。利用该系统可以进行财务核算、利润分析，了解市场价格实时变化、产品库存量、每天售销情况和生产情况。

(2) 在充分发挥原有 DCS 功能基础上，开发了一些较好的数学模型。例如，离子膜装备用整流电流与阴(阳)极液注入量控制数学模型来进行补偿控制，使产品合格率从97%提高到 99%；聚合釜的进料补偿多因子复合控制方案，缩短了开盖时间，增产 10%；尾凝器复杂调节系统对保证低沸系统稳定生产起到了一定的作用。

此外，福建炼油化工有限公司综合应用计算机技术、网络技术、信息技术、自动化技术和优化控制技术，比较系统地提出了炼油工业 CIMS 总体方案，设计了一个以生产为主线的 CIMS 框架，引入实时数据库服务器和关系数据库服务器协同工作概念，实现了炼油生产加工过程、计划调度、生产工艺操作优化、油价趋势分析、物资供应、产品质量、办公和财务等整个企业信息的多平台集成和利用以及常减压装置、催化裂化装置优化控制。炼油流程仿真系统实现了优化排产、生产计划分解和调度。物质管理系统实现了库存管理、单据管理和计划合同管理。质量管理系统实现了油品化验数据摄取、分析、装置合格率统计和产品质量查询。上述系统年净增经济效益 2600 多万元，DCS 采用的是 TDC3000。

4.5 电气技术与相关技术的融合情况

4.5.1 电气信息化技术的研究与发展

电气工程中信息技术的应用主要集中在信息系统技术和信息应用技术这两个层次上，它的技术应用特征主要表现在以下几个方面：

(1) 计算机优化与仿真技术在电力设备的设计、制造和运行中得到了广泛应用，各种专业应用软件层出不穷，计算机辅助设计(CAD)、制造(CAM)、工艺规划(CAPP)和计算机辅助工程(CAE)技术在电气工程中发挥了巨大作用。

(2) 人工智能在电力设备及其系统的分析、监视、诊断、控制、规划、管理中得到了广泛的应用，各种新颖的算法解决了电气工程中的许多技术难题。

(3) 计算机网络通信技术在电气工程中得到了初步应用，网络技术基础之上的现代集成制造技术(CIMS)、过程控制自动化技术以及管理信息服务体系得到了蓬勃发展。

4.5.2 优化与仿真技术的应用

1．计算机辅助电机电器优化设计

在机械工业中，除了飞机和汽车制造是 CAD 的最早开拓者外，电机电器工业也是采用CAD 技术最早的行业之一。早期的电机 CAD 技术主要是依靠计算机强大的高速计算能力，将传统的经验设计公式编制成计算机软件，大大提高设计工作的质量和速度，但随着计算机技术的迅猛发展，利用计算机快速运算、存储以及逻辑判断功能，使电机电器的 CAD 可以建立在更符合实际情况的复杂数学模型基础上，从而大大提高了设计精度和性能。

随着计算机辅助制图技术的发展和完善，将电机电器优化设计的结果转换为图表、图线或图形输出，或在屏幕映像的辅助下进行对电机设计参数的修改与优化得到了很大的发展。从 20 世纪 70 年代末开始，各国学者就致力于电机电器优化设计和工程制图一体化软件的开发和研制工作，并取得了重大进展。至今，国内外已经开发成功了汽轮发电机、水轮发电机、三相和单相异步电动机、三相和单相变压器、各种特种电机和变压器的商用化的专用软件二十余种。

2．电力系统的计算与仿真

20 世纪 50 年代以来，计算机在电力系统可靠性、规划、安全经济运行、潮流计算以及调度员培训仿真系统中得到了广泛应用。目前，该研究主要集中在计算机辅助电力系统潮流计算、计算机辅助电力系统网络规划及其灵敏度和可靠性分析、电力系统计划分析、计算机辅助电力系统状态推测、状态估计、负荷预测等。

20世纪70年代初，模拟技术逐渐被引用到电力工业中，调度员培训模拟器(DTS)利用计算机强大的图形处理功能和逻辑分析与数值计算的能力，将一个实际的电网再现在计算机屏幕上，人为模拟事故的发生，从而训练调度员的应急处理能力。

3. 水、火电工程的计算机辅助设计

电力工程的计算机辅助设计已经发展到了一个崭新的阶段，基本上实现了无图板设计。基于三维模型设计和工程数据库的电力工程规划、勘测、设计、生产制造和管理在内的集成化系统已得到了高度重视。

4. 电机的柔性制造技术

20世纪80年代起，为了适应现代社会发展的要求，克服老一代电机自动生产线换批困难、调整时间长、难以适应多品种小批量生产模式，相继建成了电机柔性制造系统。

4.5.3 人工智能技术的应用

人工智能技术是借助于各有关领域专家的知识和经验以及一些规则，采用推理、判断和决策等方法和过程，可以使某些重大技术难题得到有效解决的一种强有力的工具。人工智能技术主要包括专家系统、人工神经元网络和模糊推理等技术。从信息技术的内涵来看，人工智能技术代表了最先进的信息处理技术，它在人们对某些最复杂和最不了解的事物作信息处理时，充分运用领域专家对该事物所掌握的信息，帮助人们做出决策、解决问题。

1. 电力系统中的智能技术

人工智能已在电力系统规划(运行规划、装备的设计、系统规划)、监视(故障诊断、警报处理、事故评估)、控制(正常控制、紧急控制、恢复控制)、分析(系统静态和动态分析)和其他(电力负荷管理、辅助教学、仿真器)众多方面得到了应用。

开发与应用较成功的人工智能系统主要有电力调度操作管理专家系统、短期电力负荷智能预报系统、电力系统正常与事故操作专家系统、分布式电力网络故障模拟分析系统等。此外，发电厂厂址选择、日负荷调度等专家系统也已有投入运行。

2. 电机的智能控制技术

20世纪80年代初，正当人工智能技术在各领域中得到广泛应用和重视时，电机控制领域里的专家、学者和工程师就开始把人工智能的思想和方法引入控制系统的研究及其工程应用中，试图解决仅仅依靠传统的控制方法难以奏效的种种实际控制问题，完成一些甚至已有控制技术都不能胜任的复杂的控制任务。如电机智能控制器、水力发电机微机采样多参数新型控制装置、异步电动机微机矢量控制智能调速系统、转矩控制和电流跟踪的高性能智能变频高速系统、异步电动机矢量控制调速系统以及应用自适应神经元控制技术的电机PWM调速系统。

3. 电气设备智能状态监测、故障诊断与保护

20世纪80年代初，随着人工智能技术在电机工程中的开发与应用，出现了用专家系统对电力设备进行自动故障诊断的在线状态监测装置。基于对电力设备的故障智能诊断技术和故障特征量(如温度、振动、噪声、电磁幅射等)的提取技术，已有多种电力设备微机故障智能诊断和保护装置投入运行。

4.5.4　网络技术的应用

计算机网络是实现信息实时交换和共享的重要基础设施，也是实现管理、决策、设计、控制和制造一体化的关键。电气工程领域从 20 世纪 70 年代就开始了这方面的研究工作，它已广泛应用于电力系统各元件和局部系统的管理、监视、调节和控制上，是电力系统信息管理、继电保护、远动技术、电厂自动化、调度自动化等方面的核心。

1．管理信息系统

我国电力工业管理信息系统在 20 世纪 90 年代初就初具规模，几乎所有的网局、省局和一些管理部门、企事业单位都完成了管理信息系统的开发工作，部分建成了计算机管理信息网络，达到和实现了办公自动化、计划统计、生产、燃料、物资设备管理、经济活动分析以及综合服务信息、数据集中传输和电网状态数据等实时信息的互联。

2．电力通信与调度自动化

从 20 世纪 90 年代初开始，电力专用通信网的建设与管理取得了较大的发展，制定了全国电力调度系统计算机网络规划大纲，颁发了电力调度系统计算机网络节点区域地址编码。目前，已形成了微波、卫星、光缆和电力载波以及移动通信等多种通信方式组成的通信网络，它不仅满足了电力生产调度的需要，而且为建立全国电力信息网络奠定了物质基础。1996 年 2 月，国家电力调度通信中心建成了国家级的电力调度自动化系统，初步实现了全国电网的集中控制。

3．水、火电厂及变电所的过程控制自动化

水、火电厂及变电所的过程控制自动化在 20 世纪 80 年代中期有了长足进展，容量在 200 MW 以上的火力发电机组、总装机容量在 250 MW 以上的水力发电厂和电压在 22 kV 以上的变电所均配置了计算机监控系统。此外，很多电厂还建立了以计算机为基础的机炉协调控制系统、锅炉炉膛安全监视系统、汽轮机数字电液调节系统及各种辅助控制系统，并在单元机组分布控制的基础上，建立了值长系统、生产管理系统，实现了机组计算机监控实时信息进入管理信息系统网络，大大提高了机组的安全和经济运行。

4．远动技术

各种微机型远动装置与计算机监控和调度管理系统一起，不仅能从事电力负荷和设备运行状态实时数据的采集，而且能完成一系列复杂的控制功能，使电网真正实现自动化控制。

4.5.5　电力电子技术

20 世纪 80 年代以来，一批大容量、高频化、实用化的全控元件，使电力电子技术完成了从传统电力电子技术向现代电力电子技术的过渡。

1．电力电子器件

已经实用化的全控型器件，在大功率、易驱动和高频化这三个方面继续发展，以期满足各种不同应用领域的要求。

功率集成电路(PIC)进一步完善提高。所谓功率集成电路，是指功率器件、控制电路、

驱动电路以及保护电路的集成。它包含至少一个功率器件和一个独立功能电路的单片集成。这和 GRT、GTO 的集成有根本区别，就本质来说，PIC 由两部分组成，一是功率器件，二是控制电路。目前的 PIC 主要着眼于小功率的应用，工作电压 50～1000 V，工作电流 1～100 A，实际传送功率可达数千瓦。未来的功率集成电路其工作电流将会不断提高。

功率集成电路使器件与电路集成，强电与弱电相结合，动力与信息统一，必将成为机和电的关键接口和机电一体化的基础部件。功率集成电路的完善和成熟将使电力电子技术进入智能化时代。

2．变流电路和控制电路

变流电路是随着电力电子器件的更新而发展的。预计未来 10 年新诞生的变流电路形式不会太多，但现有的 PWM 电路、谐振电路的功能会不断提高，体积、重量会进一步减小，效率、精度进一步提高，特别是电压、电流及频率的控制范围会有较大提高。

先进的控制技术对改进变流电路的性能是必不可少的关键技术。以往的控制电路主要采用模拟控制技术，这种控制有较大缺陷。因温度变化会使参数产生较大的偏移，故需不断的人工调节来控制参数的精度。功率集成电路的进一步完善，为控制电路的数字化提供了基础。控制电路的数字化是今后的发展方向。

3．应用

20 世纪 80 年代后，现代化电力电子技术以全控型新器件及各种 PWM 电路为代表，广泛应用于交流调速系统、交流电气牵引及家用电器等领域。这标志着电力电子应用已进入新阶段。

水力电厂储能机组中，发电机不只工作于发电状态，还要工作于电动状态，当负荷降低时，将下游的水抽到水库，储存能量，以调节电力系统的供电量。此系统中，大型机组工作状态的改变及调速均离不开现代电力电子技术的变流装置。

现代电力电子技术将为直流输电及系统运行中参数的测试、控制及电网的安全保护提供新的技术手段。

超导磁浮铁道系统、地铁、轻轨车及机车牵引，已是电力电子技术的应用领域。高速运行中的火车将由 PWM 逆变交流牵引取代原来的直流系统。这方面的应用日本已经走在世界前列。超导磁浮铁路系统为各先进国家关注的热点，一旦成功，将使火车时速高达 500 km。这将大大提高运力，缓解交通运输对国民经济发展的制约。

可以断言，现代电力电子技术必将成为信息产业与传统产业之间的重要接口、弱电与被控强电间的桥梁。电力电子技术的进一步发展，将为大幅度节能、降低材料消耗、提高生产效率提供重要手段。

4.6　电气工程技术的发展

电气自动化技术作为从电气工程技术发展出来的并和电子与信息技术紧密结合起来的一门电气工程应用技术学科，经历了近一个世纪的发展，电气自动化技术已走过了从无到有、从发展到成熟的过程。从 19 世纪以来，电气自动化技术经历了四次革命。首先，电力、电机产品的出现使得电气自动化技术从无到有。这次革命使人们从传统的机械产品、机械传动中解放出来，通过对电力、电机的控制及传动，实现了一些简单的控制功能。第二次电气自动化技术革命源于继电器和接触器的出现和应用。通过对以上元件的一定组合，继电器-接触器控制系统使得机器可以按照人的意志和设定来完成事先安排好的判断和逻辑功能。操作工人可以从大量的人工重复操作和判断中解放出来，实现了有限的自动化。

20 世纪 60 年代末期，PLC/DCS 控制系统出现了，它使得电气自动化技术发生飞跃的发展，可以称之为电气自动化的第三次革命。PLC/DCS 是电气自动化与微电子技术结合的产物。20 世纪 60 年代末到 80 年代中期，随着微电子、微处理器和存储器技术的飞速发展，同时，还由于用户对控制系统业提出了更加灵活、复杂的要求，如增加系统的灵活性，减少停机时间，提高可靠性等要求，使得 PLC 技术很快地被应用到工业控制中。PLC 控制系统的出现，使得机器可以完成更加复杂和灵活的控制任务，实现了真正意义上的电气自动化。

从 1969 年第一台 PLC 出现至今，微电子技术、IT 技术和通信技术正发生着翻天覆地的变化，电气自动化的第四次革命正在来临，它就是电气自动化技术与 IT 技术的结合。电气自动化不再在一个固化的控制平台(继电器-接触器系统)上或在专用的、缺乏开放的 PLC 平台上来实现。这样，控制系统既继承了传统 PLC 技术的成熟性、稳定性和灵活性，又得到了 IT 技术的开放性、先进性。以太网技术、数据库技术、多媒体技术、互联网技术和通信技术等都可以在 PC 这个开放的平台上与电气自动化技术紧密结合起来。这个时代的典型产品包括工业控制计算机(IPC)、软件 PLC、插卡式 PLC、工控组态软件、工业网络等。

工业应用的需求是技术革命的原动力。随着用户在增加生产线的灵活性、改进产品质量、减少停机时间、降低成本、提高生产率以及增加全球化市场份额等需求的驱动下，电气自动化技术将会迅速发展，其发展的趋势可归纳为以下几个方面。

1．平台开放式发展

OPC(OLE for Process Control)技术的出现、IEC61131 的颁布以及 Microsoft 的 Windows 平台的广泛应用，使得未来的电气自动化技术将会建立在更加开放的、更加标准的平台上。

(1) OPC 技术。随着电气自动化和 IT 技术的结合，计算机日益发挥着不可替代的作用。但是，在各种控制产品的软硬件中，不同厂商提供的协议不同，甚至同一厂商的不同产品的计算机通信协议也不同。这样，在同一台 PC 上，不同厂家的软硬件产品的数据交换存在着较大困难，工程师必须针对不同的产品开发出不同的驱动程序，大大增加了自动化项目的工作量和难度。OPC 是在微软公司的倡导下，联合世界上主要的自动化厂商(如西门子、Rockwell、罗斯蒙特、Wonderware、Intellution 等)共同制定的标准。它采用客户机/服务器的结构，基于微软的 OLE、COM/DCOM(Distributed Component Object Model)技术。在微软的平台上，OPC 使得各控制系统厂家的设备之间的通信可采用共同的接口标准。

作为 OPC 服务器的通信软件由控制器的硬件厂商提供，它可连接所有符合 OPC 规范的第三方系统和用户应用程序。软件厂商不必重复开发新的通信接口程序以满足硬件厂商不断更新的版本和推出的新产品。不同厂商的软件依据统一的规范进行实时通信，在系统集成时用户将会有更多的选择。

(2) IEC 61131 标准使得编程接口标准化。目前，世界上有 200 多家 PLC 厂商，近 400 种 PLC 产品，不同产品的编程语言和表达方式各不相同，IEC 61131 使得各控制系统厂商的产品的编程接口标准化。IEC 61131 定义了 5 种编程语言：梯形图(Ladder Diagram，LD)、功能块图(Function Block Diagram，FBD)、顺序流程图(Sequential Function Chart，SFC)、语句表(Instruction List，IL)及机构化文本(Structured Text，ST)，并要求采用结构化的程序结构和标准的数据块结构。IEC 61131 同时定义了它们的语法和语义。这就意味着不会有其他的非标准的方言。IEC 61131 已成为了一个国际化的标准，正被各大控制系统厂商广泛采纳。结构化的编程方式使得程序更易管理，也提高了代码的使用效率，缩短了程序编制的周期。

(3) Windows 正成为事实上的工控标准平台。微软的技术如 Windows NT、Windows CE、ActiveX 和 Internet Explore 已经正在成为工业控制的标准平台、语言和规范。PC 和网络技术已经在商业和企业管理中得到普及。在工业自动化领域，基于 PC 的人机界面已经成为主流，基于 PC 的控制系统以其灵活性和易于集成的特点正在被更多的用户所采纳。

在控制层采用 Windows 作为操作系统平台的好处就是其易于使用和维护以及与办公平台简单的集成。标准的 Windows 平台和技术保证了从现场设备到控制平台、从控制平台到企业管理层的应用程序的无缝连接。

2. 现场总线和分布式控制系统的应用

在传统制造工厂内，通常是在一个控制器或 PLC 上集中了电源模块、CPU、数字量输入/输出模块、模拟量输入/输出模块等，再通过大量的控制电缆把现场的有关信号接入 PLC，还要将输出信号送至有关的设备。在设备改变和系统扩展时，将会导致接线工作量大、成本高、柔性度低。

现场总线(如 Profibus、FF、Interbus 等)是一种串行的连接智能设备和自动化系统的数字式、双向传输的分支结构的通信总线。它通过一根串行电缆将位于中央控制室内的工业计算机、监视/控制软件和 PLC 的 CPU 与位于现场的远程 I/O 站、变频器、智能仪表、马达启动器、低压断路器等连接起来，并将这些现场设备的大量信息采集到中央控制器上来。

分布式控制意味着 PLC、I/O 模块和现场设备通过总线连接起来，将输入/输出模块转换成现场检测器和执行器。在编程软件中也可以像集中配置那样进行程序设计和地址设定。如在西门子公司的 STEP-7 编程软件中，当使用 ET200 远程 I/O 站时，对远程 I/O 点的编址与对 PLC 本机的 I/O 地址的设定方法完成一样。

分布式的智能处理增加了系统的灵活性，使系统的维护和升级过程得以简化，减少了系统的调试时间，并且可将生产信息延伸到工厂以外。

3. IT 技术与电气工业自动化

PC、客户机/服务器体系结构、以太网和 Internet 技术引发了办公自动化的一次又一次革命。工业自动化设备和系统也正在经历着一次变革。正是市场的需求驱动着自动化和 IT 平台的融合，电子商务的普及将加速这一过程。

信息技术对工业世界的渗透来自于两个独立的方向：一是从管理层纵向的渗透，企业的业务管理数据处理系统要对当前生产过程的数据进行实时的存取；另一方面，信息技术横向扩展到自动化的设备、机器和系统中。信息技术已渗透到产品所有的层面，不仅包括传感器和执行器，而且包括控制器和仪表。

Internet/Intranet 技术和多媒体技术在自动化领域有着广泛的应用前景。企业的管理层利用标准的浏览器可以存取企业的财务、人事等管理数据，也可以对当前生产过程的动态画面进行监控，在第一时间了解最全面和准确的生产信息。虚拟现实技术和视频处理技术的应用，将对未来的自动化产品，如人机界面和设备维护系统的设计产生直接的影响。

信息技术革命的原动力是微电子和微处理器的发展。随着微电子和微处理器技术应用的增加，原本定义明确的设备界线，如 PLC、控制设备和控制系统变得模糊了，相对应的软件结构、通信能力及易于使用和统一的组态环境变得重要了。软件的重要性在不断提高，这种趋势正从单一的设备转向集成的系统。

4. 电气自动化技术的成功策略

为了满足用户不断增长的需求和符合当今技术的发展趋势，无论是自动化系统厂商和系统集成公司，还是作为最终用户，在决策一个自动化系统时都必须采用正确的自动化系统策略。一个成功的自动化系统策略在于以下三个方面。

(1) 采用统一的系统开发平台。统一的系统开发平台应当可以支持一个自动化项目周期中的设计、实施和测试、调试和开机、运行及维护等各个阶段和环节，这样可以大大降低从设计到完成的时间和费用。统一的系统开发平台还应满足用户另一个重要需求，即开发平台独立于最终的运行平台。根据项目的特点和最终用户的需求决定将统一的运行代码下载到硬件 PLC、基于 Windows NT 的软件 PLC、嵌入式 NT 系统还是基于 Windows CE 的控制系统中。

在这方面，基于 PC 的自动化产品满足了以上要求。如西门子公司的 SIMATIC WinAC 产品系列。类似的产品还有 Rockwell AB 公司的 Softlogix，Wonderware 公司的 InControl 等产品。

(2) 通用的网络结构。通用的网络结构对于一个成功的自动化系统来说非常重要。整个企业的网络结构应保证现场控制设备、计算机监督系统、企业管理系统之间的数据通信畅通无阻。企业管理层可通过 Internet/Intranet 对现场设备进行实时监督。

在进行系统网络规划时，无论选择与现场设备通信的现场总线还是与上级计算机或办公系统通信的以太网，所选择的网络产品必须能够保证从办公自动化环境到控制级直至元件级的整个系统范围内的通信。而且，在整个网络中贯穿着集成的网络配置和编程、集成的数据管理以及集成的通信等功能，即所谓的全集成自动化技术。在这方面，西门子公司的 SIMATIC NET 产品很有代表性。它既有面向办公环境的 TCP/IP 以太产品，又有面向工业应用的工业以太网产品。在现场总线方面，它提供了 Profibus 总线；在面向低压元器件一级则提供了 AS-i 产品，构成了一个完整和开放的网络体系。开放的网络结构满足了自动化体系中不同层面间数据交换的需要，从而增加了系统的灵活性和控制能力。

(3) 标准化的程序接口。成功的自动化系统的另一个重要因素在于标准化的程序接口。基于 Microsoft 的标准和技术，如 Windows 2000、OPC、ActiveX 和 Windows CE，减少了工程时间和费用，方便了自动化系统和办公系统的数据交换与共享。在与企业的 MES 系统、ERP 系统连接时，基于 PC 平台的自动化解决方案意义非同寻常。使用 Windows NT/2000 作为操作系统，使用 TCP/IP 作为办公环境的通信标准，PC 可以在自动控制和管理平台之间建立一种最好的接口。标准化的程序接口还保证了不同厂家的软硬件产品的数据交换，不需担心它们之间的通信问题。

总结当今的电气自动化技术的趋势和策略，可以得出的结论是：基于 PC 的自动化系统可以采用最新的技术，符合发展的趋势，满足成功的自动化系统的要求，最终满足用户不断增长的需求；同时也为自动化技术的发展提供了一种崭新的发展机遇。

习 题

4-1 画出雷达的伺服控制系统框图，并简述其工作原理。

4-2 雷达技术的新发展有哪些？

4-3 简述数控机床的控制原理。

4-4 数控机床可分为几类？

4-5 试举例说明数控机床的电气控制过程。

4-6 试举例说明轧钢冶炼电气控制系统的工作原理。

4-7 举例说明化工电气控制系统的工作原理。

4-8 电气工程技术有哪些新发展？试举例说明。

4-9 电气技术和相关技术的融合情况如何？

附录 A 国内设置电气工程及其自动化本科专业的大学名录

截至 2006 年，我国高等学校设置电气工程及其自动化本科专业的高等学校共计 276 所。按地域分布，华东地区 83 所、中南地区 58 所、华北地区 48 所、东北地区 34 所、西北地区 30 所、西南地区 23 所。

华北地区设置电气工程及其自动化专业的学校有：

华北电力大学	清华大学	北京航空航天大学
北方工业大学	北京建筑工程大学	北京石油化工学院
中国农业大学	北京工商大学	中国石油大学
北京机械工业学院	天津大学	天津科技大学
天津工业大学	中国民用航空学院	天津理工大学
天津城市建设学院	天津理工大学中环学院	河北大学
河北工程学院	河北工业大学	河北科技大学
河北建筑工程学院	石家庄铁道学院	燕山大学
河北科技师范学院	唐山学院	华北科技学院
河北农业大学	河北工程学院科信学院	华北电力大学科技学院
河北科技大学理工学院	河北大学工商学院	河北工业大学城市学院
燕山大学里仁学院	石家庄铁道学院四方学院	河北农业大学现代科技学院
山西大学	太原科技大学	中北大学
太原理工大学	山西农业大学	太原理工大学现代科技学院
山西农业大学信息学院	中北大学信息商务学院	太原科技大学华科学院
内蒙古科技大学	内蒙古工业大学	内蒙古农业大学

东北地区设置电气工程及其自动化专业的学校有：

大连理工大学	沈阳工业大学	辽宁工程技术大学
辽宁石油化工大学	大连交通大学	大连海事大学
大连轻工业学院	沈阳建筑大学	辽宁工学院
沈阳农业大学	沈阳工程学院	沈阳建筑大学城市建设学院
沈阳工业大学工程学院	沈阳化工学院科亚学院	吉林大学
长春理工大学	东北电力学院	长春工业大学

吉林建筑工程学院	东北师范大学	北华大学
长春工程学院	吉林建筑工程学院建筑装饰学院	
吉林建筑工程学院城建学院	哈尔滨工业大学	哈尔滨工程大学
黑龙江科技学院	大庆石油学院	佳木斯大学
黑龙江八一农垦大学	东北林业大学	黑龙江工程学院
哈尔滨理工大学	黑龙江东方学院	

华东地区设置电气工程及其自动化专业的学校有：

复旦大学	同济大学	华东理工大学
上海理工大学	上海海事大学	东华大学
上海电力大学	上海应用技术学院	上海师范大学
上海工程技术大学	上海电机学院	上海大学
东南大学	南京理工大学	江苏科技大学
南京工业大学	南京邮电大学	河海大学
江南大学	江苏大学	盐城工学院
南通大学	南京师范大学	徐州师范大学
苏州科技学院	金陵科技学院	淮阴工学院
常州工学院	扬州大学	南京工程学院
江苏技术师范学院	三江学院	东南大学成贤学院
南京理工大学紫金学院	南京理工大学泰州科技学院	浙江大学
浙江工业大学	浙江海洋学院	台州学院
嘉兴学院	中国计量学院	浙江万里学院
浙江科技学院	宁波大学科学技术学院	浙江海洋学院东海科学技术学院
中国计量学院现代科技学院	安徽大学	合肥工业大学
安徽工业大学	安徽理工大学	巢湖学院
安徽建筑工业学院	华侨大学	安徽建筑工业学院城市建设学院
福建工程学院	福建农林大学	漳州师范学院
厦门理工学院	华东交通大学	江西理工大学
南昌工程学院	南昌大学	华东交通大学理工学院
江西理工大学应用科学学院	南昌大学共青学院	山东大学
山东科技大学	青岛科技大学	济南大学
青岛理工大学	山东轻工业学院	山东理工大学
山东农业大学	莱阳农学院	曲阜师范大学
烟台师范学院	临沂师范学院	山东交通学院
山东工商大学	青岛大学	中国石油大学胜利学院
青岛理工大学琴岛学院	山东科技大学泰山科技学院	

中南地区设置电气工程及其自动化专业的学校有：

华北水利水电学院	郑州大学	河南理工大学
郑州轻工业学院	河南工业大学	中原工学院
许昌学院	郑州航空工业管理学院	平顶山工学院

河南理工大学万方科技学院	武汉大学	华中科技大学
长江大学	中国地质大学	武汉工业学院
武汉理工大学	湖北工业大学	湖北民族学院
湖北汽车工业学院	黄石理工学院	咸宁学院
三峡大学	华中科技大学武昌分校	武汉大学东湖分校
华中科技大学文华学院	三峡大学科技学院	湖北工业大学工程技术学院
武汉工业学院工商学院	湖北民族学院科技学院	湖南大学
湖南科技大学	长沙理工大学	邵阳学院
南华大学	长沙学院	湖南工程学院
株州工学院	长沙理工大学城南学院	湖南科技大学潇湘学院
南华大学船山学院	湖南工程学院应用技术学院	中山大学
华南理工大学	华南农业大学	湛江海洋大学
广州大学	惠州大学	韩山师范学院
湛江师范学院	肇庆学院	广东技术师范学院
五邑大学	茂名学院	广东工业大学
广西大学	桂林电子工业学院	桂林电子工业学院信息科技学院
华南热代农业大学		

西南地区设置电气工程及其自动化专业的学校有：

重庆大学	重庆工学院	西南交通大学
电子科技大学	西南石油学院	成都理工大学
成都信息工程学院	四川理工学院	西昌学院
四川师范大学	西南民族大学	四川大学
成都理工大学工程技术学院	贵州大学	贵州师范大学
贵州大学明德学院	贵州师范大学求是学院	昆明理工大学
云南农业大学	大理学院	红河学院
云南民族大学	西藏大学	

西北地区设置电气工程及其自动化专业的学校有：

西北工业大学	西安理工大学	西安电子科技大学
西安工业大学	西安建筑科技大学	西安科技大学
西安石油大学	长安大学	陕西科技大学
西安工程科技学院	陕西理工学院	西北农林科技大学
榆林学院	宝鸡文理学院	西安交通大学
陕西科技大学镐京学院	兰州理工大学	兰州交通大学
河西学院	西北民族大学	兰州交通大学博文学院
兰州理工大学技术工程学院	青海大学	青海大学昆仑学院
宁夏理工学院	新疆大学	新疆农业大学
石河子大学	新疆大学科学技术学院	石河子大学科技学院

附录 B 电气工程所属二级学科 博士、硕士点设置情况

截至 2006 年，在我国高等学校中，具有电气工程一级学科博士、硕士学位授予权的学校有 40 余所。在电气工程所属的 5 个二级学科中，具有电机与电器学科博士、硕士学位授予权的学校有 50 余所，具有电力系统自动化学科博士、硕士学位授予权的学校有近 70 所，具有高电压与绝缘技术学科博士、硕士学位授予权的学校有 40 余所，具有电力电子与电力传动学科博士、硕士学位授予权的学校有近 100 所，具有电工理论与新技术学科博士、硕士学位授予权的学校有 50 余所。

电机与电器学科设置博士、硕士点的学校(其中带*为博士点学校)有：

北京航空航天大学*	北京交通大学*	北京理工大学
大连理工大学*	东北电力大学	东南大学*
福州大学*	广东工业大学	广西大学
哈尔滨工程大学	哈尔滨工业大学*	哈尔滨理工大学*
海军工程大学*	合肥工业大学*	河北工业大学*
河北科技大学	河海大学	河南理工大学
湖北工业大学	湖南大学*	湖南工业大学
华北电力大学*	华东交通大学	华南理工大学*
华中科技大学*	江南大学	江苏大学
兰州理工大学	辽宁工程技术大学	南昌大学
南京航空航天大学*	南京理工大学	清华大学*
山东大学*	上海大学	上海交通大学*
上海理工大学	沈阳工业大学*	四川大学
太原理工大学*	天津大学*	同济大学
武汉大学*	武汉理工大学	西安电子科技大学
西安交通大学*	西北工业大学*	西南交通大学*
燕山大学	扬州大学	浙江大学*
郑州大学	郑州轻工业学院	中国矿业大学
中国农业大学	中南大学	重庆大学*

电力系统自动化学科设置博士、硕士点的学校(其中带*为博士点学校)有：

北京航空航天大学	北京交通大学*	长沙理工大学
大连海事大学	大连理工大学	东北大学

东北电力大学	东南大学*	福州大学
广东工业大学	广西大学*	哈尔滨理工大学*
贵州大学	哈尔滨工程大学	哈尔滨工业大学*
海军工程大学*	合肥工业大学*	河北工业大学*
河海大学*	河南理工大学	后勤工程学院
湖南大学*	华北电力大学*	华东交通大学
华南理工大学*	华中科技大学*	江苏大学
解放军军械工程学院	解放军理工大学	空军工程大学
昆明理工大学	兰州理工大学	辽宁工学院
内蒙古工业大学	南昌大学	南京航空航天大学*
南京理工大学	青岛大学	清华大学*
三峡大学	山东大学*	山东科技大学
山东理工大学	山西大学	上海电力学院
上海交通大学*	沈阳工业大学*	四川大学*
太原理工大学	天津大学*	天津理工大学
同济大学	武汉大学*	西安交通大学*
西安科技大学	西安理工大学	西北工业大学
西华大学	西南交通大学*	新疆大学*
燕山大学	浙江大学*	郑州大学
中国矿业大学	中国农业大学	中南大学
重庆大学*		

高电压与绝缘技术学科设置博士、硕士点的学校(其中带*为博士点学校)有:

北京航空航天大学	北京交通大学*	长沙理工大学
东北电力大学	东南大学*	福州大学
广东工业大学	广西大学	哈尔滨工程大学
哈尔滨工业大学*	哈尔滨理工大学*	海军工程大学*
合肥工业大学*	河北工业大学*	河海大学
湖南大学*	华北电力大学*	华东交通大学
华南理工大学*	华中科技大学*	江苏大学
兰州理工大学	南昌大学	南京航空航天大学*
南京理工大学	清华大学*	山东大学*
上海交通大学*	沈阳工业大学*	四川大学
太原理工大学	天津大学*	同济大学
武汉大学*	西安交通大学*	西南交通大学*
燕山大学	浙江大学*	郑州大学
中国农业大学	中南大学	重庆大学*

电力电子与电力传动学科设置博士、硕士点的学校(其中带*为博士点学校)有:

| 安徽工业大学 | 安徽理工大学 | 北方工业大学 |
| 北华大学 | 北京航空航天大学 | 北京交通大学* |

北京理工大学	长春工业大学	大连海事大学
大连交通大学	大庆石油学院	电子科技大学
东北大学*	东北电力大学	东华大学
东南大学*	福州大学	广东工业大学
广西大学	贵州大学	国防科学技术大学
哈尔滨工程大学	哈尔滨工业大学*	哈尔滨理工大学*
海军工程大学*	海军航空工程学院	合肥工业大学*
河北工业大学*	河海大学	河南科技大学
河南理工大学	黑龙江科技学院	湖北工业大学
湖南大学*	湖南工业大学	华北电力大学*
华东交通大学	华南理工大学	华中科技大学*
吉林大学	江南大学	江苏大学*
江苏科技大学	解放军军械工程学院	空军工程大学
空军雷达学院	昆明理工大学	兰州交通大学
兰州理工大学	辽宁工程技术大学	辽宁工学院
辽宁科技大学	内蒙古工业大学	南昌大学
南京航空航天大学*	南京理工大学	南开大学
清华大学*	山东大学*	山东科技大学
山东理工大学	陕西科技大学	上海大学*
上海海事大学*	上海交通大学*	上海理工大学
沈阳工业大学*	石家庄铁道学院	四川大学
太原科技大学	太原理工大学	天津大学*
同济大学	武汉大学*	武汉理工大学
西安电子科技大学	西安工程大学	西安交通大学*
西安科技大学	西安理工大学*	西安石油大学
西北工业大学	西华大学	西南交通大学*
湘潭大学	燕山大学*	浙江大学*
郑州大学	中国矿业大学*	中国农业大学
中国石油大学	中南大学	中山大学
重庆大学*	重庆通信学院	装甲兵工程学院

电工理论与新技术学科设置博士、硕士点的学校(其中带*为博士点学校)有:

北京航空航天大学	北京交通大学*	大连理工大学
东北大学	东北电力大学	东南大学*
福州大学	广东工业大学	广西大学
哈尔滨工程大学	哈尔滨工业大学*	哈尔滨理工大学*
海军工程大学*	合肥工业大学*	河北工业大学*
河海大学	湖南大学*	华北电力大学*
华东交通大学	华南理工大学*	华侨大学
华中科技大学*	吉林大学	江苏大学

兰州交通大学	兰州理工大学	辽宁工程技术大学
南昌大学	南京航空航天大学*	南京理工大学
南京师范大学	清华大学*	山东大学*
上海大学	上海交通大学*	沈阳工业大学*
四川大学	太原理工大学	天津大学*
同济大学	武汉大学*	武汉理工大学
西安交通大学*	西北工业大学	西南交通大学*
新疆大学	燕山大学	浙江大学*
郑州大学	郑州轻工业学院	中国农业大学
中南大学	重庆大学*	重庆邮电大学

附录 C　长春工业大学电气工程及其自动化专业培养计划

1. 专业简介及特色

本专业是为各行业培养能够从事电气工程及其自动化、计算机技术应用、经济管理等领域工作的宽口径、复合型的高级工程技术人才。本专业特色体现在强、弱电结合，电工技术与电子技术相结合，软件与硬件相结合，元件与系统相结合，使学生获得电气控制、电力系统自动化、电气自动化装置及计算机应用技术等领域的基本技能，具有分析和解决电气工程技术领域技术问题的能力。

2. 业务培养目标

本专业培养能够从事与电气工程有关的系统运行、自动控制、电力电子技术、信息处理、试验分析、研制开发、经济管理以及电子与计算机应用等领域工作的宽口径、复合型高级工程技术人才。毕业生可从事电力电子与电力传动、电力系统自动化和电气控制自动化装置等方面的技术工作。

3. 业务培养要求

本专业学生主要学习电工技术、电子技术、信息控制、电力传动、电力系统自动化和计算机应用技术等方面的较宽广的工程技术基础和一定的专业知识。本专业的主要特点是强、弱电结合，电工技术与电子技术相结合，软件与硬件相结合，元件与系统相结合。学生受到电工电子、信息控制及计算机应用技术方面的基本训练，具有解决电气工程技术分析与控制技术问题的基本能力。毕业生应获得以下几个方面的知识和能力：

① 掌握较扎实的数学、物理等自然科学的基础知识，具有较好的人文、社会科学和管理科学基础知识与外语综合能力；

② 系统掌握本专业领域必需的较宽的技术基础理论知识，主要包括电工理论、电子技术、信息处理、控制理论、计算机软硬件原理及应用、电力传动、电力系统自动化等；

③ 获得较好的工程实践训练，具有熟练的计算机应用能力；

④ 具有本专业领域内 1 或 2 个专业方向的专业知识与技能，了解本专业学科前沿和发展趋势；

⑤ 具有较强的工作适应能力，具有一定的科学研究、科技开发和组织管理能力。

4. 主干学科和主要课程

主干学科：电气工程、控制科学与工程、计算机科学与技术。

主要课程：电路原理、电子技术基础、计算机技术(硬件、软件基础及单片机等)、电力电子技术、电气控制与 PLC、电机及拖动基础、交直流调速系统、控制理论、电力工程、继电保护、电力系统自动化。

5．学制及授予学位

学制：四年。

授予学位：工学学士。

6．课程结构比例表

课　程　类　别	学时数	占总学时比例	学分数	占总学分比例
人文社科必修课	230	9.1%	17	8.3%
公共基础必修课	860	34%	52.5	25.5%
学科基础必修课	915	36.2%	58	28.2%
专业方向必修课	204	8.1%	13	6.4%
专业方向限(任)选课	200	7.9%	12	5.8%
全校性公共选修课	120	4.7%	8	3.9%
实践教学安排	49.5 周	—	45	21.9%
总　　计	2529	100%	205.5	100%

7．建议每学期修读学分数、毕业最低总学分数

类别＼学期	理论课		单设实验课		课程设计		各类实习		毕业设计/论文		其它		建议每学期修读学分数
	必修	选修	必修	选修	必修	选修	必修	选修	必修	选修	必修	选修	
一	21										4		25
二	22.5	4			1						1		28.5
三	21.5	2	1.5				5						30
四	26	2	1.5		2		2						33.5
五	20.5	4			1								25.5
六	13	6					4				2		25
七	13	2			5		4						24
八									14				14
各类学分合计及毕业最低总学分数	137.5	20	3		9		15		14		7		205.5

8. 人文社科、公共基础、学科基础必修课教学安排

课程类别	课程编号	课程名称	课程学时、学分及分配						考试学期	考查学期	各学年、学期每周课内学时							
			总学时	学分	理论课	实验课	上机课	讨论/习题			1学年		2学年		3学年		4学年	
											1	2	3	4	5	6	7	8
											14周	17.5周	13.5周	14.5周	17.5周	15.5周	10周	0周
人文社科必修课	42311021	思想道德修养与法律基础	45	3	45				1		3.5							
	42321061	中国近代史纲要	30	2	30				2			2						
	42331031	马克思主义基本原理	45	3	45				3				3.5					
	42341011	毛泽东思想、邓小平理论和"三个代表"重要思想	60	6	60				4					4.5				
	42351021	形势与政策	(128)	(2)	(128)													
	41611171	军事理论	(36)	(2.5)	(30)				1		(2.5)							
	40535211	经济管理基础	50	3	50				6							3.5		
公共基础必修课	41502011~41502041	体育(Ⅰ)~(Ⅳ)	108	7	108				1-4		2q9	2q15	2.5	2				
	41012201~41012231	大学外语(英)(Ⅰ)~(Ⅳ)	280	16	280				1-4		5	4	5	5				
	40812321 40812331	高等数学(Ⅰ)、(Ⅱ)	192	12	160			32	1、2		6.5	5.5						
	40832061 40832021	大学物理	110		110				2、3			3.5	4					
	40842011 40842021	实验物理	50	3		50			3、4				2	2				
	41412051	大学计算机基础	50	3	26		24		1		3.5							
	41412061	计算机程序设计	70	4.5	46		24	(30)	2			4						
学科基础必修课	40323371	学科概论	16	1	16					1	1							
	40813061	数学建模与实验	30	2	20		10			5					2			
	40113071	工程制图	50	3	50				1		4							
	40813191	工程数学1	34	2	28			6	3				5q8					
	40813201	工程数学2	34	2	28			6	4					5q8				
	40813051	工程数学3	20	1	20					3			5h6					
	40813151	工程数学4	20	1	20					4				5h6				
	40313251 40313261	电路原理(Ⅰ)、(Ⅱ)	110	7	94	16			3、4				4	4				
	40853131	工程力学2	45	3	43	2			3				3.5					
	40313281	模拟电子技术	70	4.5	60	10			4					5				
	40313291	数字电子技术	50	3	40	10			4					3.5				
	40323011	自动控制原理	90	6	80	10			5						5			
	40323401	电力电子技术	50	3	44	6			5						3			
	40323391	电机及拖动基础	80	5.5	70	10			5						4.5			
	40433081	传感器与信号检测技术	46	3	38	8			6							3		
	40433081	微型计算机技术	60	4	50	10			5						3.5			
	40333351	单片机原理及接口技术	60	4	50	10			6							6q10		
	40323411	电气控制与PLC	50	3	40	10			6							3.5		
		专业方向必修课	204	13	170	34			7								21.5	
选修课		学科内限选课	200	12	200					5-7					6	6	3	
		公共选修课	120	8	120													
理论课总学时、学分及每周学时			2529	160.5	2241	186	58	44			26.5	21	28	28	24	22	24.5	

注："()"表示不占用教学计划的课内学时；"q"表示授课在学期的前几周；"h"表示授课在学期的后几周。

9．专业方向必修课安排

1）电力电子与电力传动专业方向必修课教学安排

课程类别	课程编号	课程名称	总学时	学分	理论课	实验课	上机课	讨论/习题	考试学期	考查学期	1学年 15周	2学年 17.5周	13.5周	16.5周	3学年 15.5周	15.5周	4学年 12周	0周
											1	2	3	4	5	6	7	8
业方向必修课	40324371	数字传动控制技术	54	3.5	44	10			7								6	
	40324381	直流调速系统	56	3.5	50	6			7								6	
	40324391	交流调速系统	46	3	36	10			7								5	
	40334371	计算机控制系统	48	3	40	8			7								5	
		总学时及每周课内学时	204	13	170	34											22	

2）电力系统自动化专业方向必修课教学安排

课程类别	课程编号	课程名称	总学时	学分	理论课	实验课	上机课	讨论/习题	考试学期	考查学期	1学年 15周	2学年 17.5周	13.5周	16.5周	3学年 15.5周	15.5周	4学年 12周	0周
											1	2	3	4	5	6	7	8
专业方向必修课	40324401	电力工程	50	3	44	6			7								5	
	40324411	继电保护原理	54	3.5	44	10			7								5.5	
	40324421	电力系统自动化	52	3.5	42	10			7								5.5	
	40334371	计算机控制系统	48	3	40	8			7								5	
		总学时及每周课内学时	204	13	170	34											21	

10．电气工程及其自动化专业方向学科内限(任)选课

课程类别	课程编号	课程名称	学时	学分	学期	备注
学科内限(任)选课	40344112	现代控制理论	44	3	6	
	40324432	微机接口技术	30	2	6	(含10学时实验)
	40334372	在系统可编程技术	30	2	5	(含10学时实验)
	40324442	计算机辅助设计	30	2	5	
	40333061	自动化仪表	30	2	6	(含4学时实验)
	40334602	DSP原理及应用	40	3	6	(含10学时实验)
	40334152	计算机仿真	40	3	6	(含10学时实验)
	40334333	凌阳单片机原理及应用	40	3	6	(含10学时实验)
	40324082	电力工程	50	3	7	(含6学时实验)
	40324352	继电保护原理	54	3.5	7	(含10学时实验)
	40324542	电力系统自动化	52	3.5	7	(含10学时实验)
	40324452	控制电机	54	3.5	6	
	40324282	直流调速系统	56	3.5	7	(含6学时实验)
	40324552	交流调速系统	46	3	7	(含10学时实验)
	40324462	数字传动	54	3.5	7	(含10学时实验)
	40324472	现场总线技术	30	2	6	
	40324482	面向对象程序设计	30	2	5	(机房上课)
	40324492	电子设计与实验	30	2	6	
	40434592	信号与系统	58	4	5	
	40961551	大学语文	40	3	2	
	40324502	电力系统分析	44	3	5	
	40324512	数控技术基础	30	2	6	(含10学时实验)
	40324522	专业文献阅读	20	1	6	
	40324532	单片机C语言程序设计	20	1	6	

11. 电气工程及其自动化专业实践教学环节安排

课堂	课程编号	名 称	学期	周数	学分	内 容	场 所	备注
课内	41616021	军事训练	1	4	4		校内	
	41716051	金工实习(IV)	3	3	3	冷热加工操作	金工实习基地	
	41726021	电工电子实习	4	2	2	电子焊接、组装与调试	校内	
	40326171	认识实习	3	2	2	电气工程设备	市内	
	41016081	外语集训	4	1			校内	
	41406071	计算机程序设计课程设计	2	1	1	计算机技术基础	计算中心	
	40316181	模拟电子技术课程设计	4	1	1	模拟电路制作、调试	校内	
	40316191	数字电子技术课程设计	4	1	1	数字电路制作、调试	校内	
	40326361	调速系统综合实验	7	2	2	调速系统设计与实验	校内	传动方向必选
	40326371	电力系统综合实验	7	2	2	电力系统设计与实验	校内	电力方向必选
	40336361	计算机控制系统综合实验	7	2	2	计算机控制设计实验	校内	
	40326211	生产实习	6	4	4	电气控制系统设计与调试	校内	
	40326181	电力电子课程设计	5	1	1	线路设计与实验	校内	
	40326381	电气控制课程设计	7	1	1	PLC编程及调试	校内	
	40326221	毕业实习	7	4	4	调研毕业设计相关内容	本专业相关单位	
	40326391	毕业设计(论文)	8	14	14	电气设备、电力系统、电气检测	校内相关单位	
	小 计			43	42			
课外	40306012	社会实践		1	1			假期
	40946021	两课实践	6	1	1			假期
		专业社会实践	8	3.5				假期
	40306022	科技实践						假期
	40304032	有关讲座	8			电气工程发展趋势	校内	
	42106032	公益劳动	2	1	1			
	小 计			6.5	3			
实践教学环节总周数及总学分				49.5	45			

12. 总周数分配

项目及符号 / 周数 / 学期	理论学习 LX	课程设计/作业 KS	毕业设计/论文 BS	外语集训 WJ	考试 K	军训 J	认识实习 RX	金工实习 JG	电工、电子实习 DZ	教学实习 JX	专业、生产实习 SX	毕业实习 RX	入学教育R/毕业鉴定 B	公益活动GL/机动 JD	各类社会实践 SJ	寒、暑假 =	总 计
一	14				1.5	4							0.5			6	26
二	17.5	1			1.5									1		5	26
三	13.5				1.5		2	3								6	26
四	14.5	2		1	1.5				2							5	26
五	17.5	1			1.5											6	26
六	15.5				1.5						4				(1)	5	26
七	10	5			1							4				6	26
八			14										0.5		3.5		18
总 计	102.5	9	14	1	10	4	2	3	2		4	4	1	1	3.5	39	200

参 考 文 献

[1] 王先冲. 电工科技简史. 北京：高等教育出版社，1995.

[2] 李先彬. 电力系统自动化. 3 版. 北京：中国电力出版社，1995.

[3] 范瑜. 电气工程概论. 北京：高等教育出版社，2006.

[4] 王晓丽. 供配电系统. 北京：机械工业出版社，2004.

[5] 国家自然科学基金委员会. 自然科学学科发展战略调研报告(电工科学). 北京：科学出版社，1994.

[6] 肖达川. 电工学现代工业文明之源. 济南：山东人民出版社，2001.

[7] 刘涤尘. 电气工程基础. 武汉：武汉理工大学出版社，2002.

[8] 沈金宫. 电网监控技术. 北京：中国电力出版社，1997.

[9] 陈德树. 微机继电保护. 北京：中国电力出版社，2000.

[10] 廖培鸿. 发电厂的计算机控制. 北京：水利电力出版社，1987.

[11] 张文勤. 电力系统基础. 2 版. 北京：中国电力出版社，1998.

[12] 林良真. 超导技术电力应用研究的进展与前景. 科技导报，1995(9)：19-22.

[13] 蒋晓华，褚旭，吴学智. 20kJ/15 kW 可控超导储能实验装置. 电力系统自动化，2004，(4)：88-91.

[14] 郭国才，唐绍栋. 超导旋转电机开发概况. 船电技术，2003（6）：37-39.

[15] 常鸿森，张近苇. 电路与系统理论的回顾与展望. 华南师范大学学报，1996(3)：61-66.

[16] 刘锡三. 高功率脉冲技术的发展及应用研究. 核物理动态，1995，12(4)：16-18.

[17] 董宁波，宗军. 高温超导变压器及发展现状. 国际电力，2005，9(4)：60-63.

[18] 何大愚. 我国电工科学的现状与发展. 电网技术，1994，18(3)：1-5.

[19] 吴祈耀. 医疗电子技术的现状及发展(上). 电子世界，1998(5)：33-34.

[20] 吴祈耀. 医疗电子技术的现状及发展(中). 电子世界，1998(6)：31-32.

[21] 吴祈耀. 医疗电子技术的现状及发展(下). 电子世界，1998(7)：25-26.

[22] 夏承铨. 美国大学电气工程教学现状和改革趋势. 高等工程教育研究，1999，增刊：89-94.

[23] 张喜梅. 美国理工大学专业设置与课程体系特点. 辽宁高等教育研究，1995(3)：68-75.

[24] 国家自然科学基金委员会工程与材料科学部. 电气科学与工程. 北京：科学出版社，2006.

[25] 肖登明. 电气工程概论. 北京：中国电力出版社，2005.

[26] 戴先中. 自动化科学与技术学科的内容、地位与体系. 北京：高等教育出版社，2003.

[27] 万百五. 自动化(专业)概论. 武汉：武汉理工大学出版社，2003.

[28] Cogdell J R. 电气工程学概论. 贾洪峰，译. 北京：清华大学出版社，2003.

[29] 汤蕴. 电机学. 北京：机械工业出版社，2003.

[30] 陈伯时. 交流调速系统. 北京：机械工业出版社，1998.

[31] 王兆安，黄俊．电力电子技术．北京：机械工业出版社，2000.

[32] 周泽存．高电压技术．北京：水利电力出版社，1991.

[33] 乔建江．CPLD 在雷达伺服轴角编码电路中的应用．电子工程师，2004, 30(2)：7-9.

[34] 周汝俊，申志强，常恨非，等．DCS 在化工粗苯生产过程控制中的应用．自动化与仪器仪表，2000, 89(3): 23-26.

[35] 周力平．PLC 在小型化工生产过程控制中的应用．湖北化工，1997(3)：63-64.

[36] 习重华，周勇，邢江，等．工控机在化工生产过程控制中的应用探讨．兵工自动化，1996(4)：37-42.

[37] 肖建，冯晓云，钱清泉．国外电气工程教育改革简述．高等工程教育研究，1999，增刊，86-88.

[38] 王凤全，王耀荣．化工过程控制的特点及其综述．北京石油化工学院学报，1998, 6(2)：112-116.

[39] 郑颖楠，魏艳君，任少林．小型线材轧钢生产自动化技术．冶金自动化，1998(6)：7-19.

[40] 张杰，张素贞，蒋慰孙．专家系统的发展及其在化工生产中的应用．化工自动化及仪表，1996, 23(3)：3-11.

[41] 王佳庆，王培汉．基于 PC 的电气自动化技术．电气传动自动化，2003，25(1)：8-10.

[42] 张金林．化工生产过程控制系统的比较．化工生产与技术，2004, 11(4)：38-40.

[43] 杨克冲，陈吉红，郑小年．数控机床电气控制．武汉：华中科技大学出版社，2005.

[44] 陈虹．电气学科导论．北京：机械工业出版社，2005.

[45] 付周兴，王清亮，董张卓．电力系统自动化．北京：中国电力出版社，2006.